Nous étions [illegible]

- un vétérinaire militaire
et un autre.
Voilà nos figures
avant pendant et
après l'examen

avant pendant après

Cela veut dire que nous
étions bien heureux
après. Songe donc
le dernier examen
et demain j'irai
à Poissy et je partirai
pour revoir mon
mari qui commence

Birgit Kofler-Bettschart

Cécile Vogt

Pionierin der Hirnforschung

ueberreuter

Bildnachweis:
Archiv der Max-Planck-Gesellschaft, Berlin-Dahlem: S. 67, 75, 100, 104, 117
David Ausserhofer, Ausserhofer.de: S. 50
Cécile und Oskar Vogt-Institut für Hirnforschung, Universitätsklinikum Düsseldorf: S. 20, 25, 28, 39, 78, 86, 88, 90, 169, 184, 194
Internat des Hôpitaux de Paris, 1925: S. 94
Birgit Kofler-Bettschart: S. 9, 22, 114
StampCollection / Alamy Stock Foto: S. 203

MIX
Aus verantwortungsvollen Quellen
FSC www.fsc.org FSC® C014138

1. Auflage 2022

ISBN 978-3-8000-7786-1
ISBN 978-3-8000-8219-3 (E-Book)

Gestaltung & Grafik: Saskia Beck, s-stern.com
Umschlagfoto: © Archiv der Max-Planck-Gesellschaft, Berlin-Dahlem
Umschlagillustration: Shutterstock
Lektorat: Marina Hofinger
Druck und Bindung: Finidr Ltd., Český Těšín

INHALT

VORWORT

„Cécile Vogt war die erste Frau, die auf dem Gebiet der Hirnforschung Weltruhm erlangt hat.“ Mit diesem Satz endet ein Nachruf, der vor 60 Jahren, im Mai 1962, in einer Zeitung erschienen ist.
Er scheint mir keineswegs übertrieben: Zu Recht kann man Cécile Vogt, was ihre wissenschaftliche Bedeutung und ihre besondere Rolle als Pionierin und Vorbild für Generationen von Medizinerinnen und Naturwissenschaftlerinnen betrifft, in einem Atemzug mit großen Forscherinnen wie Marie Curie oder Lise Meitner nennen, beide Zeitgenossinnen von Cécile.
Die 1875 in Frankreich geborene und ab 1900 in Berlin beruflich aktive internationale Gehirnforscherin ist eine brillante und mutige Frau mit einem unkonventionellen Leben.
Cécile ist für viele ihrer Zeitgenossen eine provokant moderne Frau, so wie sie lebt, ihre Beziehung führt, ihre Arbeit ernst nimmt. Und doch ist Cécile Vogt um vieles weniger bekannt als etwa die Forscherinnen Marie Curie oder Lise Meitner. Auch mir sagte ihr Name nichts, als ich ihn bei einem Europäischen Neurologie-Kongress zum ersten Mal hörte. Der Neurologe Daniel Kondziella präsentierte dort eine Arbeit über Eponyme – also die Benennung neurologischer Erkrankungen nach den Wissenschaftlerinnen und Wissenschaftlern, die sie entdeckt bzw. erstmals beschrieben haben. Der Experte nahm Erkrankungen unter die Lupe, deren Namensgeber zur Zeit des Nationalsozialismus lebten und arbeiteten, und teilte sie in Täter, Mitläufer, Widerstand Leistende und Opfer ein. In Daniel Kondziellas Aufzählung fehlte natürlich das Vogt-Syndrom nicht, eine spezielle Form der Bewegungsstörung, von der noch die Rede sein wird, und auch nicht deren Namensgeberin Cécile Vogt sowie deren Ehemann Oskar.
„Sehr wenige Neurowissenschaftler protestierten gegen das nationalsozialistische Regime“, schreibt Daniel Kondziella in einem Aufsatz 2009. „Zu diesen gehören Jules Tinel sowie Oskar und Cécile Vogt.“

Mein Interesse für das spannende, unkonventionelle und auch tragische Leben dieser hochbegabten, durchsetzungsfähigen Frau war geweckt. Schon bei den ersten Recherchen fiel mir auf: Eine ganze Reihe von Publikationen – ob zeitgenössische Medienberichte, Würdigungen in medizinischen Fachzeitschriften, Nachrufe, wissenschaftshistorische Abhandlungen und sogar ein Roman – beschäftigen sich mit Oskar Vogt und reduzieren Cécile auf eine Nebenrolle, einige wenige behandeln das Ehepaar gewissermaßen als „Einheit". Céciles eigenständige Beiträge zur Hirnforschung und die Bedeutung ihrer Arbeit für die gemeinsamen Erfolge mit Oskar scheinen mir in der veröffentlichten Darstellung des Ausnahme-Forscherpaares häufig ebenso zu kurz zu kommen wie ihre facettenreiche Persönlichkeit, ihre politische Haltung oder ihre Anstrengungen, Familie und Beruf zu vereinbaren.

In diesem Buch soll Cécile Vogt im Mittelpunkt stehen: als fortschrittliche Frau, als Pionierin und innovative Forscherin, als Wegbereiterin von Frauenkarrieren in der Neurowissenschaft, als politischer Kopf und unabhängige Denkerin, als tolerante, selbstbewusste und loyale Partnerin und als mehrfache Mutter, als Organisatorin von Haushalten und wissenschaftlichen Instituten.

Für meine Recherchen konnte ich nicht nur auf die Originalpublikationen der Forscherin und Sekundärliteratur über die Vogts zurückgreifen, sondern insbesondere auch auf interessantes Archivmaterial in Berlin (Archiv der Max-Planck-Gesellschaft und Archiv der Berlin-Brandenburgischen Akademie der Wissenschaften) und Düsseldorf (Cécile und Oskar Vogt-Archiv) und auf die wertvolle Expertise von Neurowissenschaftlerinnen und -wissenschaftlern sowie Wissenschaftshistorikerinnen und -historikern, die für Interviews zur Verfügung standen. Besonders die Möglichkeit, Cécile Vogts Korrespondenz und ihre wenigen Tagebuchnotizen – sie schreibt auch nach ihrer Übersiedelung nach Deutschland fast immer auf Französisch – zu sichten, hat ihre Persönlichkeit deutlicher und verständlicher werden lassen und interessante neue und bisher unveröffentlichte Informationen zutage gefördert.

HARTNÄCKIGES MÄDCHEN, UNABHÄNGIGER GEIST: KINDHEIT UND JUGEND IN ANNECY

Es ist ein Ostersonntag, der 28. März 1875, als der 65-jährige Pierre-Louis Mugnier auf das Standesamt der Stadt Annecy im Osten Frankreichs kommt, um vorschriftsgemäß eine Geburt anzuzeigen. Am 27. März 1875 um 23 Uhr 30 wird dem in den Archivakten als ehemaliger Offizier, Grundbesitzer, Rechtsanwaltsgehilfe oder auch pensionierter Gerichtsbeamter geführten Mann und seiner 35-jährigen Ehefrau Marthe, genannt Mathilde, von Beruf Schneiderin und Weißnäherin, in ihrem Haus in der Rue Sainte Claire 18, die Maison Bagnorèa, die Tochter Augustine Marie Cécile geboren.

Die Details der Geburt von Augustine Marie Cécile, die später Cécile gerufen werden wird, sind im *état civil* festgehalten, dem zentralen französischen Personenstandsregister. Demnach wird ihre Mutter Marthe 1840 als Tochter von Claudine Buret und einem unbekannten Vater geboren. Céciles Vater ist Sohn des Professors Antoine-Marie Mugnier und seiner Frau Jeanne Josephte Pignarre. Er wird die beeindruckende Karriere seiner Tochter nicht einmal ansatzweise miterleben, denn Pierre-Louis stirbt bereits 1877 im Alter von 67 Jahren.

Vaterlos und gut behütet

Es sind keine unkomfortablen ökonomischen Verhältnisse, in die die kleine Cécile hineingeboren wird. Doch einfach wird es für ihre Mutter, die mit nur 18 Jahren den damals bereits 49-jährigen Pierre-Louis geheiratet hat, in den kommenden Jahren trotzdem nicht, die drei Kinder allein großzuziehen. Cécile ist eine Nachzüglerin: Ihre beiden Brüder Claude Auguste und Marie Aimé Romains Fortunat, beide ebenfalls in Annecy geboren, sind zum Zeitpunkt ihrer Geburt bereits 16 und 13 Jahre alt.

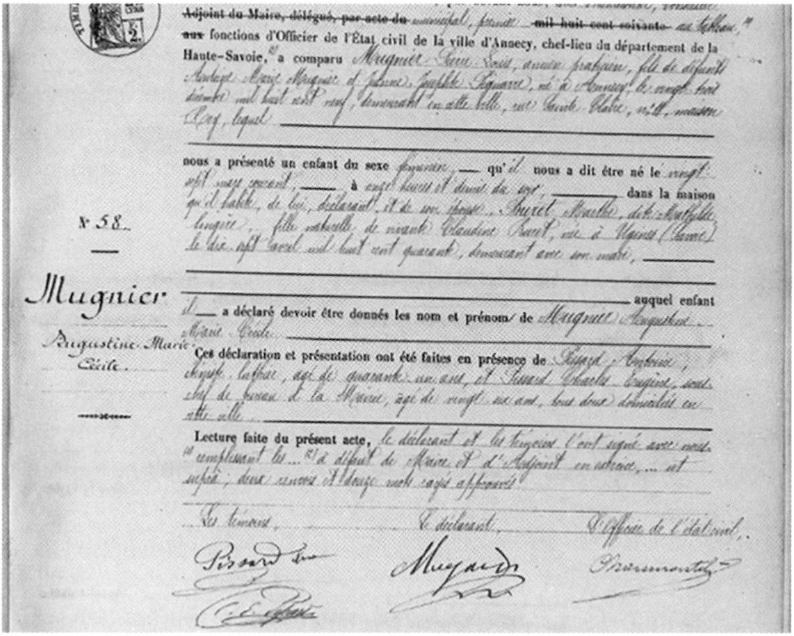

Adjoint du Maire, délégué, par acte du municipal, premier mil huit cent soixante
aux fonctions d'Officier de l'État civil de la ville d'Annecy, chef-lieu du département de la Haute-Savoie, a comparu Mugnier Pierre Louis, ancien praticien, fils de défunts Antoine Marie Mugnier et Jeanne Josephte Piquand, né à Annecy le vingt huit décembre mil huit cent neuf, demeurant en cette ville, rue Sainte Claire, n° 11, maison Roy, lequel

nous a présenté un enfant du sexe féminin qu'il nous a dit être né le vingt sept mars courant, à onze heures et demie du soir, dans la maison qu'il habite, de lui, déclarant, et de son épouse Burel Marthe, dite Mathilde, lingère, fille naturelle de vivante Claudine Burel, née à Ugines (Savoie) le dix sept avril mil huit cent quarante, demeurant avec son mari,

N° 58.

Mugnier

Augustine Marie Cécile.

auquel enfant il a déclaré devoir être donnés les nom et prénoms de Mugnier Augustine Marie Cécile.

Ces déclaration et présentation ont été faites en présence de Picard Antoine, chef de bureau à la Mairie, âgé de quarante un ans, et Picard Charles Eugène, sous-chef de bureau à la Mairie, âgé de vingt six ans, tous deux domiciliés en cette ville.

Lecture faite du présent acte, le déclarant et les témoins l'ont signé avec nous ... à défaut de Maire et d'Adjoint en exercice, ... deux renvois et douze mots rayés approuvés.

Les témoins, Le déclarant, L'officier de l'état civil,

État civil, Eintrag im Personenstandsregister von Cécile Mugnier

Vielleicht ist es die Tatsache, dass Cécile einen großen Teil ihrer Kindheit und Jugend ohne Vater aufwachsen muss, die einige Autorinnen und Autoren zur Vermutung geführt hat, sie sei als uneheliches Kind geboren. Vielleicht liegt aber auch eine Verwechslung mit Céciles Mutter vor, die ihrerseits laut Personenstandsregister tatsächlich eine *fille naturelle* – also eine uneheliche Tochter – ist. Cécile jedenfalls entstammt einer Ehe, die mehr als 17 Jahre dauert. Wie sich Céciles Kindheit gestaltet, wie man sich den Alltag in ihrem Elternhaus vorstellen muss und was aus Céciles Brüdern später wurde – zu all dem wissen wir aus Céciles Nachlass und anderen Archivmaterialien leider nichts.

Ihre Mutter Mathilde, berichten einige Autorinnen und Autoren, habe völlig mit der Kirche gebrochen und nicht einmal an Céciles Firmung teilgenommen. Belegen lässt sich dies nicht, ich würde es

eher bezweifeln. Schließlich ist sie ab etwa ihrem 60. Lebensjahr – wohl auch aus gesundheitlichen Gründen – in einer religiösen Einrichtung untergebracht. „Wir waren in Chambéry und haben Maman besucht", notiert Cécile nach einer Frankreich-Reise im Juni 1901. „Es geht ihr gut, die religiösen Schwestern sind sehr nett zu ihr, und ich bin jetzt beruhigt zu wissen, dass sie nicht allein ist."
Cécile hängt an ihrer Mutter, auch wenn sie sie nicht oft sieht. Der Abschied sei, schreibt sie über den Besuch, „so traurig und ergreifend" gewesen, dass „ich es nicht fertigbrachte, meine Tränen vor ihr zu verbergen. Sie begann auch zu weinen, dann versuchte sie mich zu trösten, die arme Frau!" Während eines anderen Frankreich-Aufenthalts schreibt Cécile an Oskar: „Ich war sehr bewegt vom Brief Mamans. Ist es nicht so, dass man ihre behutsame Zuneigung spürt? Sie war auch immer, wenn es ihr gut ging, sehr berührend." Mathilde stirbt am 16. Juli 1915 mit 74 Jahren in Bassens bei Chambéry in Savoyen.
Als junge Frau hat Céciles Mutter selbst nur eine rudimentäre schulische Bildung genossen, bevor sie eine Ausbildung zur Näherin gemacht hat. Umso beeindruckender ist es, dass es für diese Frau, entgegen dem Zeitgeist und ihrer eigenen Erfahrung, eine ausgemachte Sache war, dass auch ein Mädchen jedes Recht haben soll, zu lernen. Céciles Wunsch, eine höhere Schule zu besuchen und das *Baccalauréat* – die Abschlussprüfung des Gymnasiums, die den Zugang zur Universität eröffnet – zu absolvieren, unterstützt sie nach Kräften.

Mit Konsequenz zum Baccalauréat

Selbstverständlich ist das alles nicht und auch nicht einfach. Gymnasien gibt es nur für Buben und so muss Cécile zunächst einmal den konventionellen Weg gehen: Sie absolviert eine Höhere Töchterschule, was für junge Damen als schicklich und angemessen gilt. Im Sommer 1891 wird ihr in Chambéry das *Brevet supérieur pour l'enseignement primaire* verliehen, der höchstmögliche Abschluss in diesem Schultyp.

Danach schlägt die begabte und wissbegierige Cécile nicht die Karriere einer Gouvernante oder Hauslehrerin ein, wie es nach dieser Ausbildung naheliegend wäre, sondern lernt weiter. Mit Unterstützung von Privatlehrern eignet sie sich den Stoff für die Reifeprüfung an, die sie nur als Externistin an einem Knaben-Lycée absolvieren darf. Bravourös besteht sie die zentral in Chambéry abgehaltenen Prüfungen: am 18. September 1893 das *Baccalauréat ès sciences* mit einem naturwissenschaftlichen Schwerpunkt und am 4. Oktober 1893 das *Baccalauréat ès lettres* mit humanistischer Ausrichtung.

Mit 18 Jahren steht Cécile nun der Weg offen, von dem sie schon als junges Mädchen geträumt hat: Sie kann ein Medizinstudium beginnen. Dass einer jungen Frau wie ihr, die gegen den Strom schwimmt, die Erfolge nicht in den Schoß fallen, dass sie besonders hart arbeiten muss und dass es viel Beharrlichkeit braucht, um Ziele zu erreichen – auf diese frühe Erfahrung wird Cécile im Laufe der kommenden Jahre noch oft zurückgreifen können und müssen.

In mehreren Publikationen wird eine zutiefst religiöse, reiche Erbtante väterlicherseits erwähnt, die Cécile enterbt haben soll, als diese sich für das Studium und gegen den Eintritt in ein Kloster entschied. Ob nun die Geschichte von der Enterbung der widerspenstigen Cécile durch die fromme Tante stimmt oder nicht, ohne wirtschaftliche Absicherung dürfte sie jedenfalls nicht ins Erwachsenenleben gestartet sein. Immerhin verfügt sie über ausreichende Mittel, um zum Medizinstudium nach Paris zu gehen und sich, ohne arbeiten zu müssen, auf das Studium konzentrieren zu können. Von welchem Teil der Familie auch immer, wahrscheinlich vom Vater, hat Cécile offenkundig auch Grund und Boden geerbt – Vermögen, das sie allerdings später, möglicherweise durch Enteignung, verliert, wie Korrespondenz aus den 1920er-Jahren zeigt.

UNBEIRRBAR, UNKONVENTIONELL, SELBSTBEWUSST: KARRIERESTART IN PARIS

An der Pariser Medizinischen Fakultät herrscht in den 1890er-Jahren Aufbruchsstimmung. Paris ist eines der unbestrittenen Zentren der Neurowissenschaften in Europa. In den Vorlesungen und Seminaren, Laboren und Arbeitsgruppen von Jean-Martin Charcot, Charles Jacques Bouchard, Joseph Babinski, Pierre Marie oder Jules Joseph Déjerine und Augusta Déjerine-Klumpke wird engagiert über Hysterie und Aphasie, über neurologische Folgen der Syphilis und Gefäßverschlüsse im Gehirn, über die Architektonik des Gehirns und das Leib-Seele-Problem diskutiert.
In diesem inspirierenden Umfeld beginnt Cécile 1893 mit dem Medizinstudium. Sie bezieht in der Rue Croix des Petits Champs 5, einer nicht uneleganten Lage im ersten Arrondissement in der Nähe des Palais du Louvre und des Palais Royal, ihren neuen Wohnsitz und stürzt sich mit Eifer in die akademische Ausbildung. Viele Kommilitoninnen hat sie nicht: Auch wenn in Frankreich, anders als in Deutschland oder Österreich, bereits 1867 und 1868 erstmals Frauen zum Medizinstudium zugelassen worden sind, ist deren Anteil unter den Studierenden zur Zeit von Céciles Immatrikulation noch sehr niedrig. 1900 – in dem Jahr, in dem Cécile promoviert – sind gerade einmal fünf Prozent der Medizin-Absolventen Frauen. Heute sind rund 60 Prozent der Medizinstudierenden in Frankreich weiblich.

Lehrjahre bei Pierre Marie

Die Psychologie, das Wesen des Menschen, das sind Themen, die Cécile schon als junges Mädchen fasziniert haben. Jetzt verfolgt und lernt sie mit Begeisterung, was die moderne Hirnforschung an neuen Erkenntnissen zutage fördert. Und einer ihrer Vertreter, der berühmte Pierre Marie, wird auf die engagierte, hochintelligente Studentin aufmerksam und ermöglicht ihr die ersten wissenschaftlichen Erfahrungen. In ihrem dritten Studienjahr, 1896, wird Cécile *externe des hôpitaux de Paris* in Pierre Maries Team an der Klinik Bicêtre. *Externes* heißen Medizinstudierende in der Phase ihres Studiums, in der sie bereits in die praktische klinische Arbeit eingebunden werden. In der Regel kooperieren sie an der jeweiligen Klinik eng mit den *internes des hôpitaux*, den Assistenzärztinnen und -ärzten, die ihre Ausbildung zur Fachärztin oder zum Facharzt absolvieren. Cécile erlernt am Bicêtre die aktuellen klinischen Untersuchungsmethoden, das Erheben von familiären Krankheits-Vorgeschichten sowie Hirnanatomie und erstmals Konzepte der sogenannten Lokalisation, also der Zuordnung bestimmter Funktionen oder Defizite zu bestimmten abgrenzbaren Arealen des Gehirns – Themen also, die ihr Forscherinnenleben prägen und sie noch viele Jahre beschäftigen werden.

Céciles Lehrer Pierre Marie war Schüler des Chirurgen, Anatomen, Pathologen und Anthropologen Pierre Paul Broca und von Jean-Marie Charcot, der als einer der Begründer der modernen Neurologie gilt. Nach seinem Karrierestart an der berühmten Pariser Klinik Salpêtrière wechselt Pierre Marie an das Krankenhaus Bicêtre, wo er die neurologische Klinik leitete. An der Fakultät wird er 1907 auf den Lehrstuhl für pathologische Anatomie berufen und zehn Jahre später auf jenen für Nervenerkrankungen. 1918 kehrt Pierre Marie an die Klinik Salpêtrière zurück, wo er bis zu seiner Emeritierung tätig ist. Diese Karriere zeigt, wie wenig damals in diesem jungen Fachgebiet klare Abgrenzungen zwischen den verschiedenen heute bekannten Spezialisierungen gezogen werden. Sprachstörungen aufgrund von Hirnverletzungen und durch Hirnschädigungen verursachte Bewegungsstörungen gehören zu seinen wissenschaftlichen Schwerpunkten. Die Entschlüsselung der Ursache von motorischen Störungen im Gehirn wird später auch Cécile beschäftigen und berühmt machen.

Mit ihrem Lehrer und Vorbild Pierre Marie bleibt Cécile auch lange, nachdem sie Paris verlassen hat und auch nachdem er längst emeritiert ist, in Kontakt und korrespondiert mit ihm häufig über wissenschaftliche ebenso wie über familiäre Fragen. Eine große Arbeit aus dem Jahr 1920 über bestimmte Bewegungsstörungen widmet Cécile ihrem Lehrer.

Ein Kind und kein Karriereknick

Als ob das Leben in Paris und ihre ersten klinischen und wissenschaftlichen Erfahrungen für Cécile nicht schon aufregend genug wären, gibt es im Spätherbst 1897 eine neue, unerwartete Wendung im Leben der aufstrebenden Jungmedizinerin: Cécile stellt fest, dass sie schwanger ist. Wie es ihr nach dieser aufwühlenden Entdeckung geht, wie sie sich vor und nach der Geburt dieses sicherlich ungeplanten Kindes fühlt, können wir nur anhand späterer Tagebuchnotizen erahnen, in denen sie rückblickend die Pariser Jahre vor ihrer Begegnung mit Oskar als „eine Zeit, an die ich gar nicht mehr denken möchte" beschreibt. „Ich war das Glück schon gar nicht mehr gewohnt." Ein uneheliches Kind ist, wenn auch keineswegs selten, so doch ein Makel, der einer jungen Frau das Leben nicht gerade einfacher macht.

Wie es in der Personenstandsdokumentation ausgewiesen ist, bringt die ledige Augustine Marie Cécile Mugnier – laut Akten *sans profession*, also ohne Beruf – am 1. Juni 1898 in ihrer Wohnung eine Tochter zur Welt. Zwei Tage später erscheint der 29-jährige Arzt Hippolyte Morestin auf dem Standesamt des ersten Arrondissements, um die Geburt des neugeborenen Mädchens „mit unbekanntem Vater" anzuzeigen. Er selbst habe, so gibt Dr. Morestin dem Standesbeamten gegenüber an, die Geburt medizinisch betreut.

Das Neugeborene bekommt den Namen Claire. Vielleicht hat Cécile die Rue St. Claire in Annecy vor Augen, in der sie selbst geboren wurde, als sie den Namen für ihre Tochter aussucht. Oder sie tut es der Comtesse Marie d'Agoult gleich, die ebenfalls eine Tochter auf diesen Namen tauft, denn das Leben und die Persönlichkeit dieser deutsch-französischen Schriftstellerin faszinieren Cécile, selbst im fortgeschrittenen Alter liest sie noch alle neuen Publikationen, die sie über die „rebellische Comtesse“ und Geliebte des Komponisten Franz Liszt finden kann.

Céciles Karriere wird durch Claires Geburt vorerst einmal nicht wesentlich beeinflusst, sie arbeitet und studiert weiter. Dies ist wohl vor allem deshalb möglich, weil sie das Kind nicht bei sich behält. Vermutlich gleich nach der Geburt gibt Cécile ihre Tochter in Pflege – in Noisy-le-Grand, in der Nähe von Paris. Dort besucht sie die kleine Claire auch später, als sie bereits in Berlin lebt, regelmäßig.

Rätsel um den Kindsvater

Die Konstellation und die Details der Geburt werfen nicht nur eine Reihe von Fragen auf, sondern eröffnen auch Raum für Spekulationen. Unter anderem deshalb, weil es zu dieser Zeit doch ungewöhnlich ist, dass ein Arzt und nicht eine Hebamme eine Geburt betreut. Ist Hippolyte Morestin vielleicht mehr als Céciles Arzt? Ist er ein enger Freund, der eine junge Frau in dieser komplizierten Situation unterstützt? Oder ist er ihr Liebhaber und Vater des Kindes? Und wenn ja, warum steht er nicht dazu? „Das alles lässt sich aus den verfügbaren Unterlagen nicht beantworten“, sagt mir in einem Interview Prof. Jacques Poirier, ein inzwischen emeritierter Pariser Neurologe und Medizinhistoriker. Gemeinsam mit seiner Tochter Patricia Poirier hat er 2020 erstmals einen biografischen Aufsatz zu Céciles Tochter Claire Popp-Vogt veröffentlicht. „Seine Vaterschaft ist nur eine Hypothese, wir haben – jedenfalls bisher – keinen Beleg dafür gefunden.“

Einen Hinweis auf eine mögliche engere Beziehung mit Hippolyte Morestin habe ich in Céciles Tagebuchnotizen gefunden – wobei für die Zeit vor 1900, also der Periode ihrer möglichen Beziehung und Schwangerschaft, keine Aufzeichnungen verfügbar sind. Anlässlich eines Besuchs in Paris im Juni 1901 unterhält sich Cécile mit ihrer Freundin Madame Leclerc, die auch bei Claires Betreuung mitwirkt und erzählt, dass „der Neger sehr verärgert" gewesen sei über Céciles Entschluss, nach Deutschland zu gehen. „Er hat gesagt, ich sei eine Verrückte, eine Närrin, ich würde sicher zurückkommen!!!", notiert Cécile. „Ich habe auch noch einige weitere Unehrlichkeiten gehört, die der Neger in letzter Zeit zu verantworten hatte." Es ist gut möglich, dass sie mit dem Begriff *nègre*, wie sie im französischen Original schreibt, auf Hippolyte Morestin anspielt. Es ist bekannt, dass in Paris über seine möglichen schwarzen Vorfahren spekuliert wurde. Kommilitonen und Kollegen, schreibt Hippolyte Morestins Biograf Blair Rogers, hätten über ihn als „Neger" oder „Achtelneger" gesprochen, was nicht zuletzt dazu geführt habe, dass er trotz all seiner Leistungen und Verdienste aus bestimmten bürgerlichen Pariser Kreisen ausgeschlossen blieb.

Welche Rolle er auch immer in Céciles Leben gespielt haben mag, in jedem Fall ist Hippolyte Morestin nicht irgendein Mediziner, er ist eine interessante, schillernde Persönlichkeit, die einen genaueren Blick lohnt. 1869 auf der Insel Martinique geboren, wächst er als Sohn von Dr. Charles Amédée Morestin auf, einem dort höchst angesehenen Arzt. 1902 – zu einem Zeitpunkt also, als Hippolyte und sein Bruder Amédée, der ebenfalls Mediziner wird, längst in Paris leben – sterben der Vater und 20 weitere Familienmitglieder beim Ausbruch eines Vulkans, alles Hab und Gut der Familie auf der Insel geht verloren, wie David Tolhurst, Neurowissenschaftler aus Cambridge, und Blair Rogers, plastischer Chirurg in New York, in ihren biografischen Publikationen berichten. „Er war ein Mann von Prinzipien, der sich nie vor seiner Pflicht drückte, ein Mann von Moral und Mut, der im Angesicht von Ungerechtigkeit rasch in Zorn geraten konnte", schreibt Blair Rogers. Gut vorstellbar, dass ein solcher Charakter auf die ihrerseits pflichtbewusste, durchsetzungsfähige und mit viel Gerechtigkeitssinn ausgestattete Cécile großen Eindruck gemacht hat.

Die Karriere des als sehr introvertiert, hochsensibel, aber auch unverblümt und unausgeglichen, als voller Energie und Leidenschaft

und als „seiner Zeit voraus“ beschriebenen Mediziners ist beachtlich: Vom Prosekturgehilfen steigt er auf zum Anatomieprofessor und international führenden Chirurgen, der weltweit als einer der Pioniere der Mund-Kiefer-Chirurgie und der plastischen Chirurgie gilt. Bewundert wird Hippolyte Morestin unter anderem für seine großen chirurgischen Leistungen, die er bei verletzten Soldaten erbringt. Darauf wird auch Eleanor Roosevelt, die Ehefrau des US-Präsidenten, aufmerksam, die während des Ersten Weltkrieges über einen Besuch im Val-de-Grace Hospital berichtet, wo Hippolyte ebenso wie im Hôptial Rothschild und im Hôptial St. Louis tätig ist: „Hier operiert Morestin und er ist sehr erfolgreich bei schrecklichen Gesichtswunden.“
Bis zu seinem frühen Tod im Zuge der Influenza-Pandemie 1919 mit noch nicht einmal 50 Jahren – angesteckt hat er sich höchstwahrscheinlich bei seiner Arbeit mit unzähligen Kriegsversehrten – veröffentlicht Hippolyte Morestin mehr als 600 wissenschaftliche Arbeiten. Über sein Privatleben ist kaum etwas bekannt, verheiratet war er nie.

Ein deutscher Nervenarzt macht Eindruck: Begegnung mit Oskar

1898 ist nicht nur das Jahr, in dem Cécile Vogt zum ersten Mal Mutter wird, es bringt auch die Begegnung mit einem deutschen Gastforscher an der Salpêtrière – und damit eine entscheidende Wendung in ihrem Leben. Der 28-jährige deutsche Neurologe und Hypnosespezialist Oskar Vogt hält sich gerade in Paris auf, um bei Joseph Jules Déjerine und dessen Frau Augusta Déjerine-Klumpke deren Ansätze und Verständnis der klinischen Neurologie kennenzulernen und sich auf neuroanatomischem Gebiet fortzubilden. Einquartiert hat er sich in der Rue Bonaparte 3, nahe dem Seine-Ufer beim Pont des Arts.
Der in Husum in Schleswig geborene Sohn einer deutsch-dänischen evangelischen Pastorenfamilie verfügt trotz seines jungen Alters be-

reits über beträchtliche Erfahrungen. Ab 1888 studiert Oskar Vogt zunächst Psychologie, dann Medizin in Kiel und Jena und macht als Assistent am Institut für Anatomie unter Max Fürbringer erstmals Erfahrungen mit anatomischen Hirnstudien und der histologischen Präparation von Gehirnen. Fortschrittliche politische Ansichten, wie sie Oskar schon früh zeigt, und die Mitgliedschaft in einer schlagenden akademischen Burschenschaft sind zu dieser Zeit nichts Ungewöhnliches – man denke an die sozialistischen Denker und Politiker Karl Marx, Victor Adler oder Ferdinand Lasalle. Jedenfalls gehört Oskar in Jena der Burschenschaft Teutonia an und ficht Mensuren. 1893 schließt er das Studium ab und erhält seine Approbation als Mediziner, 1894 promoviert er mit einer hirnanatomischen Arbeit „Über Fasersysteme in den mittleren und caudalen Balkenabschnitten" – also jenem Bereich, der dem Informationsaustausch und der Koordination der beiden Hirnhälften dient.

Sein Interesse an psychischen Erkrankungen kann Oskar nach dem Studium als Assistent bei Otto Binswanger an der Landesheilanstalt und psychiatrischen Universitätsklinik in Jena und bei dessen Bruder Robert Binswanger im Sanatorium Bellevue in Kreuzlingen vertiefen. Otto Binswanger vertritt die Ansicht, dass psychische Erkrankungen eine anatomische Grundlage haben müssten – ein Ansatz, der in der gemeinsamen wissenschaftlichen Arbeit von Cécile und Oskar später noch eine große Rolle spielen wird.

Danach geht Oskar 1894 zu Auguste Forel an das berühmte „Burghölzli", die heutige psychiatrische Universitätsklinik Zürich. Hier sammelte er wichtige Erfahrungen, unter anderem mit therapeutischer Hypnose, einem Verfahren, mit dem er später große Erfolge bei seinen zum Teil prominenten Patientinnen und Patienten erzielt. Die enge Freundschaft, die Oskar mit dem Schweizer Psychiater Auguste Forel entwickelt, schließt später auch Cécile ein.

Durch seine systematische empirische Erfassung der Hypnose-Sitzungen und -Phänomene hilft Oskar, so beschreibt es der Neuropathologe und Vogt-Schüler Rolf Hassler in der Enzyklopädie *Große Nervenärzte*, „die Hypnose aus dem Dickicht des Okkultismus herauszulösen und ihr andererseits – entgegen allen Anfeindungen und Voreingenommenheiten von Seiten der allgemeinen Medizin – als ‚partielles Wachsein' einen festen Platz in der medizinischen Psychologie und Psychiatrie zu sichern."

„Es ist schon interessant", sagt der österreichische Neurologe Wolfgang Grisold, Präsident der Weltföderation für Neurologie, im Interview, „wie breit aufgestellt viele neurowissenschaftliche Spezialisten dieser Zeit waren, die Grenzen zwischen Psychotherapie, Psychiatrie, Neurologie waren fließend. Oskar Vogt kommt von der Psychotherapie zur Neuroanatomie und -pathologie, umgekehrt war Sigmund Freud zunächst Neuropathologe und kommt von dort zur Psychoanalyse."

Von Zürich geht Oskar nach Leipzig, um bei Paul Flechsig an der neurologisch-psychiatrischen Universitätsklinik zu arbeiten – eine professionelle Beziehung, die nur kurz dauert und unharmonisch zu Ende geht. Zwischendurch verdingt sich Oskar 1896 als Therapeut in einem damals angesagten Kurort im Fichtelgebirge, dem heutigen Bad Alexandersbad. Mit den attraktiven Einkünften, die mit dieser Tätigkeit verbunden sind, will er sich einen geplanten Studienaufenthalt in Frankreich finanzieren.

Ob er zu dem Zeitpunkt auch schon den Hintergedanken hegt, unter den noblen Kurgästen auch interessante Patientinnen und Patienten für eine künftige Privatpraxis zu rekrutieren, wie es Igor Klatzo in seiner Doppelbiografie von Cécile und Oskar Vogt vermutet, wissen wir nicht. Jedenfalls hat er in Alexandersbad Begegnungen, die sein und Céciles Leben auf unterschiedliche Weise entscheidend prägen werden. Zum einen trifft er im Fichtelgebirge erstmals Margarethe Krupp, geborene Freiin von Ende, und ihren Mann Friedrich Alfred Krupp aus der Eigentümerfamilie des deutschen Schwerindustrie- und Rüstungskonzerns und wird zu einem der Vertrauensärzte der Familie. Auch den Nervenarzt Korbinian Brodmann lernt Oskar im noblen Kurort kennen – eine Freundschaft, die später zur kreativen und produktiven Arbeitsbeziehung wird.

Cécile Vogt nach ihrer Übersiedelung nach Berlin

Der vielfältig interessierte deutsche Mediziner, dem Cécile 1898 erstmals begegnet, übt eine Faszination auf die junge Medizinstudentin aus, auch wenn sie nach der Heirat in ihr Tagebuch notiert: „Unsere Beziehung hat nicht mit großer Leidenschaft begonnen, aber Schritt für Schritt formt sich eine immer tiefere Verbindung. Und er liebt auch Claire, das ist zusätzlich ein positiver Punkt." Cécile ist rasch sicher, dass Oskar der Richtige ist, rückblickend wird sie in ihrem

Tagebuch schreiben, „dass ich fühle, genau den Lebensgefährten gefunden zu haben, den ich brauche. Das Leben, das wir gemeinsam führen, so vereint, in einer solchen Gemeinschaft des Herzens, der Gedanken, der Arbeit ist wirklich genau das, was ich immer angestrebt habe, seit meinen ersten Träumen als junges Mädchen."
Schon nach wenigen Monaten beschließen Cécile und Oskar, ihr wissenschaftliches und privates Leben zu teilen. Auf den ersten Blick sind die ruhige, bedachte Französin, die den jungen deutschen Nervenarzt um mehr als einen Kopf überragt, und der extrovertierte Oskar nicht unbedingt das ideale Paar. Doch sie haben viele Gemeinsamkeiten: von der Kindheit, in der beide früh einen vergleichsweise alten Vater verloren haben, bis hin zum unangepassten und durchsetzungsfähigen Geist und der Bereitschaft zu einem unkonventionellen Lebensstil, mit dem sie noch oft anecken sollten.
Es formt sich zunehmend der Plan, den Oskar auch ausführlich mit Cécile bespricht, nämlich in Berlin ein privates Hirnforschungsinstitut zu gründen, wofür er auch die Krupps als Finanziers begeistern kann. Oskar kehrt 1898 nach Berlin zurück, um die Vorbereitungen für die Eröffnung der Neurologischen Centralstation zu treffen.
Der in Litauen geborene und ausgebildete und in Kanada als Neuroanatom tätig gewesene Igor Klatzo, der mit den Vogts in ihrem letzten Institut in Neustadt im Schwarzwald zusammengearbeitet hat, vermutet in seiner Doppelbiografie über das Forscherpaar, dass es Cécile trotz aller Liebe und trotz ihrer Begeisterung für die wissenschaftlichen Möglichkeiten, die sich ihr bieten würden, nicht leichtgefallen ist, nach Deutschland zu gehen. Sie mag Frankreich und sie ist – ganz ohne dabei nationalistisch zu sein – stolz auf ihre Herkunftsregion, wie sie im hohen Alter noch sagen wird.

Madame le docteur

„Ouf! Es ist geschafft, keine Prüfungen mehr", schreibt Cécile erleichtert an Oskar, nachdem sie das letzte Staatsexamen in Medizin bravourös absolviert hat. „Ich hatte eine charmante Jury, mit

Déjerine und Bouchard, sie sind wirklich gute Gutachter." Sie habe zwei Patienten beurteilen müssen, berichtet Cécile, einen mit einer geschädigten Herzklappe und „einen alten Alkoholiker", der klinische Teil sei sehr gut gelaufen.

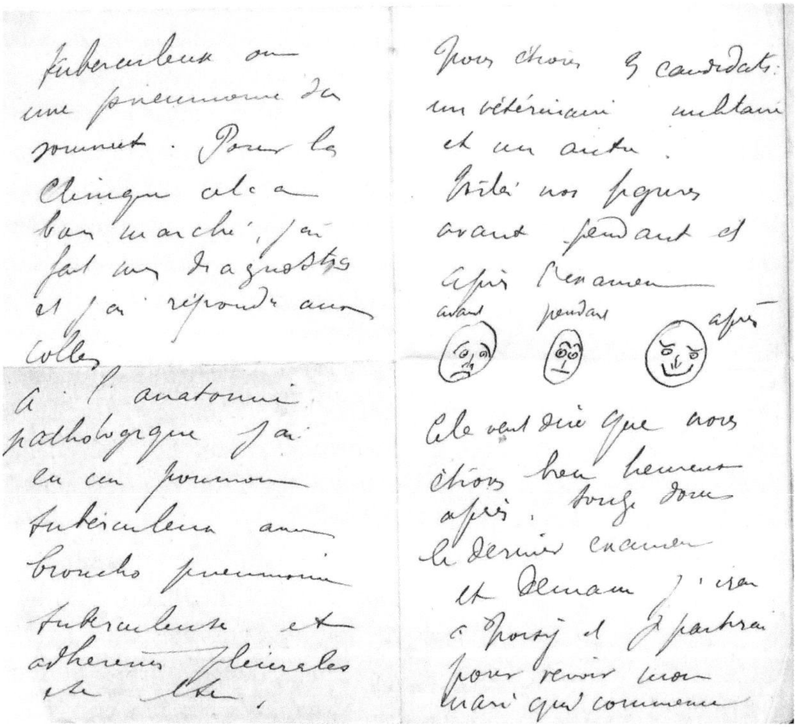
tuberculeux ou une pneumonie du sommet. Pour la clinique cela a bien marché, j'ai fait un diagnostic et j'ai répondu aux colles. À l'anatomie pathologique j'ai eu un poumon tuberculeux avec broncho pneumonie tuberculeuse et adhérences pleurales etc etc.

Nous étions 9 candidats: un vétérinaire militaire et un autre. Voilà nos figures avant pendant et après l'examen

avant pendant après

Cela veut dire que nous étions bien heureux après. Voilà donc le dernier examen et demain j'irai à Poissy et je partirai pour revoir mon mari qui commence

Brief von Cécile an Oskar 1899 in ihrer charakteristischen Handschrift

Nach dem erfolgreichen Abschluss und ihrer Approbation folgt Cécile, während sie an ihrer Dissertation zu einem neuroanatomischen Thema arbeitet, Oskar Anfang 1899 nach Berlin. Auch wenn Cécile bald fließend – wenn auch nie akzentfrei – Deutsch spricht, bleibt Französisch die Alltagssprache des Paares.

Promoviert wird Cécile 1900 in Paris, im April wird ihr das *Diplôme de Docteur en Médicine* verliehen. In ihrer Doktorarbeit kommt auch Oskar zu Ehren: „Ich widme meine Dissertation meinem Mann, der mich gelehrt hat, wissenschaftlich zu arbeiten." Die Doktorarbeit „Étude sur la myelinisation des hémisphères cérébraux" thematisiert die sogenannte Myelinisierung der Gehirnhälften. Die Myelinscheide, eine Art Isolierschicht um Nervenfasern, kann unter anderem die Weiterleitung von Erregungsimpulsen durch die Nervenfasern beschleunigen.

EINE FRANZÖSIN IN BERLIN: BESCHWERLICHER START, ERFOLGREICHER AUFBAU

Am 23. Februar 1899 feiern Cécile und Oskar in Berlin ihre Verlobung, die Ringe hat Oskar beim renommierten Hofgoldschmied Hugo Schaper bestellt. Und noch ein edles Verlobungsgeschenk hat er für Cécile besorgt: eine elegante Goldbrosche.

Es sind hektische Tage: Nicht nur muss die bevorstehende Hochzeit vorbereitet werden, es sind auch die verschiedenen Bereiche in der Magdeburger Straße fertig einzurichten – Labor, Privatordination und Wohnung. Tischler, Einrichtungshäuser, Tapezierer und Küchenspezialisten liefern ihre hochwertige Ware an, wie sorgfältig gesammelte Rechnungen zeigen.

Die standesamtliche Trauung findet am 21. März 1899 auf dem Standesamt Berlin III in Tiergarten statt. Cécile trägt einen Hut mit Federn, eine weiße Bluse und ein helles Kostüm, Oskar, mit seinem sauber gezogenen Mittelscheitel und dunklem Bart, zeigt sich im dunklen Anzug, weißen Hemd mit Stehkragen und breiter Krawatte. In dieser eleganten Aufmachung lassen sie sich für das Hochzeitsfoto ablichten. So weit, so normal. Was Cécile und Oskar aber von anderen Jungvermählten unterscheidet, ist das Motiv, das mit auf das Bild muss: Abgelichtet ist das junge Paar mit einem jener Geräte, mit denen sie Gehirne in dünne Scheiben schneiden.

Obwohl sich die Religiosität des jungen Paares in engen Grenzen hält, besiegeln sie den Bund dennoch – vielleicht der religiösen Verwandtschaft zuliebe – auch in einer kirchlichen Zeremonie. Die evangelische Berliner 12-Apostel-Kirche verrechnet dem Paar Vogt-Mugnier für die Trauung 40 Mark. 27 Gäste bewirten Cécile und Oskar im Anschluss an die Trauung bei sich zu Hause, der Feinkosthändler Hermann aus der Schützenstraße richtet das Buffet aus und ein Tafel-Verleih bringt die Ausstattung für den festlichen Tisch.

Die Hochzeitsreise – oder zumindest die erste gemeinsame Reise als

Cécile und Oskar Vogt nach der Trauung an einem ihrer Schneidegeräte für Gehirne, Berlin, Magdeburger Straße

Ehepaar – führt Cécile und Oskar im Juli 1899 nach Frankreich, wo sie unter anderem Céciles Mutter in Annecy aufsuchen. Doch eine lange Abwesenheit aus Berlin ist zu diesem Zeitpunkt nicht opportun, schließlich gilt es, sich ganz dem Auf- und Ausbau der neuen Neurologischen Centralstation zu widmen. „Diese Gründung ging von folgenden Ideen aus", schreiben die Vogts später rückblickend in einer Presseinformation. „Die Vertiefung der Anatomie und Physiologie des Gehirns sei eine der wichtigsten Aufgaben des neuen Jahrhunderts. Sie sei aber so schwierig, dass sie neben einer besonderen technischen Organisation die ganze Kraft einer Reihe von Forschern in Anspruch nehmen müsse. Sie könne deshalb nicht im Rahmen

der bestehenden Universitätsinstitute durchgeführt werden, sondern erfordere besondere Forschungsinstitute." Genau das wird hier in Berlin-Tiergarten geschaffen.
Cécile ist glücklich in Berlin, bei Oskar, am Forschungsinstitut, wie wir aus einem ihrer seltenen erhaltenen Tagebucheinträge wissen. Am 30. November 1900 notiert sie unter anderem, dass „ich wieder ich geworden bin, dass ich fühle, den Gefährten gefunden zu haben, den ich brauchte".

Neurologische Centralstation und Neuro-Biologisches Institut

Zum Auf- und Ausbau des neuen Forschungsinstituts und seiner umfangreichen Hirnsammlung leistet Cécile zentrale Beiträge. Und dies nicht nur konzeptiv und durch ihre anatomischen Untersuchungen, sondern auch bei der Entwicklung einer speziellen Methode, Hirnschnitte herzustellen. Mangels bildgebender Verfahren ist die postmortale Untersuchung von Gehirnen zu dieser Zeit die einzige Möglichkeit, Erkenntnisse zu gewinnen. Und um dies möglichst effektiv tun zu können, müssen die Gehirne präpariert und in Schnitte zerlegt werden.
Es ist vor allem Cécile, die medizinisch-technische Assistentinnen darin ausbildet, die Gehirne für Forschungszwecke auf das Sorgfältigste zu präparieren: Zunächst müssen sie in Formol gehärtet und in Paraffin eingebettet werden, dann mithilfe einer speziellen Apparatur in Tausende mikrometerdünne Schichten zerschnitten, auf Glasträger montiert und eingefärbt werden, damit sie konservierbar und für anatomische Studien verwendbar werden. Ursprünglich werden die Präparate dann auch noch abgezeichnet, um sie zu dokumentieren, später dann zunehmend fotografiert. Diese Art, Hirnschnitte herzustellen, wird nicht nur zum Markenzeichen der Centralstation, sondern auch, wie die Wissenschaftshistorikerin Helga Satzinger 1996 schreibt, „zum Qualitätsmerkmal der Vogt'schen Forschungseinrichtungen und beispielweise

1904 auf der Versammlung der Anatomischen Gesellschaft mit Bravorufen bedacht".

Das Konzept erweist sich als erfolgreich und das Institut expandiert rasch. Im Juli 1901 notiert Cécile, gerade aus Frankreich zurückgekommen, dass die Umbauarbeiten erledigt sind: Die Wohnung ist nun, um mehr Platz für die Arbeit zu schaffen, vom Labor getrennt und im 1. Stock untergebracht. Sie ist begeistert, endlich ein richtiges Arbeitszimmer zu haben und „nicht nur die kleine Ecke des Esstischs, die bisher mein Arbeitsplatz war". Erinnert das nicht ein wenig an Virginia Woolfs *Ein eigenes Zimmer* als Befreiungsschlag für die kreative Frau?

Zunächst besteht die Neurologische Centralstation aus drei Forschenden – Oskar selbst, Cécile und ab 1901 Korbinian Brodmann, den Oskar einige Jahre zuvor in Alexandersbad kennengelernt hat. Wie der kanadische Biochemiker Régis Olry in einer Kurzbiografie berichtet, hat sich Brodmann nach einer überstandenen Diphterie-Infektion dazu entschlossen, zunächst einmal eine Saisonstelle in dem Kurort anzunehmen. Eine Entscheidung mit schwerwiegenden Folgen, denn in Alexandersbad entdeckt Brodmann nicht nur sein Interesse für die Neurologie, sondern lernt eben auch Oskar Vogt kennen. Er entscheidet sich, seine neuroanatomischen und neuropathologischen Kenntnisse an der Universität Leipzig und sein psychiatrisches Wissen in Jena zu verfeinern, um dann ab 1901 bei den Vogts in Berlin tätig zu sein. In diese Zeit fallen seine bahnbrechenden Publikationen zur Anordnung und dem Aufbau der Nervenzellen in der Gehirnrinde von Säugetieren und Menschen („Zytoarchitektur"). „Mehr als ein Jahrhundert nach der Erstpublikation seines Buches", schreibt Régis Olry 2010, „bleibt Korbinian Brodmann die ultimative Referenz in Bezug auf die kortikale Zytoarchitektur."

Das Privatinstitut entwickelt sich rasch weiter. Schon vier Jahre nach seiner Gründung gelingt Cécile und Oskar ein wichtiger Schritt in Richtung Expansion und Institutionalisierung. Die Neurologische Centralstation wird zum Neuro-Biologischen Institut, das weiterhin

Cécile und Oskar Vogt mit Mitarbeitern der Neurologischen Centralstation, Berlin, Magdeburger Straße

den Charakter einer reinen Forschungseinrichtung behalten soll, aber – und hier kommen erstmals auch öffentliche Mittel zur Unterstützung ins Spiel – organisatorisch in das Physiologische Institut der Universität integriert wird. Räumlich bleibt es aber weiterhin am bisherigen Standort in der Magdeburger Straße 16.

Ganz ohne Widerstände und Probleme geht diese Anbindung der Centralstation an die Universität nicht über die Bühne, schließlich geht es hier auch um den Wettbewerb um begrenzte staatliche Ressourcen für die Forschung. Schon dass ein privates Institut einen so fulminanten Start hinlegt und trotz begrenzter Mittel höchst produktiv ist, erweckt bei manchen etablierten akademischen Einrichtungen und deren Proponenten wenig Begeisterung. Als dann noch Friedrich Alfred Krupp, zuverlässiger Mäzen und Unterstützer der Vogtschen Forschungstätigkeit, seine guten Kontakte in die kaiserlichen Ministerien und zum Hof nützt und auch eine finanzielle Unterstützung in Aussicht stellt, um die universitäre Integration zu befördern, gibt es durchaus Widerstand aus der etablierten akademischen Medizin.

Zahlreiche Gutachten werden eingeholt, um die Zweckmäßigkeit des Projekts zu erheben. Zu den Gegnern gehörten unter anderem der Anatomie-Vorstand an der Berliner Universität Wilhelm von Waldeyer-Hartz, der Psychiatrie-Ordinarius in Breslau und später in Halle Carl Wernicke und der Neuroanatom und Psychiatrieprofessor in Leipzig Paul Flechsig, den fachliche ebenso wie persönliche Differenzen mit den Vogts umtreiben. Schließlich hat Cécile schon in ihrer Dissertation Teile der Thesen des bereits renommierten Flechsig über die Assoziationszentren im Gehirn infrage gestellt – nicht untypisch für die junge Forscherin, der Autoritäten nicht per se Respekt einflößen. „Es sieht ganz so aus, als ob der Leipziger ein mystischer Theosoph etc etc wäre", macht sie sich in einem Brief an Oskar im September 1901 über dessen ehemaligen Lehrer lustig.

Dazu kommen alte Auseinandersetzungen aus der Zeit, als Oskar für kurze Zeit bei Flechsigs Assistent war und mit ihm in einen Urheberrechtstreit geriet: Wie der Neuropathologe und Thalamus-Spezialist Rolf Hassler schreibt, soll Flechsig unveröffentlichte Teile von Oskars Dissertation als seine eigene Arbeit ausgegeben und umgekehrt Oskar später des Plagiats in seiner Dissertation bezichtigt haben. Die wissenschaftliche Auseinandersetzung über die Assoziationszentren setzt sich weiter fort. In ihrer großen gemeinsamen Arbeit zur Markreifung des Kindergehirns 1904 schreiben Cécile und Oskar: „Dass jeder Leser gleichzeitig einfach auf Grund unserer Abbildungen sich ein eigenes Urtheil über Flechsig's Associationscentrentheorie bilden kann, kommt für uns hier nicht in Betracht. Wir halten diese Theorie für definitiv abgethan und möchten nicht den Zweck einer umfangreichen Arbeit, wie es die folgende ist, in der negierenden Leistung

der Widerlegung einer falschen Theorie sehen, sondern vielmehr in der positiven Mithülfe an dem Aufbau einer exacten Hirnanatomie."
Die Vogts können sich schließlich durchsetzen. Für Oskar bedeutet die administrative Aufwertung des Labors zu einer Abteilung des Physiologischen Universitätsinstituts 1903 insofern einen Karrieresprung, als er damit zum Abteilungsleiter mit der Besoldung eines Extraordinarius wird. Und das, ohne sich jemals an der Universität habilitiert zu haben, was die etablierte akademische Welt besonders irritiert. Korbinian Brodmann bekommt immerhin eine Stelle als Universitäts-Assistent, während Cécile als die Dritte im Bunde leer ausgeht, was sicher nicht an ihrem mangelnden wissenschaftlichen Output liegt, sondern einmal mehr an ihrem Geschlecht. Sie bleibt weiter Privatgelehrte und unbezahlte Mitarbeiterin, forscht und publiziert aber unverdrossen weiter – und dies höchst produktiv, wie zahlreiche Publikationen aus dieser Phase zeigen, deren Allein- oder Erstautorin Cécile ist. „Die Institutsleitung lag bei Oskar Vogt, doch war es kein Geheimnis, dass wichtige Programmentscheidungen von den Eheleuten Vogt abgesprochen und wissenschaftliche Lenkungsaufgaben gemeinschaftlich wahrgenommen wurden", schreiben die Berliner Historiker Reinhard Rürup und Michael Schüring.
Dass für das neue, universitär angebundene Neuro-Biologische In-stitut in der Magdeburger Straße die Möglichkeiten einer Expansion begrenzt und die Arbeitsbedingungen beengt sind, tut der intensiven Forschungstätigkeit von Cécile, Oskar und ihrem Team nicht den geringsten Abbruch. Immerhin kommt durch die Integration in die Universität ein attraktiver Sachmittel- und Personaletat von 30.000 Mark aus öffentlichen Mitteln in die Institutskasse, wie die Wissenschaftshistorikerin Helga Satzinger schreibt, was neue gehirnanatomische Studien ermöglicht. Der neue Status des Labors und das erweiterte Budget schaffen die Voraussetzungen, nicht nur das Forschungsprogramm thematisch breiter anzulegen, sondern sich auch personell besser aufzustellen. 1904 stößt Max Bielschowsky als weiterer leitender Forscher dazu. „Haben im Institut eine Sektion pour étude du neurone unter Bielschowsky geschaffen", be-

richtet Cécile in einem ihrer zweisprachig gehaltenen Briefe im Dezember 1904 an den Psychiater Auguste Forel in Zürich.
Der aus Breslau stammende Max Bielschowsky hat in Berlin promoviert und profiliert sich vor allem auf dem Gebiet der Histologie und Histopathologie des Nervensystems. Er gilt als Erfinder der Versilberung der Neurofibrillen, einer wichtigen Methode zur Erforschung von Gehirnstrukturen: Neurofibrillen sind fadenförmige Strukturen in Nervenzellen, die lichtmikroskopisch nur nach einer Silberimprägnation erkennbar werden. 1913 wird Bielschowsky auf Antrag von Oskar Vogt im Neuro-Biologischen Institut einen Karrieresprung machen und zum Abteilungsvorsteher und außerordentlichen Professor ernannt.
Wichtige und bahnbrechende Arbeiten entstehen in den Jahren vor dem Ersten Weltkrieg an der Neurologischen Centralstation und dann am Neuro-Biologischen Institut. Einer der wichtigsten Arbeitsschwerpunkte sind die Studien über die Gliederung des Gehirns, die Gehirnarchitektonik. In ihrer berühmten Arbeit über den Thalamus, den größten Teil des Zwischenhirns, der unter anderem für die Informationsweiterleitung vom Körper und den Sinnesorganen an das Großhirn zuständig ist, beschreibt Cécile 1909 das so: „Seit einigen Jahren beschäftigen wir uns im Neuro-Biologischen Institut damit, für die Großhirnrinde eine anatomische Einteilung zu finden, die auch einen physiologischen Wert hat. Um diese anatomische Unterteilung zu machen, verwenden wir drei Methoden. Die erste besteht in der Untersuchung der Unterschiede hinsichtlich der Schichtung, der Zahl, der Form und der Größe der Zellen, das ist die cytoarchitektonische Methode. Die zweite besteht in der Untersuchung derselben Unterschiede bezüglich der markhaltigen Nervenfasern, das ist die myeloarchitektonische Methode. Und die dritte schließlich ist die Untersuchung der Verbindungen zwischen den verschiedenen cortikalen Zentren, das ist die fibrosystematische."
Ein anderer, daran anknüpfender Themenschwerpunkt ist die Erklärung psychischer Phänomene, bestimmter Eigenschaften oder

Talente durch morphologische Gegebenheiten im Gehirn. „Nicht nur muss der Psychologe die Gehirnphysiologie, sondern es muss auch der Gehirnphysiologe die Psychologie studieren“, schreibt Cécile 1922. „Von beiden Seiten aus muss das Ding betrachtet werden, und es muss auf beiden Seiten klappen.“

Das haben Cécile und Oskar auch schon in ihren Publikationen „Beiträge zur Hirnfaserlehre“ präzisiert, die 1902 und 1904 erscheinen. „Die folgenden Arbeiten sollen in möglichst exacter Weise solche neurobiologischen Beiträge liefern, welche geeignet sind, das Problem vom Zusammenhang der somatischen und psychischen Erscheinungen – wenigstens in einer fernen Zukunft – zu fördern“, heißt es im ersten Band. „Dabei wollen wir diese Förderung speciell durch eine innige Vereinigung psychologischer, physiologischer und anatomischer Studien erstreben.“ Und noch eine andere Verbindung streben sie an: Sie wollen psychische „Abnormitäten“, wie sie Störungen bezeichnen, detailliert beobachten und dokumentieren und dann postmortal untersuchen, welche Veränderungen im Gehirn bei den Betroffenen festzustellen sind. Das sei zwar keine neue Forschungsmethode, wie Cécile und Oskar schreiben, aber das Neue liege in der „von uns erstrebten Verfeinerung dieser Forschungsart“.

Die morphologischen, also Struktur und Form des Gehirns betreffenden, Studien sollten sich als erfolgreich erweisen: „Das Studium der Architektonik hat im Laufe der Zeit zur Zerlegung der Großhirnrinde in unerwartet viele, haarscharf gegeneinander abgegrenzte, jedesmal die ganze Rindendicke umfassende Felder geführt“, schreiben Cécile und Oskar 1926. „Wir unterscheiden heute bei dem Menschen mehr als 200.“ Korbinian Brodmann publizierte 1907 seinen berühmten Atlas der menschlichen Großhirnrinde.

1911 erscheinen die ersten Beiträge Céciles zu Bewegungsstörungen, deren Ursache sie in Veränderungen im Gehirn identifiziert, die sie noch lange beschäftigen und schließlich in der Benennung einer Krankheit nach ihr münden werden. Sie publiziert eine vierteilige

Arbeit, einen Teil davon in Zusammenarbeit mit dem Vorsitzenden der Berliner Gesellschaft für Psychiatrie und Nervenkrankheiten (BGPN) Hermann Oppenheim, einen anderen in Kooperation mit dem Breslauer Neurologen und Psychiater Carl Samuel Freund – über das Corpus striatum als „hochdifferenziertes Organ der sensomotorischen Regulation". Das striäre System ist ein Teil des Großhirns, der unter anderem Bewegungsabläufe reguliert. Als erste Frau, 44 Jahre nach Gründung der BGPN, stellt Cécile diese Erkenntnisse 1911 vor der Gesellschaft auch selbst vor, was für sich schon fast so viel Aufmerksamkeit erregt wie die Ergebnisse ihrer Studien. „Es setzte eine große Untersuchungswelle über solche Erkrankungen in vielen europäischen Ländern ein", schreibt der deutsche Neurologe und Neuroanatom Rolf Hassler im Buch *Große Nervenärzte*.

„Die Neurologie hat, wenn man sich die historische Entwicklung ansieht, immer wieder thematische Epochen. Die Phase zu Beginn des 20. Jahrhunderts ist die morphologische Phase, man versucht also, wie das Cécile und Oskar Vogt als typische Proponenten tun, über die Untersuchung von Hirnschnitten möglichst viel zu entschlüsseln", sagt mir der Präsident der Weltföderation für Neurologie, der österreichische Neurologe Wolfgang Grisold, im Gespräch zur Einordnung der Forschungsschwerpunkte. „Das ging aber über die Architektur des Gehirns hinaus, man wollte über die Anatomie auch Persönlichkeitsmerkmale oder Talente finden können. Später wurde das von der physiologischen Epoche abgelöst, angefeuert durch die neuen elektrophysiologischen Möglichkeiten, um Funktionsstörungen des Nervensystems identifizieren zu können. Heute schließlich prägen die moderne funktionelle Bildgebung, gemeinsam mit der Molekularbiologie und Genetik, die Forschung."

Affen auf dem Balkon, Prominente im Warteraum

Das professionelle und private Leben der Vogts spielt sich in dieser Phase vorwiegend im Tiergartenviertel ab: zwischen der Magdeburger Straße 16, in der sich von 1898 bis 1931 zunächst die

Neurologische Centralstation, dann das Neuro-Biologische Institut und schließlich zusätzlich das Kaiser-Wilhelm-Institut für Hirnforschung befinden – und in den ersten Jahren darüber hinaus auch die Privatwohnung der Vogts –, der Viktoriastraße 19, wo die Familie Vogt zwischen 1904 und 1914 wohnt, und der Magdeburger Straße 32, wo ab 1914 Wohnung und Privatordination untergebracht sind. Das Tiergartenviertel – heute ein Ortsteil von Berlin-Mitte – wurde in den 1860er-Jahren in die Stadt eingemeindet. Aus einem beliebten Ziel für die Sommerfrische wird rund um den Tiergarten ein elegantes und begehrtes Wohnviertel, in dem sich hohe Beamte, Intellektuelle, Ärzte und Künstler ansiedeln.

Heute finden sich im Tiergartenviertel höchst unterschiedliche Quartiere: Während die Gegend nördlich des Landwehrkanals von Philharmonie, Neuer Nationalgalerie und Botschaften geprägt ist, geht es südlich des Schöneberger Ufers weniger elegant zu. Das Haus Kluckstraße 16 – so heißt die Magdeburger Straße seit 1935 – in der Nähe des Magdeburger Platzes erinnert nur noch sehr entfernt an die historischen Bilder, die wir von der Centralstation kennen, aber es dürfte sich doch nach wie vor um die ursprüngliche Bausubstanz handeln. Die Kluckstraße 32 ist heute ein unattraktiver Neubau, der nicht mehr erahnen lässt, wie es hier einmal ausgesehen haben könnte. Und die Viktoriastraße existiert in der ursprünglichen Form gar nicht mehr und ist in der südlichen Potsdamerstraße aufgegangen.

Für die Nachbarn von Oskar und Cécile Vogt gilt das Haus Nummer 16 in der Magdeburger Straße, in dem die Vogts bald zusätzlich zum zweiten auch den ersten und dritten Stock anmieten, als Problemzone, immer wieder gibt es Beschwerden. So erstattet im Sommer 1902 der Deutsche Tierschutzverein, alarmiert von Nachbarn und unter Benennung mehrerer Zeugen, Anzeige an die königliche Polizei gegen die Centralstation wegen Tierquälerei. Den Tieren, die von den Vogts vor allem für Versuche über die Funktion von Hirnarealen gehalten werden, komme die beste Pflege zu, heißt es in einer Stellungnahme des Instituts zu den Anschuldigungen. Auch würde

„im Fall einer Notwendigkeit einer Operation das schmerzloseste Verfahren“ angewendet. Außerdem würden „auf einmal immer nur 2 bis 3 Affen“ gehalten.

Die allerdings waren weithin sichtbar. „Das mittlere Zimmer im dritten Stock hat nach der Straße einen hübschen Balkon, den lassen sie mit einem Drahtnetz bespannen und bald schaukeln Affen dort über den Dächern von Berlin“, zitiert der Medizinhistoriker Frank W. Stahnisch in einer Geschichte der Berliner Neurowissenschaft aus einem unveröffentlichten Manuskript der Genetikerin Thea Lüers, einer Mitarbeiterin der Vogts. „Neben ihrer wissenschaftlichen Arbeit betreiben beide eine nervenärztliche Praxis. Sie beschränken sich dabei auf die Behandlung seelischer Störungen, von deren erweiterter Kenntnis sie gleichzeitig neue Ausblicke für ihre Hirnforschungen erhoffen. Während Affen auf dem Balkon turnen (wichtig für die Arbeiten über umschriebene Funktionsgebiete des Gehirns), während menschliche Gehirne (gelegentlich solche von Selbstmördern oder Hingerichteten) in verhüllten Paketen ins Haus getragen werden, sitzt in den nervenärztlichen Sprechzimmern die Berliner Gesellschaft, Politiker, Schriftsteller, Dichter, Schauspieler, Weltdamen.“

Tatsächlich hat Oskar neben der wissenschaftlichen Arbeit bis 1925 zahlreiche mehr oder weniger prominente Patientinnen und Patienten. Er habe, schreibt Oskar 1925 an Theodor Fontane, einen der beiden Söhne des Schriftstellers, „wegen meiner dienstlichen Inanspruchnahme die ärztliche Praxis ganz aufgegeben“. Schließlich steht er ab 1925, neben der Leitung des Kaiser-Wilhelm-Instituts für Hirnforschung, auch dem Moskauer Hirnforschungsinstitut vor.

Auch Cécile behandelt Privatpatienteninnen und -patienten, und dies allem Anschein nach wohl nicht erst, seit man ihr 1920 eine ärztliche Approbation in Deutschland verliehen hat. So schreibt sie in einem Brief an Oskar im Oktober 1900 über eine Patientin, dass sie Elektrotherapie und Opiumtabletten einsetzt, „weil sie immer über Schmerzen klagt“. In ihren privaten Briefen tauschen sich Cécile und Oskar häufig über die Kranken aus. Zu den prominenten

Patienten Céciles gehören unter anderem „der Geheimrat", wie sie den Beamten Theodor Fontane jun. zu nennen pflegt, und Angehörige der Bankiersfamilie Oppenheim, wobei die Grenzen zwischen Freundschaft und therapeutischer Beziehung oft fließend sind. Vermutlich ist das Einkommen, das sich über die Privathonorare erzielen lässt, ein wichtiges Motiv, warum Cécile neben der weiterhin unbezahlten wissenschaftlichen Arbeit viele Hilfesuchende empfängt. Allerdings wird ihr das auch oft zur Last. „Heute ist Sprechstunde, da hat Maman wieder viele Quälgeister", schreibt ihre Tochter Marthe 1928 an Oskar, der sich einmal mehr in Moskau aufhält.
Ein wichtiger Grund für die therapeutische Tätigkeit Céciles ist aber auch, dass sie trotz der wissenschaftlichen Bearbeitung von Fragen der Gehirnarchitektur auch an der Psychologie interessiert bleibt und diese praktisch mit Patientinnen und Patienten betreiben möchte.
Das Phänomen der Verdrängung, das dank Sigmund Freud gerade en vogue ist, hält Cécile für überschätzt, sehr verbreitet erscheint ihr hingegen das Nicht-vergessen-Können einschneidender Erlebnisse („Dysamnesie") als Ursache neurotischer Probleme. Auf Basis ihrer psychotherapeutischen Erfahrungen postuliert sie 1923 in einem Vortrag in Moskau, dass schnelle Heilerfolge auf der Beseitigung von Autosuggestionen beruhen, die von Angst geprägt das jeweilige Symptom hervorgerufen haben oder aufrechterhielten. Erkrankte müssten Vertrauen zu ihrer Behandlerin oder ihrem Behandler fassen, dann könnte diese Autosuggestion abgebaut werden.
In besonderen Fällen werden Patientinnen gewissermaßen stationär aufgenommen, sie leben mit den Vogts im Haus in der Magdeburger Straße – was Cécile gelegentlich, auch angesichts der großen Anhänglichkeit mancher dieser Spezialpatientinnen gegenüber Oskar, an den Rand ihrer Nervenstärke und Toleranz bringt. Eine Mitarbeiterin habe ihr gesagt, notiert Cécile, „dass Madame B. ihr ganzes Leben in unserer Nähe bleiben müsste. Das hat mich sehr aufgebracht." Besagte Madame B., Frau eines prominenten Mediziners, hütet in der Magdeburger Straße auch immer wieder das Haus, wenn Cécile und Oskar verreist sind – und kümmert sich sogar um andere dort

aufgenommene Patientinnen.

In den ersten Jahren der Centralstation verordnen Oskar und eventuell auch Cécile einigen Patientinnen eine Art von Beschäftigungstherapie – und sichern sich damit auch kostenlose Arbeitskräfte, wie Kritiker anmerken. Die Frauen werden im Labor eingesetzt, um Gehirnpräparate aufzubereiten. Sie härten die Gehirne, schneiden sie in hauchdünne Scheiben, pressen diese zwischen Glas, fotografieren die Schnitte oder zeichnen sie ab. Wenn Cécile dem gerade abwesenden Oskar aus Berlin über den Alltag in Haus und Institut berichtet, bedeutet der Satz „Madame B. macht Gelatine" nicht etwa, dass hier eine Haushälterin ein Aspik-Gericht zubereitet, sondern dass eine Patientin sich an menschlichen oder tierischen Gehirnen zu schaffen macht, mit dem Ziel, diese zu konservieren.

Cécile ist zufrieden mit dem beruflich-privaten Arrangement, stolz auf ihre eigene Arbeit, aber sie ist sich zugleich ihrer Rolle nicht immer sicher, fühlt sich zerrissen. „Es sind zwei Frauen in mir, zwei Persönlichkeiten", notiert sie 1910 in ihr Tagebuch. „Die eine möchte sich in alles einmischen, vollständig das Leben ihres Ehemannes teilen, dem sie folgt, den sie in seiner wissenschaftlichen Karriere unterstützt." Das zweite Ich, das wahre Ich, sei jenes, das sie angetrieben habe, Gehirn und Seele zu verstehen und den Menschen zu helfen. „Und heute hatte ich eine sehr befriedigende Einsicht, ich bin zum Schluss gekommen, dass ich später die Tendenzen dieser beiden ‚Ich' zusammenführen kann."

Warum unübersehbar und unüberhörbar die Räumlichkeiten in der Magdeburger Straße neben der noblen Privatordination auch eine bunte Menagerie beherbergen, hat mit den wissenschaftlichen Schwerpunkten dieser Zeit zu tun: Unter anderem publizieren Cécile und Oskar im ersten Jahrzehnt ihrer gemeinsamen Forschungsarbeit, oft gemeinsam und meist mit Cécile als Erstautorin, ihre vergleichenden Tierexperimente über die elektrische Erregbarkeit der Großhirnrinde („Cortex"). 1907 veröffentlichen Cécile und Oskar die Ergebnisse dieser Stimulationsstudien unter dem Titel „Zur Kenntnis der erregbaren Hirnrindengebiete bei den Säugetieren". Im

Kern geht es darum, bei betäubten Tieren elektrische Reize in bestimmten Arealen der Hirnrinde zu setzen, um damit Bewegungsreize auszulösen. Auf diesem Weg können sie auch anatomische und funktionelle Unterschiede zwischen dem sensorischen System des Gehirns, das für Sinneseindrücke zuständig ist, und dem für Bewegungen verantwortlichen motorischen System zeigen. Aus der Arbeit an mehr als 150 Affen leiten sie ab, wie bestimmte einfache oder komplexe Bewegungen bestimmten Regionen der Hirnrinde zuzuordnen sind. Dabei grenzen sie mehr als 200 verschiedene Felder in der Hirnrinde ab, denen sie jeweils eine bestimmte Funktion zuzuordnen versuchen. Dabei bauen sie auf Erkenntnissen von Vorreitern wie jenen der deutschen Neurowissenschaftler Gustav Fritsch und Eduard Hitzig auf, die just im Geburtsjahr von Oskar 1870 nachweisen konnten, dass die motorische Hirnrinde elektrisch reizbar ist.

Kein Platz für Forscherinnen? Anfeindungen und Ressentiments

Was Céciles professionellen Status betrifft, so ist und bleibt für sie die Arbeit an der Neurologischen Centralstation und am Neuro-Biologischen Institut in den beiden ersten Jahrzehnten ihres Wirkens inoffiziell und unbezahlt – wissenschaftliches Interesse und forscherischen Ehrgeiz musste man sich als Frau erst einmal leisten können. Und doch geht es ihr besser als anderen Forscherinnen ihrer Zeit, denn immerhin kann sie die Schwerpunkte der Institute erkennbar mitgestalten und hat die Möglichkeit, unter ihrem eigenen Namen wissenschaftlich zu publizieren. Die von Oskar Vogt und Auguste Forel herausgegebene Zeitschrift für Hypnotismus, die ab 1902 unter dem Titel *Journal für Psychologie und Neurologie* erscheint, bietet ihr dafür ein hervorragendes und anerkanntes Forum. Ab 1924 wird Cécile Mitherausgeberin des Journals.

Das alles bedeutet aber längst noch nicht, dass Cécile in der frauenfeindlichen preußischen Wissenschaftsszene mit offenen Armen aufgenommen wird. Durch das private Arrangement ist für sie zwar das Problem eines geeigneten Arbeitsplatzes gelöst, aber darüber hinaus bleiben eine Menge Hürden bestehen. Außerhalb des eigenen Privatinstituts weht ein alles andere als frauenfreundlicher Wind. Vor allem ist es für Cécile oft kaum möglich, besonders zu Beginn ihrer Tätigkeit in Berlin, ihre Studien und Erkenntnisse selbst vor einer Fachöffentlichkeit zu präsentieren. Mehr als einmal wird ihr die Teilnahme an einer Konferenz verwehrt oder nur nach massiver Intervention von Oskar ermöglicht. „Sie war die einzige weibliche Teilnehmerin", schreibt der Neurologe Sebastian von Stuckrad-Barre, „als das verlobte Paar im Oktober 1898 die Tagung der mitteldeutschen Psychiater und Neurologen besuchte." Doch immerhin – sie durfte teilnehmen.

Die junge Cécile Vogt an einem Makrotom, mit dem Gehirnschnitte hergestellt werden

Anders bei der Berliner Gesellschaft für Psychiatrie und Nervenkrankheiten: Dort bekommt Cécile zum Kongress im Jahr 1900 keinen Zutritt, obwohl sie sich gemeinsam mit Oskar angemeldet hat, einen Vortrag zu halten, wie der deutsche Neurologe und Neuroanatom Rolf Hassler berichtet. Ein Jahr später darf sie dann zwar zur Tagung gehen, aber weiterhin nicht vortragen. Erst 1911, ein Jahrzehnt später, so berichtet der Medizinhistoriker und Ethiker Heinz-Peter Schmiedebach in seiner *Geschichte der Berliner Gesellschaft für Psychiatrie und Neurologie*, kann sie vor der Vereinigung als erste Frau überhaupt über ihr Spezialgebiet vortragen, das striäre System.

Die ablehnende Haltung, die Cécile aus Berliner Forscherkreisen entgegenschlägt, gilt zunächst einmal ihr als Frau in einem zu diesem Zeitpunkt noch so gut wie ausschließlich männlichen Wissenschaftsbetrieb. „Der Bundesrath hat in seiner Sitzung am 20. ds. Mts. den Beschluss gefasst, dass auch Frauen zu den medizinischen Prüfungen, sowie zu den Prüfungen der Zahnärzte und Apotheker im Deutschen Reiche zugelassen werden sollen", berichtet am 22. April 1899 unter dem Titel „Weibliche Aerzte" die Zeitschrift *Medicinische Reform*. Die einzelnen Länder setzen den Beschluss des koordinierenden Gremiums unterschiedlich rasch um, Vorreiter ist das Großherzogtum Baden. Erst 1909 ist Frauen das Studium in allen deutschen Ländern erlaubt.

Die Habilitation ist Frauen erst ab 1921 gestattet. Vor diesem Hintergrund und angesichts der Tatsache, dass in Berlin die Diskussion um die Frauenzulassung gerade mit besonderen Emotionen und harten Bandagen ausgefochten wird, als Cécile als bereits fertige Medizinerin dort ankommt, erscheint ihr selbstbewusstes Auftreten vielen Angehörigen der medizinischen Fakultät als eine besondere Provokation.

Vermutlich sind es aber nicht nur frauenfeindliche Reflexe, die das Berliner neurologisch-psychiatrische Establishment gegen Cécile einnehmen – es gibt auch inhaltliche Irritationen, was ihre Arbeit und ihre innovativen Ansätze betrifft. „Man begegnete Feindseligkeit", schreibt der US-Neuropathologe Webb Haymaker in seiner Jubiläumsschrift für Oskar und Cécile Vogt zu seinem 80. und ihrem 75. Geburtstag. „Bei einer Gelegenheit, als Cécile Vogt bei einer nationalen Psychiatrietagung das Wort ergriff, stolzierte einer der Professoren aus dem Raum, aus Protest gegen ihre Behauptung, dass die Psychiatrie prosperieren könnte, wenn nur der Neuropathologie mehr Aufmerksamkeit gewidmet würde."

Dass Cécile Französin ist, wird auch nicht hilfreich gewesen sein. Zu groß und weit verbreitet sind die Ressentiments in Berlin gegen Angehörige des Erb- und Erzfeindes – und dies schon vor und ganz besonders während des Ersten Weltkrieges. Ab 1914 werden Französinnen und Franzosen in Deutschland von vielen Menschen noch misstrauischer beäugt als zuvor, zumal, wenn sie ihre Muttersprache benutzen. Da bilden auch die Vogts keine Ausnahme, die sich miteinander und mit den Gouvernanten der Töchter häufig – und auch in der Öffentlichkeit – auf Französisch unterhalten.

Legendär ist in dem Zusammenhang ein Zwischenfall, über den zahlreiche Zeitungen in Deutschland und Österreich berichten und der nicht nur auf dem Polizeirevier, sondern sogar vor Gericht endet. „Können Sie denn hier in dieser schweren Zeit nicht deutsch sprechen?" soll sich auf offener Straße ein gewisser Pastor Kettner an Cécile und Oskar gewendet haben, berichtet wie viele andere Medien der *Tagesbote aus Mähren und Schlesien* am 17. August 1915. Cécile antwortet, mit aufgeregter Stimme, wie der Berichterstatter vermerkt: „Jawohl, wir können schon deutsch, wir wollen aber nicht." Der Pastor wendet sich nicht minder aufgeregt an seine Frau: „Ist das nicht unerhört, was man sich als Deutscher in der deutschen Reichshauptstadt gefallen lassen muss?" Oskar mischt sich ein, es kommt zu verbalen und schließlich tätlichen Auseinandersetzungen, die Oskar wegen groben Unfugs und Störung der öffentlichen Ordnung eine moderate Geldstrafe einbringen.

Neben Céciles französischer Herkunft und der Tatsache, dass sie als Frau wissenschaftlich tätig ist, ist es zum Teil schlicht ihre Partnerschaft mit Oskar, warum ihr in Berlin oft ein rauer Wind entgegenweht. Denn auch er findet in den etablierten neurologisch-psychiatrischen akademischen Kreisen nicht nur Anerkennung. „Oskar Vogt war, als einer, der nicht den Weg der universitären Karriere mit Habilitation ging und trotzdem sehr erfolgreich war, ein Quereinsteiger, der finanzielle Unterstützung durch die Familie Krupp und Krupp-Stiftungen genoss, unabhängig gegenüber der Berliner Fakultät. Das war eine Autonomie, die nicht allen passte", erzählt mir der deutsche Neurologe und Medizinhistoriker Bernd Holdorff im Interview. „Er schuf sich aber auch immer wieder Gegner, zum Beispiel mit harschen Diskussionen in der Berliner Gesellschaft für Psychiatrie und Neurologie." 1913 treten beide Vogts nach einem Streit aus dieser aus, zeitgleich werden sie Mitglieder der französischen Gesellschaft für Neurologie. 1916 verlassen Cécile und Oskar auch die Gesellschaft Deutscher Nervenärzte, die sie nach dem Zweiten Weltkrieg aber sogar zu Ehrenmitgliedern machen sollte.

„Wir haben über verschiedene Dinge gesprochen", notiert Cécile nach einem Treffen mit dem Zürcher Psychiater Auguste Forel in ihr Tagebuch, es ist Oktober 1910: „Davon, dass wir der Anatomie schon etwas überdrüssig sind; die Kämpfe und die Eifersucht, die uns das Leben in Berlin schwer machen."

Mit Sicherheit lassen sich Konflikte mit dem wissenschaftlichen Establishment nicht auf ein durchaus emotionales Temperament der Vogts reduzieren, das Streitigkeiten und Konflikte befördert haben soll, wie später immer wieder behauptet wurde. Die Irritation geht tiefer: Dass da ein kleines Team mit einem privaten Institut qualitativ hochwertige Forschung leistet und zahlreiche Publikationen veröffentlicht, die auch international Aufsehen erregen, ist vielen in den etablierten Institutionen nicht geheuer. Daher versucht man, die Vogts so gut es eben geht, aus Netzwerken herauszuhalten.

So schreibt etwa der Neurologe und Neuropathologe Jürgen Peiffer in einer Publikation über die Geschichte der deutschen Neuropathologie, dass die internationale Vereinigung der wissenschaftlichen Akademien bereits 1903 – dem Boom der Hirnforschung Rechnung tragend – auf Antrag der sächsischen Akademie die „International

Brain Commission" gründet. Diese verleiht insgesamt sieben Einrichtungen die Bezeichnung „Hirnforschungsinstitut" – nicht aber dem Neuro-Biologischen Institut in Berlin. „Gegen Vogts Benennung hatte sich unter dem Einfluß von Waldeyer und Ziehen die Berliner Fakultät gewandt, die schon die Habilitation von Vogts Mitarbeiter Brodmann abgelehnt hatte", so Jürgen Peiffer. Gemeint sind der Berliner Anatomie-Professor Heinrich Wilhelm Gottfried Waldeyer und der Psychiatrie-Ordinarius an der Berliner Charité Georg Theodor Ziehen – beide alles andere als Fans der Vogts. Ähnlich schätzt es auch der deutsche Neurologe und Medizinhistoriker Bernd Holdorff ein: „Eine Mitarbeit in der Brain Commission wurde dem Vogt'schen Institut aus solcher Missgunst und einer früheren Gegnerschaft der Vogts zum Leipziger Hirnforscher und Neuropsychiater Flechsig nicht angeboten." Die Arbeit dieser Brain Commission kommt mit Ausbruch des Ersten Weltkrieges allerdings ohnehin zum Erliegen und schafft auch nach Kriegsende kein Comeback mehr.

Dafür, und das muss für Cécile eine Genugtuung sein, soll sie ein Vierteljahrhundert später, im Jahr 1929, nach den Vorstellungen des bekannten schwedischen Mediziners Salomon Eberhard Henschen in einer Nachfolgeorganisation eine zentrale Rolle spielen. Henschen ist bemüht, eine internationale „freie neurologische Akademie" oder „Societas neurologica internationalis" zu initiieren und wirbt um die Unterstützung von Cécile und Oskar. Er habe bereits führende Nervenärzte für das Projekt gewinnen können, schreibt Henschen an Cécile. Jetzt hänge es „von Ihnen hauptsächlich ab, ob die vorgeschlagene Akademie zustanden kommt" – denn der zu dem Zeitpunkt bereits 82-jährige schwedische Forscher würde sie gern als Generalsekretärin gewinnen. Cécile zeigt sich zurückhaltend – dies wird aber nicht der einzige Grund sein, warum es nicht zur „Societas" kommt. Der erste bereits geplante Kongress der präsumtiven Akademie muss wieder abgesagt werden. Immerhin gelingt es dann zwei Jahre später, in Bern den ersten internationalen Neurologie-Kongress zu veranstalten.

Mit der Familie Henschen verbindet Oskar und Cécile übrigens über die Jahre eine enge Freundschaft, und dies nicht nur mit Salomon und seiner Frau, sondern auch mit deren Sohn Folke, seinerseits ein bekannter schwedischer Anatom und Hirnforscher. Salomon und Folke sind auch Mitglieder jenes internationalen Expertenkollegiums, das 1923 nach Lenins Schlaganfall nach Moskau gerufen wird, um ihn zu behandeln. Dieser Gruppe haben Oskar und Cécile nicht angehört, sie kommen in Bezug auf Lenins Gehirn erst später ins Spiel. In erster Ehe ist Folke mit Signe Henschen verheiratet, die ihrerseits später eine enge Freundin der Familie Vogt wird. Die zweite Frau Folkes wird die deutsche Psychologin Irmgard Leux, eine Mitarbeiterin am Kaiser-Wilhelm-Institut für Hirnforschung in Berlin-Buch, die Folke über die Vogts kennenlernt.

Mächtige Freunde: Die Beziehungen zur Familie Krupp

Cécile und Oskar sind PR-Talente und hervorragende Netzwerker und sie pflegen die guten Kontakte, die sie zum Beispiel zu wissenschaftlichen Kolleginnen und Kollegen in aller Welt haben, sehr aktiv. Unter den Beziehungen mit den vielen einflussreichen Patientinnen, Patienten, Bekannten, Förderern und Verbündeten, die sie kennen, sticht eine außergewöhnlich enge Verbindung heraus, die auch über das Verhältnis Forschende–Mäzene hinausgeht: Es geht um die Familie Krupp. In den frühen Jahren sind es vor allem Friedrich Alfred und Margarethe Krupp, mit denen Cécile und Oskar verbunden sind, später deren Tochter Bertha, Alleinerbin des Firmenimperiums, und ihr Mann Gustav von Bohlen und Halbach, der vom Kaiser berechtigt wurde, den Namen Krupp vor dem eigenen zu führen und der das legendäre Familienimperium 1906 bis in die frühen 1940er-Jahre leitet. Die Familiendynastie der Krupps baute insbesondere mit ihrer Rüstungsproduktion ein großes Industrie-Imperium auf, das zeitweise das größte Unternehmen Europas war und enge Beziehungen zu den unterschiedlichen deutschen Regierungen pflegte, insbesondere auch zum nationalsozialistischen Regime.

Die Unterstützung der Familie Krupp ist an vielen Stationen von Céciles und Oskars Leben wesentlich: Für die Gründung der Neurologischen Centralstation ist es neben Céciles und Oskars eigenen Mitteln eine Finanzierung der Familie Krupp, die den erfolgreichen Start sicherstellt. Für die Eingliederung der Centralstation in die Berliner Universität und später für die Einrichtung des Kaiser-Wilhelm-Instituts für Hirnforschung ist die Kruppsche Unterstützung essenziell ebenso wie für viele der späteren Aktivitäten.
Erste Kontakte mit der Familie knüpft Oskar während seiner Tätigkeit in Alexandersbad, wo Margarethe Krupp seine Patientin wird. Bald hat Oskar auch das Vertrauen von Familienoberhaupt Friedrich Alfred Krupp gewonnen, der das Industrieimperium im Alter von 35 Jahren geerbt hat und sich – obwohl gut vorbereitet auf seine Aufgabe im Konzern – eigentlich viel mehr für die Naturwissenschaften und besonders die Meeresbiologie interessiert.
Die Beziehungen sind eng, in guten wie auch dramatischen Zeiten. So etwa am Höhepunkt der „Affaire Krupp" 1902, als Friedrich Alfred Krupp sich mit dem Vorwurf homosexueller Beziehungen zu jungen Männern konfrontiert sieht. Am 22. November stirbt der „Kanonenkönig", wie er vor allem in der sozialdemokratischen Presse genannt wird. Gerüchte über einen Suizid des Industriekapitäns im Angesicht des Skandals wollen nicht verstummen. In Sekundärquellen wird behauptet, dass Oskar und sein früherer Lehrer Otto Binswanger nach Krupps Tod zur Vertuschung des Suizids in einem Gutachten einen Hirnschlag als Todesursache beschrieben haben sollen.
„Heute war schon ein Reporter des SocialAnzeiger da", schreibt Cécile am 25. November 1902 an Oskar. „Ich habe ihm gesagt, dass ich nichts weiß." Warum sollte ein Vertreter der Berliner Boulevardpresse ausgerechnet Cécile zur Affäre um „Monsieur K." befragen, wie sie Krupp in Briefen und Notizen zu nennen pflegt? Wohl, weil nicht nur das Naheverhältnis der Vogts zu den Krupps in der Hauptstadt bekannt ist, sondern weil sich auch herumgesprochen hat, dass Oskar sich seit einigen Tagen schon am Essener Hügel aufhält, dem Wohnsitz der Familie Krupp.

Cécile lebt und leidet von Berlin aus mit, schreibt mehrfach am Tag tröstende Briefe an Oskar. „Es muss Dir doch ein großer Trost sein, Dir sagen zu können, dass Dein Freund in Deinen Armen eingeschlafen ist; und dass das letzte, was er wahrgenommen hat, das Gefühl Deiner tiefen Freundschaft war", schreibt sie am 25. November. Nicht belegt ist die kolportierte Geschichte, dass Margarethe Krupp vor dem Tod ihres Mannes – womöglich sogar auf kaiserlichen Wunsch und unter Beteiligung Oskar Vogts – in ein Sanatorium in Jena zwangseingewiesen wird, um den Skandal nicht weiter zu schüren. Gegen eine Beteiligung der Vogts an einer Zwangseinweisung gegen Margarethes Willen – so sie denn abgesehen von Drehbüchern und Romanen überhaupt stattgefunden haben sollte – spricht jedenfalls, dass sie mit Margarethe Krupp auch nach Friedrich Alfreds Tod in enger Verbindung bleiben. Angesichts eines solchen Vertrauensbruchs hätte sich das Verhältnis wohl abgekühlt. Tatsächlich ist das Gegenteil der Fall, man sieht einander regelmäßig und Céciles Töchter Marthe und Marguerite verbringen einige Sommerferien auf dem Anwesen Krupp in Essen.

Wie es zusammenpasst, dass sich mehrere Mitglieder der Familie Krupp für das unkonventionelle Forscherpaar mit sehr klaren Sympathien für die politische Linke, für pazifistische und antinationalistische Organisationen begeistern können, und umgekehrt Cécile und Oskar keinerlei Berührungsängste haben und Kruppsches Rüstungsgeld für ihre Forschungsvorhaben verwenden, ist nicht einfach nachvollziehbar. Eine hohe gegenseitige persönliche Wertschätzung spielt sicher eine wesentliche Rolle.

Ab 1945 bleibt finanzielle Unterstützung für die Vogts und ihre Arbeit aus dem Haus Krupp vollständig aus. Gustav Krupp von Bohlen und Halbach wird im Rahmen des Nürnberger Prozesses gegen die Hauptkriegsverbrecher angeklagt. Juristisch werden die Vorwürfe gegen ihn allerdings nie geklärt, denn das Verfahren wird aus gesundheitlichen Gründen eingestellt. Im Nürnberger Krupp-Prozess im Jahr 1948 wird Gustavs ältester Sohn und Nachfolger als Firmenleiter, Alfried Krupp von Bohlen und Halbach, zu zwölf Jahren Haft

und Vermögensentzug verurteilt. 1951 ist er aber bereits wieder auf freiem Fuß, das Vermögen wird rückerstattet.
Die Beziehung von Cécile und Oskar zur Familie Krupp ist nach dem Krieg nicht mehr so eng wie zuvor, reißt aber auch nicht ab. Barbara und Tilo Wilmowsky – die zweite Tochter und der Schwiegersohn von Friedrich Alfred und Margarethe Krupp, die dem Netzwerk um die Hitler-Attentäter vom 20. Juli 1944 angehört haben – kommen im September 1957 zu Besuch nach Neustadt und berichten den Vogts Neuigkeiten aus dem Familien-Clan. Jetzt erst erfahren sie, so schreibt Cécile in Briefen an ihre Töchter Marthe und Marguerite, dass die Wilmowskys im Juli 1944 verhaftet wurden. Barbara kommt, dank tatkräftiger Hilfe ihres Neffen Alfried, einige Monate später aus dem Frauengefängnis Halle frei, Tilo wird in das KZ Ravensbrück verschleppt und überlebt den Todesmarsch nach Schwerin. Kurz nach diesem Besuch, am 21. September 1957, stirbt mit Barbaras Schwester Bertha Krupp von Bohlen und Halbach die letzte enge Vogt-Vertraute aus dem Krupp-Clan plötzlich an einer Embolie – „ganz wie ihre Mutter", wie Cécile notiert.

FORSCHERPAARE: GENIALITÄT IM DOPPELPACK

Während der SARS-CoV-2-Pandemie brachte es ein Forscherehepaar zu weltweiter Berühmtheit und Anerkennung: die BioNTech-Gründer und Immunologen Özlem Türeci und deren Mann Uğur Şahin – dies wegen der außergewöhnlichen Leistung, innerhalb sehr kurzer Zeit den ersten mRNA-Impfstoff gegen COVID-19 auf den Markt gebracht zu haben.
Einige Jahre zuvor war es ein anderes Forscherpaar, das weltweit öffentliches Interesse auf sich zog: Die norwegischen Neurowissenschaftler May-Britt und Edvard Moser erhielten, gemeinsam mit dem US-Experten John O'Keefe, 2014 den Medizin-Nobelpreis für die Entdeckung jener Gehirnzellen, die die räumliche Orientierung ermöglichen.
Abgesehen von wenigen Beispielen wie diesen ist das Phänomen des forschenden Ehepaars, das gemeinsam geniale Leistungen erreicht, im 21. Jahrhundert selten. Das hat unter anderem mit dem an vielen Universitäten und anderen öffentlichen Forschungseinrichtungen geltenden Grundsatz zu tun, dass ein Ehepaar nicht an demselben Institut oder in derselben Abteilung tätig sein sollte. „Das wird jetzt zunehmend wieder zum Thema gemacht, dass sich Forschungseinrichtungen nichts Gutes tun, wenn sie sich um die Möglichkeit bringen, geniale Forscherpaare zu beschäftigen", sagt mir Annette Vogt im Interview, emeritierte Forscherin am Max-Planck-Institut für Wissenschaftsgeschichte in Berlin und Honorarprofessorin an der Humboldt-Universität zu Berlin.

Lebens- und Arbeitsgemeinschaft im Zeitgeist

Anfang des 20. Jahrhunderts waren forschende Paare ein durchaus nicht ungewöhnliches Erfolgsmodell. Wenn auch ein nicht immer ganz freiwillig gewähltes, zumindest was den weiblichen Teil der

Paare betrifft. Doch immerhin war es, pragmatisch gesehen, eine Konstruktion, die Forscherinnen Möglichkeiten eröffnete, die sie allein nicht gehabt hätten. Ausnahmen wie die Kernphysikerin Lise Meitner bestätigen die Regel, belegen andererseits aber auch, wie schwierig es war, sich als Frau auch nur einen Laborplatz zu erkämpfen. Da die Möglichkeiten einer Anstellung in universitären oder außeruniversitären Forschungseinrichtungen höchst eingeschränkt waren, mussten sich die Wissenschafts-Pionierinnen oft damit begnügen, unbezahlt zu arbeiten – nicht selten eben als Mitarbeiterinnen ihrer Lebenspartner.

Auch für Cécile stellt sich zu ihrem Karrierestart die Lage ähnlich dar: Zur Jahrhundertwende, somit zu einem Zeitpunkt, da Frauen in Preußen noch nicht einmal regulär studieren können, ist sie nur durch die private wie professionelle Partnerschaft mit Oskar in der Lage, ihren wissenschaftlichen Interessen nachzugehen und unter ihrem eigenen Namen zu publizieren. Und muss sich nicht, wie andere wissenschaftlich tätige Ehefrauen, mit einer wohlwollenden Danksagung in der Veröffentlichung des Ehegatten zufriedengeben. Für die wissenschaftlich brillante Cécile ist ein nicht unerheblicher Teil ihrer forscherischen Karriere als „Privatgelehrte" möglich, mit allen Freiheiten, was Themen und Schwerpunkte der Arbeit betrifft – aber eben doch unbezahlt.

Eine Ausnahme bilden die Jahre 1919 bis 1937, als sie am Kaiser-Wilhelm-Institut für Hirnforschung auch formell die Funktion einer Abteilungsleiterin bekleidet, was nicht nur recht gut remuneriert ist, sondern auch dem Status einer außerordentlichen Professorin entspricht – unter den herrschenden Bedingungen eine höchst beachtliche Position für eine Frau. Während dieser 18 Jahre ist Cécile darüber hinaus Wissenschaftliches Mitglied der Kaiser-Wilhelm-Gesellschaft, nach 1937 wird sie auf Vorschlag von Max Planck „Auswärtiges Mitglied". Wissenschaftliche Mitglieder sind laut Satzung der Kaiser-Wilhelm-Gesellschaft hierarchisch Institutsdirektoren gleichgestellt.

Bronzebüsten von Cécile und Oskar Vogt auf dem Gelände des Campus Berlin-Buch

„Die Vogts waren ein geradezu avantgardistisches Paar, in ihrer gesamten Lebensführung, da fühlten sich zweifellos viele konservative Zeitgenossen provoziert", sagt Annette Vogt im Gespräch. „Da heiratet ein deutscher Forscher, der außerhalb des Universitätsbetriebs eine steile Karriere macht, eine Französin, publiziert mit ihr, tritt mit ihr gemeinsam auf Kongressen auf und setzt gegen die geltenden Regeln durch, dass sie ihre Arbeiten selbst präsentieren darf. Das alles muss für die konservativen Herren des Berliner Wissenschaftsbetriebs schon schwer erträglich gewesen sein." Zudem habe Cécile es auch noch gewagt, trotz der Töchter im Labor zu sein statt in der Kinderstube. „Die Vogts lebten ein modernes, selbst für heutige Verhältnisse nicht ganz selbstverständlich gleichberechtigtes Leben. Es ist schade, dass auch dieser Aspekt in der Erinnerung an Cécile Vogt so wenig präsent ist“, sagt Annette Vogt.

Paarlauf für Pioniere: Produktive Neurowissenschaften

Vor dem Hintergrund der eingeschränkten Karriereoptionen von Frauen in der Wissenschaft ist das Arbeits- und Lebensmodell des Forscherpaares zu Beginn des vorigen Jahrhunderts also über weite Strecken nicht ungewöhnlich. Besonders bekannt sind Paare wie die Nobelpreisträger Marie und Pierre Curie sowie deren Tochter und Schwiegersohn Irène Joliot-Curie und Frédéric Joliot. Insgesamt vier Mal hat bisher ein forschendes Ehepaar den Nobelpreis verliehen bekommen: Neben den Curies, den Joliots und den Neurowissenschaftlern May-Britt und Edvard Moser auch Gerty und Carl Cori, die 1947 die Auszeichnung für die Erforschung des Zuckerstoffwechsels erhielten.
In den Neurowissenschaften gibt es eine Reihe genialer Vorzeigepaare – vor und nach Cécile und Oskar Vogt: Jules Joseph Déjerine und Augusta Déjerine-Klumpke in Paris sind ein Beispiel, ebenso wie Berta und Ernst Scharrer. Letztere sind bis 1934 am Edlinger Institut für Hirnforschung in Frankfurt am Main tätig, er als Leiter, sie als unbezahlte Mitarbeiterin, anschließend emigrieren sie in die USA. Gemeinsam entwickeln sie grundlegende Konzepte der Neuroendokrinologie, also der Wechselwirkungen zwischen Nerven- und Hormonsystem. Als eine von wenigen Frauen wird Berta Scharrer 1967 in die Nationale Akademie der Wissenschaften Leopoldina aufgenommen.
Als „moderne Vogts“ könnte man die portugiesisch-stämmigen und in Iowa und Kalifornien tätig gewesenen Neurowissenschaftler António und Hanna Damásio sehen, die sich mit dem Potenzial der modernen Bildgebung für die Erforschung von Strukturen und Funktionen im Gehirn beschäftigen und demnach, so wie die Vogts, so etwas wie „lokalisierte Hirnforschung“ betreiben.

Wie unterschätzt ist Céciles Arbeit?

In vielen Fällen wird der Anteil an den wissenschaftlichen Leistungen und Entdeckungen, den Frauen in solchen Forscherpaar-Konstellationen einbringen, nicht ausreichend sichtbar und bekannt. Als „Matilda-Effekt“ hat die amerikanische Soziologin Margaret Rossiter 1993 das Phänomen beschrieben, dass die Leistungen des weiblichen Teils gemeinsam forschender Paare oder Kollegen systematisch unterschätzt und unterbewertet sowie tendenziell dem männlichen Kollegen oder Partner zugeschrieben werden. Sie spricht in dem Zusammenhang vom Prinzip der „Invisibilisierung“. Matilda bezieht sich dabei auf die amerikanische Feministin und Suffragette Matilda Joslyn Gage, die, wie Rossiter schreibt, festgestellt hat, „dass, je mehr eine Frau arbeitet, desto mehr die Männer in ihrer Umgebung davon profitieren und desto weniger Anerkennung ihr selbst zuteil wird“.

Ist Cécile Vogt auch Opfer des Matilda-Effekts? „Trotz ihrer illustren wissenschaftlichen Karriere werden ihre Beiträge zur Neurologie oft übersehen oder bleiben im Schatten jener ihres Mannes“, schreibt Rebecca Akkermans in einem biografischen Beitrag über Cécile im Fachjournal *The Lancet.* Viel spricht dafür, dass zu ihren und Oskars Lebzeiten viele Kolleginnen und Kollegen Céciles wissenschaftliche Arbeit schätzen und bewundern und ihre wichtige Rolle durchaus sehen, sich aber später die Wahrnehmung verschiebt.

„Der eigentliche Skandal passierte nach Oskars Tod“, sagt mir Annette Vogt im Interview. Einer ihrer Forschungsschwerpunkte sind Wissenschaftlerinnen und sie hat sich viel mit der Arbeit der Forscherinnen in der Kaiser-Wilhelm-Gesellschaft beschäftigt. „Zu Lebzeiten waren beide absolut anerkannt und wurden ab einem bestimmten Zeitpunkt als ein Forscherpaar und gleichberechtigte Partner gesehen. Für diese Sichtweise spricht unter anderem, dass sie beide insgesamt 13-mal für den Nobelpreis nominiert wurden, dass beide in die Leopoldina und in die Berliner Akademie gewählt wurden. Doch nach Oskars Tod wurden vor allem in Deutschland nur noch seine Leistungen gewürdigt. Cécile wurde aus der Wahrnehmung gedrängt."

Allerdings werden auch schon zu Lebzeiten Céciles ihre Beiträge und Arbeiten gelegentlich nicht gleichberechtigt dargestellt. Hugo Spatz etwa weist 1953 in einem Beitrag über die Geschichte des Max-Planck-Instituts für Hirnforschung in der *Münchener Medizinischen Wochenschrift* zwar auf Céciles Mitarbeit im Vorgängerinstitut der Kaiser-Wilhelm-Gesellschaft hin, illustriert den Beitrag aber mit Porträts von Oskar Vogt und dem Neurohistologen Max Bielschowsky, Abteilungsleiter am Kaiser-Wilhelm-Institut. Der Anatom Walter Kirsche schreibt in seiner Hommage zum 25. Todestag von Oskar Vogt in einer Publikation der Akademie der Wissenschaften der DDR: „Eine Würdigung Oskar Vogts schließt deshalb die Leistungen seiner Lebensgefährtin Cécile Vogt grundsätzlich mit ein, auch wenn ihr Name nicht besonders genannt wird."

In den posthumen biografischen Publikationen wird es oft stereotyp, wenn es darum geht, jeweils persönliche Eigenschaften von Cécile und Oskar hervorzuheben. Oskar wird für seine Brillanz gewürdigt, bei Cécile sind es häufig ihre Liebeswürdigkeit und ihr charmanter Akzent. Selbst ein an sich Cécile gewogener Autor wie der Neurologe und Neuroanatom Rolf Hassler schreibt: „Die unbezähmbare Energie und Geistesschärfe Oskar Vogts hat sich bis in das hohe Alter erhalten, ebenso die verbindliche und originelle Art von Cécile Vogt, die heute noch ihren Ehemann mit einem aspirierten O ruft." Soll es allen Ernstes eines der wichtigsten Charakteristika Céciles sein, dass sie ihren französischen Akzent nie ablegte? Und nicht ihre intellektuelle Schärfe, ihre Analysefähigkeit, ihre umfassende Bildung, ihre wissenschaftliche Produktivität?

Doch es gibt auch andere Sichtweisen. „Madame Vogt verkörpert für mich den ‚esprit français' in seinem besten Sinn: ein lebhaftes Temperament, einen scharfen Intellekt, eine schnelle Auffassungsgabe und einen heiteren Sinn für Humor, den sie auch auf ihr eigenes Privatleben anwendet", schreibt etwa der kanadische Neurowissenschaftler und Vogt-Schüler Jerzy Olszewski. Die Würdigung Oskar Vogts von den heute lebenden deutschen Neurologen Sebastian von Stuckrad-Barre und Adrian Danek in der Zeitschrift *Der Nervenarzt* trägt gar, in ungewohnter Gewichtung, den Untertitel „Hypnotiseur, Hirnforscher, Ehemann von Cécile Vogt". Oskar habe jedenfalls die Bedeutung von Cécile richtig eingeschätzt, schreibt der amerikanische Neuropathologe Webb Haymaker und zitiert ihn: „Es ist wunderbar, wenn meine Frau durch das Mikroskop sieht, findet sie immer etwas Neues."

Das Fehlen einer speziellen Würdigung Céciles wird auch damit erklärt, dass die Anteile Oskars und Céciles an der gemeinsamen Arbeit nicht auseinanderzuhalten wären. „Es ist auch tatsächlich in der Praxis schwer zu trennen, wenn man gemeinsam lebt und gemeinsam arbeitet. Cécile und Oskar haben sich laufend über ihre Projekte und ihre Ideen ausgetauscht, im Gespräch entwickelt sich jeder Impuls wieder weiter und zuletzt weiß man nicht mehr genau, von wem welcher Anteil an einem neuen Konzept kam", sagt Helmut Kettenmann im Interview. Der Seniorprofessor für Zelluläre Neurobiologie leitet die Forschungsgruppe „Zelluläre Neurowissenschaften" am Max-Delbrück-Centrum für Molekulare Medizin in der Helmholtz-Gemeinschaft in Berlin-Buch. Er interessiert sich für die Geschichte dieses Ortes, weiß viele Details über das Kaiser-Wilhelm-Institut für Hirnforschung und hat eine Reihe von Originalpublikationen der Bucher Forschenden in seinem Arbeitszimmer stehen.

Dass sich die Leistungen und Verdienste der beiden Partner nicht auseinanderhalten ließen, stimmt so nicht ganz. Auch wenn Cécile und Oskar tatsächlich sehr vieles gemeinsam erarbeitet und publiziert haben, ist es unter Kennern der Vogtschen Veröffentlichungen unbestritten, dass insbesondere die Arbeiten zum striären System oder Striatum, einem Teil der Basalganglien des Großhirns, und zum Aufbau des Thalamus jedenfalls Céciles Handschrift tragen. 1911 veröffentlicht Cécile eine Beschreibung des Corpus Striatum. Das striäre oder extrapyramidale System reguliert bestimmte Bewegungen, insbesondere im Rumpf und den Extremitäten. Ihre Forschung zu motorischen Erkrankungen baut auf diesen Erkenntnissen auf. Eine seltene Form der Bewegungsstörung ist nach Cécile als Vogtsche Erkrankung oder Cécile-Vogt-Syndrom benannt.

Auf die zentrale Rolle Céciles bei diesem Forschungsthema weist auch Oskar selbst hin, wenn er etwa gegenüber seinem späteren Nachfolger als Leiter des Kaiser-Wilhelm-Instituts für Hirnforschung, Hugo Spatz, in einem Brief betont: „Bezüglich der Bedeutung Wilson's für die Striatumlehre kann ich Ihnen nicht vollständig beistimmen." Angesprochen wird hier der britische Neurologe Samuel Alexander Kinnier Wilson, der ebenfalls zu den Basalganglien geforscht hat. „Ich glaube, dass meine Frau bereits 1911 – also vor dem Erscheinen der ersten Wilson'schen Arbeit – unter Anlehnung an die bis dahin einzige mit modernen Methoden durchgeführte Untersuchung von Anton eine wichtigere Grundlage für den Ausbau der Lehre von den striären Erkrankungen geschaffen hat als Wilson bis auf den heutigen Tag."

Spatz sieht die Argumente ein und antwortet im September 1922: „Ich glaube, Sie haben Recht darin, daß die Tatsache der Priorität C. Vogts gegenüber Wilson gerade in Deutschland nicht genügend allgemein bekannt ist." In ebendiesem Brief benutzt Spatz auch den Begriff „C. Vogtsche Krankheit".

So weit, so klar. Geehrt wird für diese Leistung allerdings dann trotzdem Oskar. „Ihr großer Wurf aber, Herr Kollege Vogt, der Sie mit der klinischen Neurologie auf alle Zeiten auf das engste verknüpft hat, und Ihrem Namen ein ewiges Denkmal in den Annalen unserer Wissenschaft sichert, sind Ihre Studien über das Striäre System und seine Erkrankungen", zitiert der Neurologe und Medizinhistoriker Bernd Holdorff in seinem Buch über die Geschichte der Berliner Neurologie die Laudatio Otfrid Foersters bei der Verleihung der Erb-Denkmünze der Gesellschaft Deutscher Nervenärzte 1926 an Oskar Vogt.

Und wo bleibt Cécile mit ihrer Leistung?

1953 verleiht die Universität Zürich Oskar die Ehrendoktorwürde. Die französischsprachige Schweizer Zeitung *La Liberté* berichtet am 7. Dezember, dass aus Anlass des 100. Geburtstags des russisch-schweizerischen Neurologen, Neuroanatomen und Neuropathologen „Constantin Monacof" – auch häufig geschrieben als Konstantin von Monacow – an drei ausländische Wissenschaftler die Ehrendoktorwürde vergeben wurde, darunter an Professor Oskar Vogt, „in Anerkennung der hervorragenden Arbeiten, umgesetzt gemeinsam mit seiner Frau Mme. Cécile Vogt, geborene Mugnier, Dr. med., und für seine bemerkenswerten Forschungen zur Anatomie und Pathologie des Gehirns". Immerhin wird Cécile zumindest in der Begründung für Oskars Auszeichnung gewürdigt. Warum hat sie dann aber nicht selbst ebenfalls die Zürcher Ehrendoktorwürde bekommen? Bemerkenswert ist auch, dass sich über die Jahre in immer mehr Publikationen die Information eingeschlichen hat, es handle sich um das „Vogt-Vogt-Syndrom", nach Cécile und Oskar benannt.

Immerhin, bei einer anderen wichtigen Auszeichnung war Cécile mit an Bord. Aber: „Ferner wurde der Möbius-Preis zuerkannt", berichtet am 5. Dezember 1920 die *Wiener Illustrierte Zeitung* über die Tagung der Deutschen Nervenärzte. Dieser sei, so vermeldet der Korrespondent, „den Herren Oskar und Cécile Vogt in Berlin für ihre hirnanatomischen Arbeiten" verliehen worden. Ist es für den Korrespondenten einfach unvorstellbar, dass ein wissenschaftlicher Preis an eine Frau geht? Dass ausgerechnet Cécile den nach Paul Julius Möbius benannten Preis erhält, entbehrt nicht einer gewissen Ironie. Schließlich brachte es der Leipziger Neurologe und Psychiater mit dem erstmals 1900 erschienenen Essay „Über den physiologischen Schwachsinn des Weibes" zu zweifelhafter Bekanntheit. Mit der Publikation will er in der Debatte um die Zulassung von Frauen zum Studium Argumente dafür liefern, warum

Frauen für die akademische Laufbahn nicht geeignet seien, nämlich aufgrund ihrer angeblich physiologisch bedingten geringeren geistigen Begabung. Zeitgenössische Frauenrechtlerinnen und auch Ärztinnen – darunter Cécile – treten diesen Behauptungen teils satirisch, teils politisch und auch wissenschaftlich vehement entgegen.
Wie diese gibt es eine Reihe anderer Würdigungen, die Cécile allein oder dem Ehepaar gemeinsam zuteilwerden. So erhalten 1925 Cécile und Oskar die Ehrendoktorwürde der Universität in Vilnius, das damals zu Polen gehört. 1932 verleiht die Amerikanische Neurologische Gesellschaft Cécile und Oskar die Ehrenmitgliedschaft.
1932 werden ebenfalls beide Vogts in die Sektion Anatomie der Kaiserlich Deutschen Akademie der Naturforscher Leopoldina – heute Nationale Akademie der Wissenschaften Leopoldina aufgenommen. Eine besondere Auszeichnung, speziell für eine Frau: In den 1930er-Jahren hatte die Leopoldina 1282 Mitglieder, von denen bis dahin nur sechs Frauen waren. Mit Stand 2021 hat die Leopoldina 1625 Mitglieder, davon sind inzwischen immerhin 252 – oder mehr als 15 Prozent – Frauen. Jährlich werden etwa 60 neue Mitglieder dazugewählt, davon sind laut Leopoldina-Pressestelle etwa ein Drittel Frauen.
1950 werden wiederum beide, Cécile und Oskar, in der DDR zu Ehrenmitgliedern der Deutschen Akademie der Wissenschaften und erhalten den Nationalpreis der DDR. 1955 werden beide Vogts Ehrendoktoren der Universität Jena. 1952 ernennt die Deutsche Gesellschaft für Neurologie (DGN) Cécile und Oskar zu Ehrenmitgliedern auf Lebenszeit. Der Berliner Neurologe und Medizinhistoriker Bernd Holdorff hat nachgerechnet, dass zu diesem Zeitpunkt unter den 83 Ehrenmitgliedern seit 1907 nur zwei Frauen waren, Cécile und die deutsche Neurochirurgin Herta Lange-Cosack. Cécile kommt außerdem 1950 in den Genuss der Ehrendoktorwürde der Universität Freiburg i. Br. und 1960 wird ihr anlässlich der 150-Jahr-Feier der Humboldt-Universität Berlin deren Ehrendoktorwürde verliehen.

Für die wichtigste Auszeichnung – nämlich einen Nobelpreis für Physiologie oder Medizin – ist Cécile zwischen 1922 und 1953 insgesamt 13-mal nominiert, immer gemeinsam mit Oskar, wie der Nominierungs-Datenbank der Nobelstiftung zu entnehmen ist. Verliehen wurde er ihnen aber nie. Nach Angaben der Nobelstiftung ist Cécile aber die erste Frau, die es zumindest in die Nominierung schafft. Es sind prominente Befürworter, die Cécile nominieren – darunter 1922 der aus Wien stammende Nobelpreisträger Robert Bárány oder 1950 der deutsche Internist Franz Volhard.

Beziehungsstatus kompliziert? Das Privatleben der Vogts

Vieles, was wir über das gemeinsame Leben von Cécile und Oskar wissen, betrifft ihre gemeinsame wissenschaftliche Tätigkeit. Das ist auch nicht weiter verwunderlich, denn die Arbeit ist ständig ein Thema zwischen Cécile und Oskar. Es gibt keine Trennung zwischen Privatleben und Labor, sie sprechen über Ideen, Erfolge und Niederlagen; sie tauschen sich brieflich aus, wann immer sie nicht zusammen sind; die gemeinsame Arbeit spielt stets eine dominierende Rolle. „In unserer Intimität und dem glücklichen Leben, das wir führen, überdecken unsere intellektuellen Beziehungen alle anderen Beziehungen", notiert Cécile 1910 in ihrem Tagebuch.
Wenn sie nicht zusammen sind, tauschen sie täglich Briefe oder Karten aus, herzlich, zärtlich, sehr zugewandt und voll von liebevollen Bemerkungen, selbst wenn es eigentlich um das Institut geht – fast immer übrigens auf Französisch. Ist Cécile unterwegs, ist Oskar sichtlich bemüht, sie zu beruhigen – alles ginge gut, sie habe keinerlei Grund, sich um Haushalt und Institut zu sorgen und um ihn selbst auch nicht. Ist Oskar unterwegs, sorgt sich Cécile um ihn und fürchtet, dass er sich wieder überarbeitet, wünscht sich zu ihm und berichtet ihm aus dem Institutsalltag und wie die jeweils gerade aktuellen Arbeiten vorangehen.
Bei aller Liebe – häufig geht es dabei auch um Dinge, die sich wohl in zärtlichen Billets anderer Leute nicht finden würden, zum Beispiel

um Gehirne in unterschiedlichen Aggregatzuständen. So schreibt Cécile an Oskar: „Aus Bremen ist ein Gehirn gekommen, schrecklich geschnitten. Ich habe es trotzdem in den Müller gesteckt." Oder: „Das Hirn lässt sich gut schneiden. Wir werden bald eine Hirnhälfte von K. fertig haben."

Cécile scheint regelmäßig ein schlechtes Gewissen zu plagen, wenn sie einmal eine Pause einlegt und Oskar arbeitet. Im Juli 1927 ist sie mit ihrer jüngsten Tochter in Dänemark und besucht Oskars Verwandte: „Ich führe hier ein faules Leben und manchmal finde ich die Idee unerträglich, dass du arbeitest und ich nichts mache. Ich tröste mich nur damit, dass ich Marguerite meine Zeit widme." Regelmäßig reist Cécile auch nach Frankreich, wohl auch, um ihre älteste Tochter Claire zu besuchen. Später zeigt sie ihren beiden jüngeren Töchtern das Land ihrer Kindheit und Jugend.

Abgesehen davon – wie leben Cécile und Oskar, wenn sie nicht im Labor stehen? Darauf, wie sich der Alltag des Ehepaares Vogt gestaltet, gibt es viele Hinweise, in ihren Briefen ebenso wie in Beschreibungen von Mitarbeitenden und Besuchern. Es war ein großbürgerliches Leben ihrer Zeit. Man reist viel, steigt in guten Hotels ab, erholt sich in bekannten Kurorten. Man geht aus zum Diner ins Hotel Adlon, empfängt zum Tee, hat häufig Gäste zum Abendessen – Mitarbeiter des Instituts, die zahlreichen Freundinnen, Freunde und Bekannten, Forscher auf der Durchreise. Man organisiert Hausmusikabende, die Mädchen erhalten Klavier-, Gesangs- und Sprachunterricht. Man erwägt die Anschaffung eines Landhauses, geht ins Theater, in die Oper und in Konzerte.

Manche Biografen machen Andeutungen, beschreiben Oskars Charme und ihn als *homme à femmes*. So erinnert sich etwa Benno Reifenberg, der ehemalige Feuilleton-Chef der *Frankfurter Zeitung*, der nach seiner Absetzung als Laborgehilfe bei den Vogts im Schwarzwald Zuflucht fand: „Kamen mehrere Besucher, konnte er wie ein Fürst Cercle halten, jedem ein Wort gönnend, den Damen ein bezauberndes Lächeln."

Es gibt Spekulationen über verschiedene Geliebte Oskars – allerdings keine erhaltenen Kommentare von Cécile dazu. Dass die Schwedin Signe Henschen jedenfalls eine besondere Rolle für ihn spielt, dafür spricht Oskars sehr spezielle testamentarische Verfügung, wonach das Präparat seines Gehirns in der Hirnsammlung neben dem Signes aufbewahrt werden sollte. Signe ist in die Familie integriert und vor allem in Neustadt im Schwarzwald sehr häufig präsent. Die Vogt-Töchter adressieren sie auch in ihren Familienbriefen – welche Rolle sie aber genau spielt, geht daraus nicht hervor. Ihren Briefen zufolge scheint sie, besonders nach dem Rosenkrieg mit ihrem Mann, dem schwedischen Neurowissenschaftler Folke Henschen, beiden Vogts sehr nahezustehen. „Mein hauptsächliches Problem, vielleicht mein einziges", schreibt sie im November 1936, „ist jetzt, dass ich viel zu weit weg von Euch lebe."
Was auch immer dran ist an „Außenbeziehungen": Die Beziehung zwischen Cécile und Oskar ist liebevoll, loyal und auch nach langen Jahren des Zusammenseins von großer Zuneigung gekennzeichnet. „Morgen, chéri, vor dreißig Jahren haben wir uns verlobt", schreibt Cécile im Februar 1929 aus Berlin an Oskar, der sich gerade im heimatlichen Husum aufhält. „Ich wäre jetzt gerne in Deiner Nähe, um Dir zu sagen, was Du schon seit dreißig Jahren weißt. Nämlich, dass meine Liebe jeden Tag noch größer geworden ist."
Was die Beziehung immer wieder belastet, ist Céciles häufig angeschlagener Gesundheitszustand, Oskar äußert sich in vielen seiner Briefe besorgt. Zwei gesundheitliche Schwachstellen machen Cécile besonders zu schaffen – schon als junge Frau und auch in fortgeschrittenen Jahren. Die eine ist ihr sehr empfindlicher Verdauungsapparat. Im September 1901 – Cécile hält sich gerade gemeinsam mit dem Ehepaar Oppenheim in der Pension Schirmhof in Baden-Baden auf – schreibt sie an den früher abgereisten Oskar, dass sie wieder sehr schmerzhafte Beschwerden hat. „Ich war sehr vorsichtig, ich habe kein Obst angerührt", ver-

sichert sie. „Es geht mir besser“, schreibt sie im September 1925 an Oskar nach Leningrad. „Ich habe bemerkt, dass ich heute früh 110 Pfund gewogen habe. Ich habe viel gegessen in der letzten Zeit.“

Die andere Schwachstelle ist ihre permanente Überarbeitung und Erschöpfung, gelegentlich spricht Cécile selbst das Problem einer Depression an. „Pflege Mutter!“, trägt Oskar seiner Tochter Marthe von Moskau aus auf, er macht sich sichtlich Sorgen um Cécile. „Es geht mir besser“, berichtet Cécile ihm kurz darauf. „Sicherlich wird mir erst jetzt bewußt, in welchem Zustand der Erschöpfung ich war.“ Im Januar 1925 schreibt Cécile an Oskar aus Lugano: „Du hast recht. Ich bin in keinem normalen Zustand, ich habe sicher eine Depression. Aber ich hoffe aus ganzem Herzen, das das wieder vorüber geht.“

Oskar ist oft besorgt, dass seiner Frau alles zu viel werden könnte. „Aber vor allem anderen, ruhe Dich aus“, schreibt Oskar im September 1924 an Cécile, die mit Marthe auf Erholung in der Schweiz ist. „Ich bewundere Deine Kraft.“ Aber jetzt sei es an der Zeit, auszuruhen, „damit Du gut gestärkt wieder zurückkommst“, lautet der Appell, den er in seinen Briefen häufig wiederholt. „Bleibt so lange wie möglich“, bestärkt er Cécile. „Du hast Dir eine Pause verdient, danach wird es Dir besser gehen und Du wirst mit neuer Kraft arbeiten können.“

Im März 1934 hat Cécile einen größeren chirurgischen Eingriff, um den viel Geheimniskrämerei betrieben wird. Sie freue sich, dass die „liebe Patientin“ alles gut überstanden habe, schreibt Anna Hamburger, ihre Freundin und Frau eines Berliner Augenarztes. „Es wird Ihnen gewisslich eine Genugtuung sein, dass Ihre lieben Töchter nichts von Ihrer Operation wissen. Für uns alle, die wir uns zu Ihren Verehrern rechnen dürfen, war Ihre Erkrankung ein großer Schock, wir können uns Sie, wie Ihren Gatten, nur in voller Arbeit und der Wissenschaft vorstellen.“ Annas Mann Otto Hamburger schreibt im März 1934, er sei froh, „dass Sie alles so elegant überwinden. Nur bitte: Nicht zu zeitig nach

Hause.“ Die Bucher Mitarbeiterinnen und Mitarbeiter schicken Cécile zahlreiche Genesungswünsche. Tochter Claire erkundigt sich im April 1934 aus Paris: „Bist du noch bettlägrig? Was hast Du denn genau?“ und im Mai 1934: „Ich hoffe, es geht Dir wieder ganz gut, Du hast keine Schmerzen mehr, Deine Diät ist nicht mehr so streng und Du kannst wieder dein normales Leben aufnehmen.“

ERFOLGREICHE EXPANSION: VOM LABOR ZUM KAISER-WILHELM-INSTITUT

Nach den ersten eineinhalb Jahrzehnten der gemeinsamen wissenschaftlichen Tätigkeit können Cécile und Oskar eine erfolgreiche Zwischenbilanz ziehen: Viele Publikationen sind entstanden, die auch international Beachtung finden, sie haben viele neue Erkenntnisse gewonnen und sich zunehmend im wissenschaftlichen Betrieb etabliert.

Ein gutes Jahrzehnt nach der Gründung der Neurologischen Centralstation steht jetzt das Neuro-Biologische Institut vor einem weiteren Expansions- und Aufwertungsschritt. Dass das möglich wird, hat mit einer grundlegenden Reform der außeruniversitären Forschungslandschaft zu tun, nämlich mit der Gründung der Kaiser-Wilhelm-Gesellschaft (KWG). Diese hat sich 1911 konstituiert, um deutsche Grundlagenforschung zu fördern und im internationalen Maßstab konkurrenzfähig zu machen. Außerdem sollten besonders brillante Forschende von universitären Aufgaben wie Lehre, Prüfungen oder Verwaltung entlastet werden, um sich ganz der Wissenschaft widmen zu können. Wie es in einer Publikation aus Anlass des 15-jährigen Bestehens der Gesellschaft heißt, wurde die Gründung initiiert „auf Anregung des damaligen Deutschen Kaisers und Königs von Preußen unter Mitwirkung des Reichskanzlers sowie des Preußischen Ministers der geistlichen und Unterrichtsangelegenheiten, aus Anlass der Feier des 100-jährigen Bestehens der Universität Berlin von einer Reihe dem Wirtschaftsleben nahestehender Männer und Frauen, die außer Jahresbeiträgen ein größeres Kapital zur Förderung der von der Gesellschaft verfolgten Zwecke aufgebracht haben“. Die Familie Krupp befand sich unter diesen Förderern.

Der Gründungspräsident der neuen Forschungsgesellschaft ist Adolf von Harnack. Bereits im Oktober 1912 können die ersten Kaiser-Wilhelm-Institute ihre eigenen Standorte beziehen, vorwiegend in Berlin-Dahlem. Mit ein Motiv für die Gründung der Kaiser-Wilhelm-Gesellschaft ist es, wie der Krebsforscher und Molekularbiologe Heinz Bielka, der auch medizinhistorische Arbeiten publiziert hat, schreibt, die Wissenschaft außerhalb der Universitäten unabhängiger von Mäzenen zu machen. Oder, wie es der Gründungspräsident Adolf von Harnack formuliert: Der Staat solle über „die Wissenschaft, die mit dem Klingelbeutel im Lande umhergehen" müsse, seine schützende und fördernde Hand halten.

Ein Kaiser-Wilhelm-Institut kann nur eingerichtet werden, wenn ein hochqualifizierter Wissenschaftler als Leiter zur Verfügung steht – auch Leiterinnen in Betracht zu ziehen, daran denkt zu diesem Zeitpunkt wohl niemand.

Die Kaiser-Wilhelm-Gesellschaft entwickelt sich rasant, 1914 gibt es bereits sieben Institute, 1930 sind es schon 32. In diesen wird Forschung auf höchstem Niveau betrieben, immerhin bringen Kaiser-Wilhelm-Institute eine ganze Reihe von Nobelpreisträgern hervor, etwa Carl Bosch (Chemie 1931), Otto H. Warburg (Medizin 1931), Peter Debye (Chemie 1936), Richard Kuhn (Chemie 1938) oder Otto Hahn (Chemie 1944).

Neue Auseinandersetzungen, neue Anerkennung

„Es sind sich darüber wohl heute alle führenden Männer der Neuropathologie und Psychiatrie einig, dass die Lehre von den Erkrankungen des Nervensystems hinter derjenigen von den Erkrankungen anderer Organsysteme zurückgeblieben ist", schreiben Cécile und Oskar in der Festschrift zum 10-jährigen Bestehen der Kaiser-Wilhelm-Gesellschaft und untermauern ihre Forderung nach einer verstärkten Förderung der Hirnforschung. Bereits in den Anfängen der neuen Wissenschaftsgesellschaft gibt es Stimmen dafür, unter ihrem Dach auch ein Institut für Hirnforschung zu errichten. Die Initiative dafür geht nicht nur von den Vogts aus. Auch die Anatomie-Ordinarien Wilhelm Waldeyer in Berlin und Paul Flechsig in Leipzig machen sich für die Gründung eines Hirnforschungsinstituts stark und haben bereits einen Kandidaten für dessen Leitung identifiziert, nämlich den in München tätigen Psychiater Franz Nissl. Daher verwundert es wenig, dass sie vehement gegen Oskar Vogt eintreten, als dieser Cécile und sich in Position bringt.

Einmal mehr, wie schon ein Jahrzehnt zuvor im Vorfeld der Gründung des Neuro-Biologischen Instituts und dessen Eingliederung in die Universität, kommt es zu einer heftigen und nicht gerade mit feiner wissenschaftlicher Klinge ausgetragenen Auseinandersetzung darüber, ob, in welcher Form und unter welcher Führung ein künftiges Kaiser-Wilhelm-Hirnforschungsinstitut entstehen soll. Insbesondere der Leipziger Ordinarius Paul Flechsig reitet heftige Attacken. „Die ganze Schwierigkeit liegt darin", schreibt Oskar im April 1913 an Margarethe Krupp, die großen Anteil an den Entwicklungen nimmt, „dass man meinen Plan nicht mit sachlichen Gründen bekämpft, sondern es mir einfach nicht gönnt." Cécile notiert nach einem Termin im zuständigen Ministerium wütend, die Wissenschaftsbürokratie sei zu feige, eine Entscheidung für ihren Mann zu treffen, und behaupte, „den Sturm der Entrüstung vermeiden" zu wollen, der mit einer Ernennung Oskars an die Spitze eines Hirnforschungsinstituts angeblich verbunden wäre.

Die Familie Krupp hilft in dieser Auseinandersetzung mit finanziellen Argumenten nach. Am 18. Juni 1913 schreibt Gustav Krupp von Bohlen und Halbach, „dass meine Schwiegermutter, meine Frau und ich, aus Anlass des 25-jährigen Regierungsjubiläums seiner Majestät des Kaisers und Königs, der Kaiser-Wilhelm-Gesellschaft zur Förderung der Wissenschaften ein Kapital von einer Million Mark mit der Bitte zugewendet haben, dass dieser Betrag zur Begründung bzw. Erhaltung eines Hirnforschungsinstituts Verwendung finden möge". In den bisherigen Verhandlungen habe sich aber gezeigt, bremst Krupp von Bohlen allzu viel Enthusiasmus von Cécile und Oskar, „dass der einfachen Ausführung Ihrer mir seiner Zeit gemachten Vorschläge doch große Schwierigkeiten, namentlich auch persönlicher Art, im Wege stehen würden".

Noch sind also nicht alle Probleme aus dem Weg geräumt – mit der bekannt konsequenten Beharrlichkeit von Cécile und Oskar gelingt es aber schließlich doch. In der Senatssitzung der Kaiser-Wilhelm-Gesellschaft am 21. März 1914 wird die Gründung des Kaiser-Wilhelm-Instituts für Hirnforschung unter der Leitung Oskar Vogts beschlossen, am nächsten Tag schon setzt Gustav Krupp von Bohlen und Halbach die Vogts über die neue Entwicklung ins Bild. Das Neuro-Biologische Institut bleibt weiter erhalten, beide Einrichtungen arbeiten Hand in Hand. Damit kann, wie der Neurologe und Medizinhistoriker Bernd Holdorff schreibt, das Ehepaar Vogt „zum zweiten Mal ein Institut gegen den Widerstand der Berliner Medizinischen Fakultät durchsetzen".

Es wird allerdings noch bis nach Kriegsende dauern, bis das neue Institut seinen Vollbetrieb aufnehmen kann. Im Juni 1919 beschließt der Senat der Kaiser-Wilhelm-Gesellschaft auch seine formelle Errichtung. Damit erhält Oskar nun Titel und Funktion des Direktors des Kaiser-Wilhelm-Instituts für Hirnforschung, zeitgleich wird auch seine Leitungsfunktion am Neuro-Biologischen Institut in eine Direktorenstelle umgewandelt. Trotz der auch budgetären Aufwertung arbeitet das neue Kaiser-Wilhelm-Institut zunächst weiterhin in den Räumlichkeiten in der Magdeburger Straße, am Standort der bisherigen Institute. Ein Neubau, der an sich in Berlin-Dahlem geplant ist, wird bis auf Weiteres nicht verwirklicht.

Eine eigene Satzung bekommt das Kaiser-Wilhelm-Institut für Hirnforschung am 11. Mai 1920, zu diesem Zeitpunkt wird auch ein Kuratorium eingerichtet – in einer den Vogts wohlgesonnenen Besetzung. Vorsitzender wird Gustav Krupp von Bohlen und Halbach, Schatzmeister Friedrich Schmidt-Ott, damals Ministerialdirektor im Kultusministerium.

Nach all den Jahren der unbezahlten Arbeit bekommt Cécile in der Kaiser-Wilhelm-Gesellschaft nun endlich eine ihrer tatsächlichen Rolle im Institut entsprechende formelle Funktion: Sie wird mit Vertrag vom 27. Dezember 1919 zur Abteilungsleiterin der anatomischen Abteilung des Kaiser-Wilhelm-Instituts für Hirnforschung berufen, was der Besoldung nach einer außerordentlichen Professur gleichgestellt ist. Ausdrücklich werden ihr für die Einstufung des Gehalts zehn Jahre „Vordienstzeit“ anerkannt. Zugleich wird Cécile auch zum Wissenschaftlichen Mitglied der Kaiser-Wilhelm-Gesellschaft ernannt, in beiden Positionen sind Frauen nach Ende des Ersten Weltkrieges eine absolute Ausnahmeerscheinung. Es hat also nahezu zwei Jahrzehnte gedauert, bis die zu diesem Zeitpunkt schon viel zitierte und weithin anerkannte Hirnforscherin erstmals eine offizielle und bezahlte Funktion im deutschen Wissenschaftsbetrieb innehatte und nicht mehr auf die Rolle der Privatgelehrten und informellen Mitarbeiterin ihres Ehemannes beschränkt ist.

Präpariertes menschliches Gehirn in einem Gerät zur Herstellung von Schnitten

„Als Programm unseres Instituts gilt auch nach seiner Vergrößerung die Vertiefung der menschlichen Lokalisationslehre", also die Zuordnung bestimmter körperlicher Funktionen oder Defizite zu bestimmten abgrenzbaren Arealen im Gehirn, schreibt Oskar im März 1915 an den deutschen Psychiater Emil Kraepelin. Und gemeinsam mit Cécile formuliert er die „Endziele unserer Hirnforschung" 1918 so: „1. ein weiteres Eindringen in das Hirnleben, 2. das Aufdecken gesetzmäßiger Beziehungen zwischen bestimmten materiellen Vorgängen im Gehirn und unseren Bewußtseinserscheinungen und 3. die allmähliche Anbahnung einer empirischen Lösung des für unsere ganze Weltanschauung so wichtigen Leib-Seele-Problems." Die wissenschaftliche Ausrichtung und die zentralen Fragestellungen sollen also auch im Kaiser-Wilhelm-Institut so weitergeführt werden, wie sie in der Neurologischen Centralstation und im Neuro-Biologischen Institut erfolgreich etabliert worden sind.
Mit der Berufung Céciles als Abteilungsleiterin wird plötzlich die Tatsache thematisiert, dass sie in Deutschland als Ärztin gar nicht approbiert ist. Dass sie schon bisher in der Privatordination Patientinnen und Patienten betreut hat, hat offenbar niemanden gestört. Doch jetzt bekleidet sie eine offizielle Funktion. „Es besteht nun die Möglichkeit, dass Frau Dr. Vogt, die als Vorsteher der anatomischen Abteilung des K.W.I. in Aussicht genommen ist, bei dieser Arbeit Schwierigkeiten in den Weg gelegt werden können, weil sie die deutsche Approbation nicht besitzt", schreibt der Präsident der Kaiser-Wilhelm-Gesellschaft an das Ministerium für Wissenschaft, Kunst und Volksbildung. „Frau Dr. Vogt ist in Frankreich approbiert und promoviert worden. Da es für das Institut von besonderer Wichtigkeit ist, dass Frau Vogt Zutritt zu dem Siechenhaus erhält, so würde es im Interesse der Sache liegen, wenn die französische ärztliche Approbation der Frau Vogt anerkannt werden würde."
Unterlagen des Ministeriums für Wissenschaft, Kunst und Volksbildung zufolge wird „Frau Dr. med. Cécile Vogt aufgrund wissenschaftlicher Leistungen unter Erlass der ärztlichen Prüfung und der Ableistung des Praktischen Jahres" am 30. Januar 1920 die Appro-

bation verliehen. „Das Preußische Ministerium des Inneren war der Ansicht, dass man nicht die Anerkennung der französischen Approbation anstreben, sondern eine preußische Fakultät ersuchen sollte, einfach aufgrund ihrer wissenschaftlichen Arbeiten meiner Frau eine deutsche Approbation zu verleihen“, informiert Oskar die Generalverwaltung der Kaiser-Wilhelm-Gesellschaft über das Prozedere. „Das Preußische Ministerium des Inneren wollte sich zu diesem Zweck an die Berliner medizinische Fakultät wenden. Meine Frau hat darum gebeten, davon abzusehen, da wir keine Freundlichkeit von einer Fakultät annehmen wollten, welche uns 20 Jahre in allen unseren Bestrebungen gehemmt hat. Ich habe mich deshalb an den Ordinarius für Psychiatrie der Hallenser Fakultät, Herrn Geheimrat Anton, gewandt.“

Eine Reihe von Erfolgen also auf der professionellen Ebene. Doch im Alltagsleben hat Cécile genau die Sorgen, die unzählige Berlinerinnen und Berliner im ersten Nachkriegsjahr haben: Die Lebensmittelrationierung wird nur allmählich abgebaut, die Versorgungslage ist dramatisch schlecht. Cécile bemüht sich, aus unterschiedlichen Quellen Nahrungsmittel zu organisieren. So etwa über Oskars Tante Elisabeth in Dänemark, die im Sommer 1919 immer wieder versucht, Lebensmittel nach Berlin zu schicken. Prominente Patientinnen honorieren Céciles therapeutische Betreuung mit Lebensmittelpaketen, wie etwa die Sängerin Gina Goetz-Levy.

Immer, wenn Cécile und Oskar auf professioneller Ebene ein wichtiges Ziel erreicht haben, gibt es Rückschläge – das scheint sich wie ein Muster durch ihr Leben zu ziehen. Für die Vogts bedeuten die persönliche Mitgliedschaft und die Zugehörigkeit ihres Instituts zur Kaiser-Wilhelm-Gesellschaft eine institutionelle Anerkennung und grundsätzlich auch eine bessere budgetäre Absicherung ihrer Arbeit. Allerdings wird es zu Beginn der 1920er-Jahre angesichts der Weltwirtschaftslage finanziell wieder eng um das Institut, so wie um die ganze Kaiser-Wilhelm-Gesellschaft. Depression und Inflation reduzieren den Wert der großzügigen Spenden drastisch. 1920 muss eine außerordentliche Hilfsaktion von Reichsregierung und preußischer

Staatsregierung gestartet werden, um die Kaiser-Wilhelm-Gesellschaft zu retten. Die öffentliche Hand verlangt im Gegenzug deutliche Einsparungen in den Instituten. Die zugewiesenen Budgets und die tatsächlichen Ausgaben, die völlig davongaloppieren, klaffen immer weiter auseinander.
Unter diesem finanziellen Druck scheint auch die noch junge Zusammenarbeit zwischen Neuro-Biologischem Institut, finanziert vom preußischen Staat via Universität, und dem neuen Kaiser-Wilhelm-Institut für Hirnforschung gefährdet. Das zuständige preußische Ministerium teilt der Kaiser-Wilhelm-Gesellschaft mit, dass eine so hohe Bezuschussung des Neuro-Biologischen Instituts wie bisher nicht weiter infrage käme und eine wesentliche Einschränkung der Aktivitäten bis hin zur Einstellung des Betriebs nötig wäre, „wenn nicht von anderer Seite Mittel für das Laboratorium bereitgestellt werden". Die Kaiser-Wilhelm-Gesellschaft ihrerseits lässt das Ministerium wissen, dass aufgrund der Finanznot eine weitere Entlastung des Universitätsbudgets, wie sie zu Beginn der Kooperation vereinbart war, nicht infrage kommt. Gustav Krupp von Bohlen und Halbach, inzwischen auch Vizepräsident der Kaiser-Wilhelm-Gesellschaft, startet in dieser Situation eine individuelle Rettungsaktion und spendet im Dezember 1921 eine weitere halbe Million Mark. Trotz der großzügigen Zuwendung bleibt die Situation alles andere als komfortabel. Es müssen laufend Anträge auf „Nachtragsetats" gestellt werden, denn „trotz allergrößter Sparsamkeit", wie Oskar im Oktober 1922 an das Ministerium für Wissenschaft, Kunst und Volksbildung schreibt, ist das Institut aufgrund der Geldentwertung nicht in der Lage, „die allernötigsten laufenden sachlichen Ausgaben wie Alkohol, Aether, Kohlen, Miete zu decken". Immer wieder gibt es Probleme mit der Auszahlung der Gehälter.
Auch privat ist die finanzielle Lage nicht erquicklich. Cécile verliert geerbtes Land und Immobilien in Frankreich, auch Ersparnisse fallen Enteignungen zum Opfer. Oskar beklagt im Juni 1923 in einem Brief an seinen Lehrer und Freund Auguste Forel in Zürich: „Unsere Hoffnung, in Ihrer Gegend einen kleinen Besitz zu erwerben und

Sie besuchen zu können, schwindet immer mehr, während die Sehnsucht danach umgekehrt wächst. Dass die Franzosen meiner Frau das stahlen, was sie in Frankreich besaß, war ja schon schlimm, aber dass die Regierung dieses Volkes unter der ausdrücklichen Begründung, dass sie den wissenschaftlichen Arbeiten meiner Frau feindlich gesinnt sei, auch die englische Regierung veranlasst hat, unser dortiges Depot, mit dem wir uns seiner Zeit etwas in dieser Gegend erwerben wollten, zu stehlen, ist dann doch über das gegangen, was wir an Kulturfeindschaft der französischen Regierung zutrauen."
Das spielt auch in Briefen eine Rolle, die Cécile und Oskar einander schreiben: Sie suchen Kontakt mit einem Anwalt in Paris, der „mit dem englischen Geld" helfen kann. 1924 ist Cécile in Annecy und bespricht mit einem Geschäftsmann das Problem, dass sie für den familiären Besitz „nicht einen Sou" bekommen hat. Sie schöpft nochmals Hoffnung, dass man vielleicht doch etwas bewegen könnte, man versucht auch einen französischen Abgeordneten zur Hilfe zu bewegen – aber alles umsonst.

Erfolge, Rückschläge und neue Pläne

Beruflich liefert die Aufwertung, die die Aufnahme in die Kaiser-Wilhelm-Gesellschaft gebracht hat, Rückenwind für die großen Forschungsthemen, die Cécile und Oskar bearbeiten. Zu den schon bisher im Neuro-Biologischen Institut gesetzten physiologischen und gehirnanatomischen Schwerpunkten kommen nun am Kaiser-Wilhelm-Institut neue dazu. 1924 startet die genetische Abteilung ihre Arbeit, an der ebenfalls ein Forscherpaar Studien an Insekten durchführt: Elena und Nikolai Timoféeff-Ressovsky, die Cécile und Oskar Vogt aus Moskau kennen und die sie wie eine Reihe anderer sowjetischer Wissenschaftlerinnen und Wissenschaftler nach Berlin einladen.

Mit Maximilian Rose kommt ein Zytoarchitektur-Experte in die Magdeburger Straße, der zuletzt in seiner Heimatstadt Krakau an der Neurologischen Klinik tätig gewesen ist. Die Zytoarchitektur ist die Lehre von der Anordnung und Struktur der Nervenzellen im Gehirn. „Am Institut arbeiten alle, und Rose ist besonders unermüdlich“, schreibt Cécile im September 1925 an Oskar, der gerade in Moskau beschäftigt ist. Wie produktiv er ist, zeigt eine Vielzahl von Publikationen, die in dieser Zeit in Berlin entstanden sind, bevor Rose 1928 einem Ruf an die Universität Krakau folgt und dort die Professur für Neurologie sowie die Leitung des Hirnforschungslabors übernimmt. Céciles und Oskars Beziehungen zu ihm bleiben eng, auch als Rose 1931 in Vilnius den Lehrstuhl und das Hirnforschungsinstitut übernimmt.

„Ich hoffe, es ist nicht zu kalt in Berlin und dass man Dich im Institut nicht quält“, schreibt Tochter Marthe im September 1924 an ihren Vater, der in Berlin geblieben ist, während sie mit Cécile zur Erholung einige Tage in Chamonix verbringt. Eine wohl zweckoptimistische Einschätzung, denn es gibt drängende Probleme. „Während die wissenschaftlichen Arbeiten gut vonstatten gehen, wird die ökonomische Situation immer schwieriger und die Raumfrage immer brennender“, schreibt Oskar im November 1925 an Gustav Krupp von Bohlen und Halbach. „Das Auswärtige Amt hat den in Aussicht gestellten Zuschuss von mindestens 10.000 Mark abgelehnt. Das Kultusministerium hat die Zusage, für das Institut den Friedensetat wiederherzustellen, letztlich zurückgezogen. Ein Nachtragsetat, welcher die Summe für einen Bau wenigstens eines Teiles des Instituts enthielt, wird überhaupt nicht mehr dem Reichstag vorgelegt werden.“

Der internationalen Anerkennung, die die Arbeit von Cécile und Oskar genießt, tut all das keinen Abbruch. Die Arbeit der Vogts wird über die Grenzen des Deutschen Reichs hinaus wahrgenommen und geschätzt. In die Magdeburger Straße kommen laufend Besucher, um das Institut zu besichtigen und sich Fälle aus der wachsenden Hirnsammlung zeigen zu lassen. Nicht nur diese Forschungsergebnisse werden in der neurologischen Welt auch international mit Interesse verfolgt. Man legt Wert auf die Meinung der Vogts in strategischen Fragen, die die Weiterentwicklung der Neurologie und Hirnforschung betreffen. Im März 1928 wollen die Kollegen von der American Neurological Association von Cécile und Oskar wissen, ob sie die Abhaltung eines internationalen Kongresses für sinnvoll hielten. „Unsere eigenen Erfahrungen haben uns zur Überzeugung geführt", antwortet das deutsche Hirnforscherpaar, „dass für die absolut notwendige Vertiefung der Hirnforschung noch wichtiger als die Abhaltung von Kongressen die Gründung von entsprechenden Forschungsinstituten ist, wie wir zwei in Deutschland besitzen und wie eines neuerdings auch in Moskau gegründet worden ist. Es handelt sich dabei darum, dass nicht nur Forschungsinstitute als solche begründet werden, sondern dass sie in ein enges Zusammenarbeiten miteinander treten, speziell auch durch gegenseitigen Austausch überzähliger Präparate. Wir würden es ganz besonders begrüßen, wenn die Vereinigten Staaten von Nordamerika ein derartiges Forschungsinstitut begründen würden." Letzteres sollte noch einige Zeit dauern: Erst nach dem Zweiten Weltkrieg entstand in Bethesda im US-Bundestaat Maryland ein neurowissenschaftliches Forschungsinstitut.

Die Bibliothek der Gehirne

„vater gestorben. wünschen sie sein hirn? welche konservierung? Henschen." Diese unkonventionelle Form, einen familiären Todesfall mitzuteilen, wählt der schwedische Neurowissenschaftler Folke Henschen am 4. Dezember 1930 gegenüber seinen Freunden Cécile und Oskar. Sein soeben verstorbener Vater, der schwedische Internist und Pathologe Salomon Eberhard Henschen, hat nicht nur einen sehr regen wissenschaftlichen Austausch mit dem Ehepaar Vogt gepflogen, sondern auch sein Gehirn für die Vogtsche Sammlung in Aussicht gestellt. An dieses Versprechen hält sich jetzt der Sohn, das Gehirn seines Vaters wird konserviert nach Berlin expediert und befindet sich dort in bester Gesellschaft. Teil der legendären Sammlung sind Gehirne einer Reihe bekannter Persönlichkeiten, seit den Anfängen der Neurologischen Centralstation werden aber nicht nur Gehirnpräparate berühmter Menschen, sondern auch von Straftätern, psychisch Kranken oder außergewöhnlichen Talenten aufbewahrt, um aus ihrer Untersuchung Erkenntnisse über die Zusammenhänge zwischen Morphologie, also Struktur und Form der verschiedenen Gehirnareale, und psychischem Zustand, Verhalten oder geistigen Fähigkeiten gewinnen zu können.

Wie Samuel Henschen haben auch andere Freundinnen und Freunde, Bekannte, Bewunderer sowie Kolleginnen und Kollegen der Vogts ihnen ihre Gehirne vermacht. Darunter der Zürcher Psychiater und Sozialreformer Auguste Forel, der Soziologe und Philosoph Ferdinand Tönnies oder die sozialdemokratische Reichstagsabgeordnete Mathilde Wurm. Wenn immer möglich untersuchen Cécile und Oskar die Spenderinnen und Spender zu Lebzeiten, um diese Einsichten dann später mit den Ergebnissen der postmortalen Gehirnuntersuchung in einen Zusammenhang stellen zu können.

In der „Genieabteilung" der Hirnsammlung befinden sich Gehirne von Menschen, „die der Welt besonders hohe Leistungen in Kunst, Wissenschaft, Politik und Wirtschaft gezeigt haben", heißt es in einem unveröffentlichten Manuskript über die Aufgaben des Hirnforschungsinstituts in Berlin-Buch, „und damit uns Anhaltspunkte geben können für die Voraussetzungen, die das menschliche Gehirn zur Erreichung solcher Höchstleistungen aufweisen muss".

In den meisten programmatischen Texten von Cécile und Oskar Vogt darüber, wie Hirnforschung organisiert werden sollte, spielt das Konzept einer Hirnsammlung eine wichtige Rolle. Die Verfügbarkeit von vielfältigem Material, die Möglichkeit, mit anderen Zentren Präparate austauschen zu können, sehen sie als wichtige Voraussetzungen für erfolgreiches Forschen.

„Es brauchte mehr als 50 Jahre, um dieses Material zu sammeln", berichtet der kanadische Neurowissenschaftler Jerzy Olszewski 1950, als die Schnitte und Präparate in Neustadt im Schwarzwald lagern: „Sein wissenschaftlicher Wert wird aber noch für Generationen andauern."

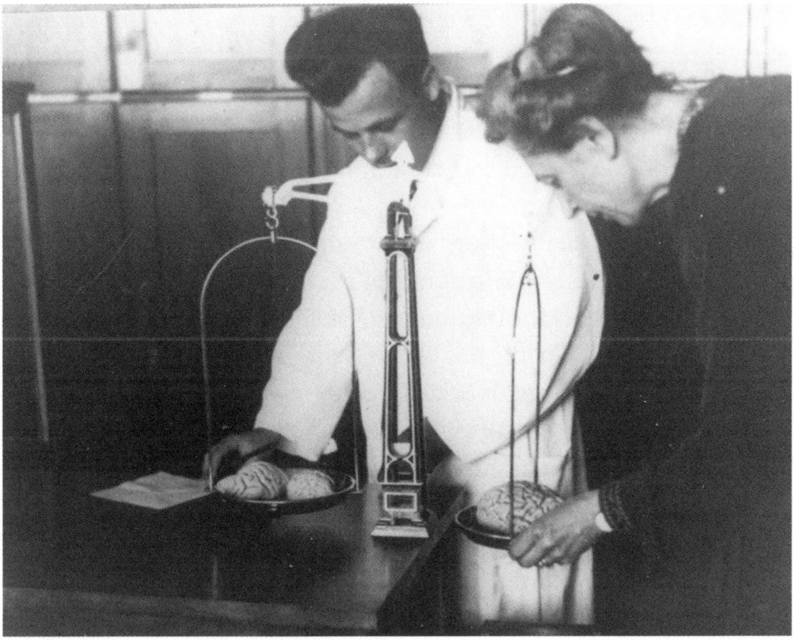

Cécile Vogt mit einem Mitarbeiter beim Abwägen eines Gehirnpräparats von Schnitten

Céciles Lehrer Pierre Marie in Paris leistet eine „Starthilfe“ für die Sammlung, als er dem jungen Forscherpaar nach Céciles Promotion 30 konservierte Gehirne nach Berlin mitgibt. „Ein Milieu, das selbst den seligen Edgar Poe reizen könnte“, schreibt der Schriftsteller Arthur Koestler über die Hirnsammlung 1930 in der *Vossischen Zeitung*, einem im Ullstein Verlag erscheinenden liberalen Berliner Blatt, das 1934 auf Druck der nationalsozialistischen Regierung eingestellt werden musste. Wovon der Autor von Büchern wie *Sonnenfinsternis* oder *Ein spanisches Testament* nach einer Besichtigung des Kaiser-Wilhelm-Instituts für Hirnforschung in Berlin-Buch berichtet, ist ihm nicht ganz geheuer. „Unser Intellekt in Paraffin ist wirklich kein schöner Anblick“, schreibt er in einem Artikel mit dem Titel „Die Karthotek der toten Gedanken“. Doch ist er beeindruckt von den Präparaten: „Bis zu 35.000 Schnitte werden aus einem einzigen Hirn hergestellt!", schreibt Koestler. Es handle sich um „Schnitte von phantastisch dünnem Querschnitt", ein Mensch bräuchte etwa ein Jahr, „um mit einem Hirn fertig zu werden".

Wie auf Koestler übte die Hirnsammlung auch auf andere Zeitgenossen eine besondere Faszination aus. Schon in der Magdeburger Straße und noch mehr später in Berlin-Buch waren immer wieder Journalisten zu Gast im Hirnforschungsinstitut. Häufig führte Cécile selbst sie durch die Hirnsammlung. „Bibliothek der Gehirne" nennt Erich F. Dach 1927 in der populärwissenschaftlichen Zeitschrift *Die Koralle* seine Reportage über diese ganz spezielle Kollektion. „Jedes Gehirn ist ein Buch mit 10.000 Blättern", schreibt Dach.

Der *Koralle*-Reporter ist nicht der Einzige, der die Sammlung der Hirnschnitte mit einer Bibliothek vergleicht. 2018 arbeiteten Heiner Fangerau, Direktor des Instituts für Geschichte, Theorie und Ethik der Medizin in Düsseldorf, und die wissenschaftliche Mitarbeiterin des Instituts Chantal Marazia die Hirnsammlung in einer wissenschaftlichen Publikation auf. Sie kommen zum Ergebnis, dass das Bild einer „Bibliothek" sehr treffend beschreibt, was hier zusammengetragen wurde. Benno Reifenberg, der Redakteur der *Frankfurter Zeitung*, den die Nationalsozialisten aus dieser Position vertrieben hatten und der während des Kriegs bei Cécile und Oskar Vogt in deren Forschungsinstitut im Schwarzwald Unterschlupf und Beschäftigung fand, erinnert sich an seine erste Besichtigung der Sammlung, bei der Cécile ihn führte: „Es waren da Hirnexemplare von Tieren der niederen Stufen bis zum Affen ausgestellt, und eine nicht geringe Menge von Menschenhirnen. Es musste für die Forschung von Cécile und Oskar von einiger Bedeutung sein, den Menschen gekannt zu haben, dessen höchstes Organ ihnen zur Sektion anvertraut wurde." In Begleitung von Cécile sei er „an den grauen und komplizierten Gebilden" vorübergegangen, so Reifenberg. „Plötzlich fragte meine Begleiterin: ‚Nun, was meinen Sie, wo ist da die unsterbliche Seele?'"

Unter den „Genie-Gehirnen" von Menschen mit besonderen Fähigkeiten findet sich unter anderem das eines Übersetzers, der mehr als 60 Sprachen beherrscht hat und bei dem postmortal eine ungewöhnliche Entwicklung des Schläfenlappens festgestellt wurde. Oder jenes eines sehr talentierten Violinisten, das ein überdurchschnittlich ausgeprägtes Hörzentrum in der Großhirnrinde aufweist. In der Sammlung der „Verbrechergehirne" weisen die Vogts bei zwei Mördern einen unterentwickelten „Assoziationscortex" nach.

Hartnäckig tauchte immer wieder das Gerücht auf, dass zwischen all diesen mehr oder weniger prominenten Gehirnen und deren Schnitten zumindest auch einige Schnitte von Lenins Hirn versteckt wären, das Cécile und Oskar 1925 präpariert und untersucht haben. In seinem Roman *Lenins Hirn* mit dem Hauptprotagonisten Oskar Vogt entwickelt der Autor Tilman Spengler ein solches Szenario. Aber auch Helga Hummerich, die Biografin des ehemaligen Feuilletonchefs der *Frankfurter Zeitung*, Benno Reifenberg, berichtet über ihren Besuch im Hirnforschungsinstitut im Schwarzwald: „Ich bekam die Sammlung der sezierten und ‚eingeweckten' Gehirne – einer gefurchten, graufarbenen Masse – zu sehen, zu denen auch das Hirn von Lenin gehörte." Der Neuropathologe und -anatom Igor Klatzo schreibt, Cécile selbst soll in Neustadt dem späteren Chef der Nervenklinik an der Charité, Heinz Schulze, Schnitte von Lenins Hirn gezeigt haben. Gefunden wurden solche Schnitte irgendwo anders als in Moskau bisher allerdings noch nicht.

In der Literatur wird die berühmte Hirnsammlung häufig vorwiegend mit Oskar assoziiert, wobei übersehen wird, dass von Cécile ganz entscheidende Beiträge stammen und sie die eigentliche Organisatorin der Sammlung ist. Ehemalige Mitarbeiter berichten, dass Cécile nicht nur die Präparation der Gehirne penibel anleitet und überwacht, sondern dass sie die Sammlung bis ins kleinste Detail kennt. Dafür, dass vor allem Cécile die Sammlung strukturiert und organisiert hat, spricht auch, dass bei der Beschreibung der Organisation und Klassifikation der Gehirne oft die französische Bezeichnung als Basis für die Katalogisierung dient: Zum Beispiel „AN" für „*adultes normaux*", also „normale Erwachsene". Die Sammlung sei „in gewissem Sinne ihr persönliches Eigentum gewesen", schreibt der Düsseldorfer Pathologe Heinrich Meessen in seinem Nachruf auf Cécile. „Sie wusste über jeden Fall und jeden Schnitt Bescheid; ohne ihre Hilfe war die Sammlung für manche Mitarbeiter nicht zu benutzen."

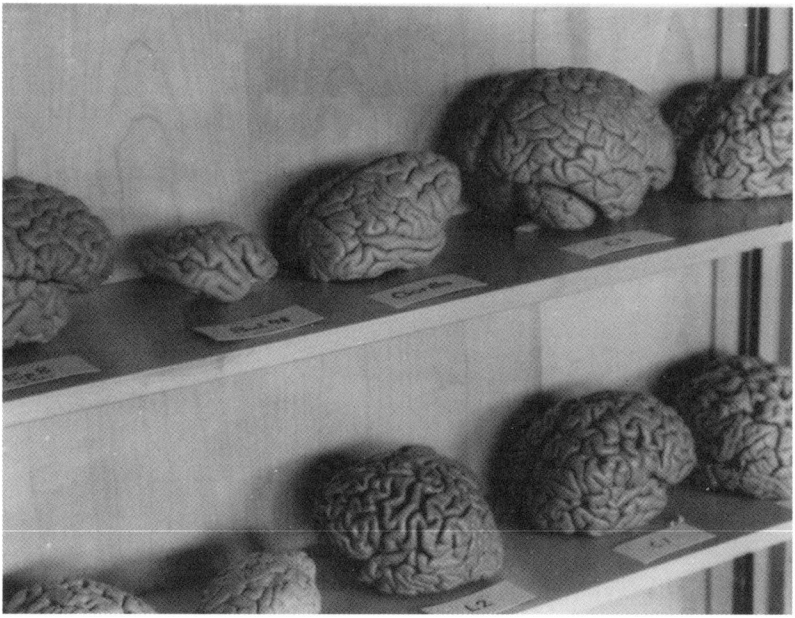

Gehirnpräparate vor der weiteren Aufbereitung zu Schnitten

Ein großer Teil der Sammlung menschlicher Gehirne beruht, berichten Chantal Marazia und Heiner Fangerau, auf der Vernetzung mit Kliniken in ganz Europa, vorwiegend mit psychiatrischen Einrichtungen, die Gehirne gemeinsam mit Krankengeschichten zur Verfügung stellen. Die „zuliefernden" Kliniken präparieren die Gehirne genau nach den Anweisungen der Vogts und erhalten im Gegenzug detaillierte Beschreibungen und eine Auswahl von Schnitten. Im bereits erwähnten Artikel in der Zeitschrift *Koralle* berichtet der Autor, dass diese „Klinikgehirne" nicht nur aus deutschen Einrichtungen stammen, sondern aus ganz Europa, zum Beispiel aus

Portugal und Frankreich. Immer wieder sind die „Lieferanten“ der Gehirne auch Co-Autoren von Publikationen, zum Beispiel Carl Samuel Freund, der 1911 mit Cécile die Arbeit „Ein neuer Fall von État marbré des corpus striatum“ veröffentlicht.

Lenins Hirn: Oskars Show und Céciles Beitrag

Auch am Moskauer Institut für Hirnforschung, das Oskar von 1925 bis 1929 parallel zum Berliner Zentrum leitet, wird eine Gehirnsammlung angelegt. Der „Pantheon der Gehirne“, wie die Einrichtung bezeichnet wird, stellte Elitegehirne oder deren Nachbildungen zur Besichtigung aus. Neben jenem von Lenin werden hier auch die Gehirne von Wissenschaftlern oder bekannten Revolutionären für die Öffentlichkeit ausgestellt, wie der Moskau-Korrespondent der *Düsseldorfer Nachrichten* am 3. Dezember 1929 berichtet.

Die legendäre Untersuchung von Lenins Gehirn ist keineswegs der erste Anlass, der Cécile und Oskar in die Sowjetunion führt. Das Land heißt noch Russland und ihr Reiseziel St. Petersburg, als das Ehepaar Vogt im Jahr 1912 erstmals hinreist. Cécile erinnert Oskar daran, als sie ihm im September 1925 nach Leningrad schreibt: Es sei „vor dem Krieg“ gewesen, „Marguerite war noch nicht auf der Welt und wir kamen von unserer Schweden- und Norwegenreise zurück“.

Im Januar 1922 und im Januar 1923 sind Cécile und Oskar wieder in Moskau. 1923 findet dort ein gesamtrussischer Kongress für Psycho-Neurologie statt, auf dem das Forscherpaar seine Arbeit vorstellt, insbesondere die neuen Erkenntnisse zur Gehirnarchitektur und zur von ihnen entwickelten Lehre der Pathoklise. Dabei geht es um die Entdeckung, dass bestimmte Hirnareale von besonderer Verletzlichkeit sind und empfindlicher auf schädliche Einflüsse reagieren als andere. All die Russland-Reisen sind in zahlreichen familiären Briefen dokumentiert.

Politisch wie sie sind, interessiert Cécile und Oskar in der noch jungen Sowjetunion nicht nur die Begegnung mit Fachkolleginnen und

-kollegen, sie beobachten auch die politische Entwicklung genau. „Vom Kommunismus haben wir in Russland nichts mehr gesehen", schreibt Oskar im Juni 1923 kritisch an den Psychiater Auguste Forel in Zürich. „Er ist dort abgeschafft und wird anscheinend nur noch im Auslande propagiert. Ein Werturteil über die historischen Leistungen der Bolschewisten für den menschlichen Fortschritt wird wohl erst eine künftige Generation abgeben können."
Auf diesen Reisen und wissenschaftlichen Veranstaltungen knüpfen Cécile und Oskar Kontakte mit sowjetischen Wissenschaftlerinnern und Wissenschaftlern, mit denen insbesondere Cécile intensiv korrespondiert. Einige von ihnen kommen nach Berlin, um im Team der Vogts in der Magdeburger Straße und später in Berlin-Buch zu arbeiten.
Ab 1925 folgt eine Episode, die für viel Aufmerksamkeit sorgt und zu Unrecht fast ausschließlich Oskar zugeschrieben wird: Die Untersuchung des Gehirns von Wladimir Iljitsch Uljanow, genannt Lenin. Der Vorsitzende der Kommunistischen Partei der Sowjetunion und Regierungschef ist am 21. Januar 1924 in Moskau mit nur 54 Jahren verstorben, wohl an den Folgen einer Reihe von Schlaganfällen, wobei um die Todesursache ein großes Geheimnis gemacht wurde. Oskar wird vom sowjetischen Gesundheitsministerium eingeladen, die postmortale Untersuchung des Gehirns vorzunehmen. Im Februar 1925 reist er nach Moskau, um dies vorzubereiten. Schnell stellt er fest, dass das mit der verfügbaren Ausstattung keinesfalls möglich ist, und schon gar nicht allein. Am 25. Februar telegrafiert Oskar an Cécile, sie möge Gerätschaften und Instrumente packen und mit der Präparatorin Margarethe Woelcke nach Moskau reisen. Die Schnittgeräte Makrotom und Mikrotom, Paraffin, Chemikalien zum Färben von Fasern, Zellen und Präparaten, Objektträger, Deckgläschen – all diese Utensilien würden in Moskau gebraucht. Aber auch „warme Kleider, Decken und Handtücher" seien nötig, schreibt Oskar. Der russische Botschafter in Berlin werde ihr Geld und Visa übergeben. Wenige Tage später brechen Cécile und die Präparatorin mit sehr viel Gepäck nach Moskau auf.

Margarethe Woelcke ist eine technische Mitarbeiterin am Kaiser-Wilhelm-Institut, sie ist bereits seit 1903 bei Cécile und Oskar beschäftigt. Nachdem sie mit Cécile gemeinsam mit der Präparation des Lenin-Gehirns beginnt, wird Margarethe Woelcke in den kommenden zwei Jahren zahlreiche Schnittserien anfertigen, insgesamt mehr als 30.000 Schnitte, die auf Objektträgern fixiert und mit einer Schnittnummer versehen werden, damit ihre genaue Lage jederzeit rekonstruiert werden kann. Für die Untersuchungen stellen die sowjetischen Behörden Räumlichkeiten im Stadtzentrum zur Verfügung. Später wird auch das neu gegründete Lenin-Institut für Hirnforschung hier untergebracht. Über dessen Konzeption denken Cécile und Oskar nach, während an den Schnittserien gearbeitet wird. Der Volkskommissar für Gesundheit Semaschko habe ihn eingeladen, über die Untersuchung von Lenins Gehirn hinaus den Aufbau und die Leitung des Moskauer Hirnforschungsinstituts zu übernehmen, informiert Oskar im Januar 1926 Gustav Krupp von Bohlen und Halbach in dessen Funktion als Kuratoriumsvorsitzender des Kaiser-Wilhelm-Instituts für Hirnforschung. Bereits im Mai 1925 berichtet Oskar einer interministeriellen Gruppe unter Beteiligung des Auswärtigen Amtes, des Innenministeriums, des preußischen Wissenschaftsministeriums und der Kaiser-Wilhelm-Gesellschaft von dieser Anfrage der sowjetischen Regierung, wobei es vor allem seitens der deutschen Diplomatie viel Unterstützung für das Vorhaben gibt. Zudem wird Oskar von Prof. Lasareff, der seinerseits 1931 einige Monate als Gastforscher in Berlin-Buch verbringen wird, eingeladen, die Leitung der biologisch-genetischen Abteilung eines neu zu errichtenden kaukasischen Instituts für Hirnforschung in Tiflis zu übernehmen.

Die Übernahme der Aufträge in Moskau und Georgien sei aber nur möglich, wenn er am Berliner Institut entsprechend gut entlastet werde, argumentiert Oskar, davon sei allerdings keine Rede. „Sollte sich diese Sachlage erhalten, so sieht der Unterzeichnete keine Möglichkeit, der Aufforderung des Herrn Professor Semaschko oder einem Angebot der Georgischen Regierung Folge zu leisten."

Oskar ist in einer guten Verhandlungsposition, denn er weiß, dass dem Auswärtigen Amt im Geiste des Vertrages von Rapallo an guten Wissenschaftsbeziehungen mit der Sowjetunion gelegen ist. Auch die Firma Krupp hat wirtschaftliche Interessen in der Sowjetunion – Klassenfeind hin, Revolution her. Letztlich schließt Oskar den Kooperationsvertrag mit Moskau mit ausdrücklicher Unterstützung des Auswärtigen Amtes, des Preußischen Wissenschaftsministeriums und des Reichs-Innenministeriums ab, das georgische Projekt zerschlägt sich wieder. Die Kaiser-Wilhelm-Gesellschaft hat keine großen Sympathien für die deutsch-sowjetischen Wissenschaftsbeziehungen.

Zwischen 1925 und 1927 reist Oskar regelmäßig in die Sowjetunion, punktuell auch in den nachfolgenden Jahren bis 1930. Cécile macht sich Sorgen, dass ihn das alles überlastet. „Ich wünsche mir sehr, dass Du jetzt nicht fährst", schreibt sie ihm im Juli 1927 aus der dänischen Sommerfrische nach Berlin. „Bei dieser Hitze! Die Russen können doch nicht das Unmögliche von Dir verlangen!"

Bei aller Unterstützung durch Cécile ist das sowjetische Engagement eine beträchtliche Zusatzbelastung, schließlich gibt es ja auch in Berlin eine Menge zu tun, um endlich den Neubau des Instituts weiter voranzutreiben.

Was die Untersuchung der Hirnschnitte Lenins betrifft, so berichtet Oskar im April 1927 erstmals an Cécile, was er entdeckt hat: „Ich habe bei der Untersuchung des Gehirns L. außergewöhnlich große Pyramidenzellen der dritten Rinde gefunden." Er sehe hier einen Zusammenhang mit Lenins schnellem und assoziativem Denken. In der Öffentlichkeit präsentiert Oskar diese Ergebnisse erstmals im November 1927 in einem Vortrag in Moskau. Auch hier spricht er unter anderem darüber, dass er eine verdickte dritte Hirnrindenschicht gefunden habe, was auf die besonders große Zahl der dort lokalisierten Pyramidenzellen zurückzuführen sei. Das sei für die enormen assoziativen Fähigkeiten von Lenin verantwortlich gewesen.

Eine Reihe russischer Wissenschaftler werden in Berlin in der Zeit der engen Zusammenarbeit als Gastforscher und zur Weiterbildung aufgenommen, zum Beispiel Semion Sarkisov, Isai Sapir, Ivan Filiminov oder Nikolai Popov. Aus dem vielversprechenden Nachwuchsforscher Sarkisov wird später ein angesehener Neurowissenschaftler. Zunächst Oskar Vogts Stellvertreter als Direktor des Lenin Instituts, übernimmt er 1936 formell dessen Leitung. De facto hat sich Oskar aber schon früher aus seinem Engagement zurückgezogen.
Die Beziehungen zwischen den Vogts und der Sowjetunion reißen nie ganz ab – nach dem Krieg wohl auch mit DDR-Unterstützung. 1957 werden Cécile und Oskar zu den Feierlichkeiten zum 40-jährigen Jubiläum der Oktoberrevolution eingeladen, Oskar sagt aus gesundheitlichen Gründen ab, was Cécile bedauert. Sie wäre gern noch einmal hingereist. „Das tut mir sehr leid", schreibt Cécile im Oktober 1957 an ihre Töchter Marthe und Marguerite. „Wir waren die ganze Zeit hier so beschäftigt, dass Moskau sicher auch nicht anstrengender gewesen wäre. Wie schade!"

„ACH, MEINE MUTTER": DREI TÜCHTIGE TÖCHTER

„Ach, meine Mutter. Sie war die Ausnahme von der Regel." So beantwortete Céciles jüngste Tochter Marguerite in einem Interview mit der *New York Times* im Jahr 2001 die Frage, wie ihre Mutter es geschafft habe, Karriere und Familie zu vereinbaren. Sie selbst, sagte die damals bereits 88-jährige Marguerite der Interviewerin Natalie Angier, war sicher gewesen, einen solchen Spagat nicht zu schaffen und sich zwischen der Wissenschaft und Kindern entscheiden zu müssen: „Wissenschaft war meine Milch." Wie Marguerite hatten auch ihre beiden älteren Schwestern Marthe und Claire keine Kinder und nur Claire war verheiratet.

Gut möglich, dass sie gerade das Vorbild der Eltern in der Vermutung beeinflusst hat, Familie und Forschung nicht unter einen Hut bringen zu können. „Viel Arbeit, viel zu tun", „sehr müde", „ich wünschte so sehr, dass Du Dich wirklich erholst" – diese und ähnliche Formulierungen kommen in familiären Briefen häufig vor. Viele Pflichten, Überarbeitung und Erschöpfung: Das sind häufig wiederkehrende Themen in der Korrespondenz zwischen Cécile, Oskar und den Töchtern.

Warum die Töchter das Partnerschafts- und Familienmodell ihrer Eltern nicht übernehmen wollen, könne viele Gründe haben, sagt mir im Interview die Wissenschaftshistorikerin Annette Vogt. „Vielleicht haben sie einfach beobachtet, wie viel Kraft das ihre Mutter gekostet hat, die Mehrfachbelastung hinzubekommen. Oder sie dachten, sie würden keinen Partner wie ihren Vater finden, der sich für einen Mann seiner Zeit sehr untypisch pro Gleichberechtigung verhalten hat." Es könne aber auch sein, und das beträfe vor allem Marguerite, die während der gesamten NS-Diktatur in Deutschland war, „dass dieser Backlash, die Zerstörung der modernen Lebensmodelle für Frauen durch die Nazis, so frustrierend war, dass sie sich ein partnerschaftliches Familienmodell gar nicht vorstellen konnte".

Helfende Hände: Wie Wissenschaft und Kinder vereinbar waren

Ob Cécile sich die Frage einer Vereinbarkeit von Kindern und Karriere je bewusst gestellt hat, dafür gibt es keine Hinweise. Als sie während ihres Studiums in Paris und noch unverheiratet zum ersten Mal Mutter wird, gibt sie die kleine Claire in Pflege. Später in Berlin hat Cécile Haushaltshilfen, die sicherstellen, dass die weiteren beiden Töchter, ein gastfreundliches offenes Haus und die enorme wissenschaftliche Produktivität Céciles einander nicht im Weg stehen.

Cécile Vogt mit Marthe, Marguerite und einer Gouvernante

„Mademoiselle Guenther hat jetzt eine Köchin gefunden, und eine zweite Bonne, die eine Freundin von unserer ist und gute Empfehlungen hat", schreibt Oskar im September 1924 an Cécile, die sich gerade in Paris aufhält. „Die drei wollen auch die ganze Wäsche und die Schneiderarbeiten machen. Ich hoffe, Du bist dann vollständig von der Hausarbeit entlastet." Es gibt in der Regel eine oder mehrere „Bonnes", also Hausmädchen, die sich um die allgemeine Hausarbeit kümmern, eine „Mademoiselle", die Erzieherin, sowie meist auch eine Köchin. Die jeweiligen Chefsekretärinnen oder Büroleiterinnen der Institute sind zudem wichtige Vertrauenspersonen, die auch ein Auge auf das Hauspersonal haben.

Was die Gouvernanten betrifft, so werden von Cécile bevorzugt französischsprachige Mesdemoiselles beschäftigt, von deren Qualifikationen sie sehr klare Vorstellungen hat. „Professorenfamilie in Berlin sucht Mesemoiselle von 25 bis 35 Jahren mit sehr guten Französischkenntnissen, mit Näharbeiten vertraut, für die Beaufsichtigung eines 12-jährigen Mädchens und Haushaltsführung", heißt es in einer Anzeige in der französischen Tageszeitung Express vom 1. August 1925. Um geeignete Kandidatinnen zu finden, bedient Cécile sich gelegentlich auch einer Genfer Agentur „für Erzieherinnen, Gouvernanten und gehobene Hausmädchen", die großen Wert auf den besonderen Status der von ihr vermittelten jungen Damen legt. Arbeitgeberinnen und Arbeitgeber müssen sich verpflichten, den Gouvernanten keine schweren Hausarbeiten zuzumuten und zumindest einen halben Tag pro Woche und die Abende nach dem Schlafengehen der Kinder freizugeben. „Die Klientinnen der Agentur werden nicht mit den übrigen Bediensteten des Hauses gleichgesetzt; wenn sie ihre Mahlzeiten nicht mit den Kindern einnehmen, werden ihnen diese gesondert serviert."

Cécile und ihre Töchter: Wenig Zeit und viel Beziehung

Dass Cécile wie viele berufstätige Mütter oft das Gefühl hat, sich den Töchtern nicht ausreichend zu widmen, geht aus ihren Briefen hervor. Die familiäre Korrespondenz spricht, was die Beziehungen zwischen allen Beteiligten betrifft, für ein enges Verhältnis, es herrscht ein vertrauter und liebevoller Ton. Sind Cécile und Oskar einmal getrennt, schreiben sie einander täglich. Ähnlich ist es zwischen Eltern und Töchtern.

Cécile und Marthe Vogt im Strandurlaub

Viel Zeit für die Mädchen hat Cécile nicht und der ewige Spagat erschöpft sie. Aber sie verbringt mit ihnen Zeit, wenn es ihr möglich ist – und die ist dann das, was man heute wohl *quality time* nennen würde: Ausflüge, Reisen, Besuche von Schulaufführungen, Theater und Konzerten und viele Gespräche. Gespräche, die auch in jungen Jahren der Töchter schon recht ernsthaft ausfallen können. Marthe habe sie heute früh gefragt, warum es Menschen gäbe, die an Gott glauben, schreibt Cécile im November 1910 in ihr Tagebuch – die Tochter ist gerade einmal sieben Jahre alt. „Das ist vielleicht, weil es Menschen gibt, die träumen, dass es Gott gibt und die dann nicht merken, dass sie nur geträumt haben", zitiert sie die Erklärungsversuche des Töchterchens. „Claire hat mir erzählt, es gibt Leute, die glauben, dass die Heilige Jungfrau in Lourdes erscheint, diese Leute haben das sicher auch geträumt." Cécile ist sehr angetan über die frühreife Konversation „über Traum und Realität".

Die Töchter verbringen viel Zeit mit ihren Mesdemoiselles, Freunden und Verwandten. Insbesondere dann, wenn die Eltern auf Dienst- oder Erholungsreise sind oder in Berlin besonders viel um die Ohren haben. So ist Marthe etwa 1909 mit Gouvernante, aber ohne Eltern in der Sommerfrische im Seebad Bansin auf Usedom. „Wir haben immer viel zu tun", schreibt ihr Cécile, auch um Hoffnungen zu dämpfen, die Eltern würden noch nachkommen. Die Osterferien 1910 verbringen Claire und Marthe samt Mademoiselle in Berck Plage an der nordfranzösischen Küste, während „Maman und Papa" ihnen Postkarten aus Spanien schreiben. Im August und September dieses Jahres sind dann Cécile und Oskar in London und Aberdeen – sie spielen eine Zeit lang mit dem Gedanken, in Großbritannien ein Haus zu kaufen –, während Claire und Marthe mit Mademoiselle und den Bonnes in der Viktoriastraße sind.

Sogar wenige Wochen nach der Geburt Marguerites im Februar 1913 bricht Cécile mit Oskar schon zu einer längeren Reise auf: zunächst nach Lyon und Südfrankreich, dann nach Algerien und anschließend nochmals nach Marseille und ins heimatliche Annecy. Die neugeborene Marguerite wird der Kinderschwester Lübesch anvertraut, die zusätzlich zu Mademoiselle den Haushalt verstärkt. Die Hege und Pflege des Säuglings verfolgt Cécile, wenn auch aus der Ferne, so doch sehr genau. „Wie viel hat Marguerite diese Woche zugenommen?“, schreibt sie an die 10-jährige Marthe und ersucht sie, der Kinderschwester aufzutragen, „dass Marguerite diese Woche noch 130 g zunehmen darf, nachdem es letzte Woche 250 g waren“.

Cécile und Oskar Vogt mit der kleinen Marthe

Zeitweise sogar während des Ersten Weltkriegs und besonders wieder nach Kriegsende sind die Töchter mit der jeweiligen Gouvernante in den Ferien im Riesengebirge und an anderen Orten der Sommerfrische. Cécile und Oskar fahren zur Erholung zu zweit in den Harz, nach Bayern oder nach Südtirol.
Marthe und Marguerite verbringen Sommerferien auch gern einmal bei Bekannten und Freunden, so sind die Mädchen mehrfach in Essen bei der Familie Krupp, immer wieder auch bei Oskars Verwandten in Dänemark und im Juli und August 1924 ist Marguerite beim schwedischen Anatomen und Hirnforscher Salomon Henschen und seiner Frau in deren Sommerhaus in Solberga in den Ferien.

Später, als Marthe schon erwachsen ist, macht Cécile gemeinsam mit ihr eine Reihe von Reisen, bevorzugt an die Ostsee, in die Schweiz, nach Südtirol und natürlich nach Frankreich. Im September 1924 ist Cécile mit Marthe zuerst in Aix-les-Bains, dann in Paris. Ganz ohne Wissenschaft geht es aber auch auf Reisen nicht. Sie besuchen das Radiologische Institut und treffen Curie-Mitarbeiter Dr. Antoine Lacassagne, „Madame Curie war leider noch nicht aus den Ferien zurück". Cécile und Marthe sind beeindruckt von den Krebstherapien, die hier mittels Bestrahlung gemacht werden, und berichten ausführlich an Oskar.
Den Juli 1927 verbringt Cécile mit der mittlerweile 14-jährigen Marguerite bei Oskars Verwandten in Dänemark, Marthe arbeitet zu diesem Zeitpunkt bereits im Krankenhaus Friedrichshain. Cécile hat, das geht aus ihren Briefen an Oskar hervor, häufig ein schlechtes Gewissen, wenn sie Ferien macht und er am Institut arbeitet.
In diesem Sommer aber ist sie froh, endlich Zeit gemeinsam mit Marguerite zu verbringen. Cécile ist besorgt um die jüngste Tochter, weil sie so verschlossen und zurückgezogen ist. „Sie öffnet sich peu à peu. Sie hat ein ganz anderes Naturell als Marthe, und verglichen mit Marthe entwickelt sie sich langsamer. Aber verglichen mit all den anderen Mädchen in ihrem Alter, die ich hier sehe, ist sie weit voran."

Leistung und Intelligenz sind für Cécile sehr wichtig – nicht nur bei ihren Töchtern selbst, sondern auch bei deren Spielkameradinnen. „Marguerite hat mit der kleinen Rose gespielt“, schreibt Cécile im September 1925 an Oskar, der sich in Moskau aufhält, über Maximilian Roses Tochter. Diese scheint Cécile ein guter Umgang zu sein, „vor allem ist die kleine Rose intelligent“, lässt sie Oskar wissen.
Die Arbeit der Eltern ist immer präsent in der Familie, kein Wunder also, dass die Töchter schon früh Anteil an den Ereignissen im Institut nehmen. Marthe ist mit 18 Jahren bereits mit den beteiligten Personen und Forschungsinhalten sehr vertraut, wie ihre Briefe zeigen. Was die Familie den Töchtern mitgibt, ist ein Umfeld, in dem Wissenschaft eine wichtige und oft dominierende Rolle spielt. Aber auch die Selbstverständlichkeit, in mehreren Sprachen zu kommunizieren, gemeinsam mit Freunden und Bekannten Hausmusik zu machen, Einladungen und Sozialkontakte – all das vermittelt ihnen ein gutes und oft hilfreiches Rüstzeug. Marthe und Marguerite, die lange bei den Eltern leben, mehr, Claire weniger.

Das vergessene Kind: Claire – Pionierin der französischen Kinderpsychiatrie

In vielen biografischen Veröffentlichungen über die Vogts wird Céciles älteste Tochter Claire gar nicht erwähnt oder bestenfalls nur knapp mit dem Hinweis, Oskar Vogt hätte sie adoptiert und im Übrigen sei über ihren Lebensweg nichts weiter bekannt. Der Neurowissenschaftler Igor Klatzo widmet der Tatsache, dass Cécile vor ihrer Ehe mit Oskar bereits ein Kind hatte, in seiner Biografie des Ehepaares Vogt bezeichnender Weise gerade einmal ein paar Zeilen. Und in diesen geht er vor allem auf Oskars „Mut and moralische Stärke“ ein, weil ihn die Tatsache einer unehelichen Tochter Céciles nicht gestört und er sie später sogar adoptiert habe. Was gewiss ein sympathischer Akt war, aber dann doch der Gewichtung nicht ganz angemessen ist: Cécile trägt die Hauptverantwortung der Betreuung, sie kümmert sich um Claire, auch als diese längst erwachsen ist.

Die oft wiederholte Erzählung von der Adoption trifft die Sache übrigens juristisch nicht präzise. Nachzulesen ist das in Claires *état civil* der Stadt Paris, der Standesurkunde, in der von der Geburt bis zum Tod der Lebensweg einer Person dokumentiert wird. Hier ist festgehalten, dass am 25. August 1902 „Monsieur Oscar Georges Dieckmann Vogt, 33, und Augustine Marie Cécile Mugnier Vogt, 27, beide Mediziner, wohnhaft in der Rue Bonaparte 3“ erscheinen, um Claire „als ihre Tochter anzuerkennen“. Mit dieser Anerkennung der Vater- bzw. Elternschaft ist Claire nun nicht mehr uneheliches Kind einer ledigen Mutter und damit unter der Vormundschaft des Staates, sondern ehelichen Kindern gleichgestellt und trägt nun den Namen Vogt-Mugnier. Dem war wohl eine längere juristische Vorbereitung vorangegangen, für die Cécile und Oskar 1901 während eines Paris-Besuchs rechtlichen Beistand suchen. „Wegen der Affaire Cl“ hätten sie einen Anwalt aufgesucht, notiert Cécile in ihrem Tagebuch, einen gewissen Monsieur Richard, „ein sehr intelligenter junger Mann mit fortschrittlichen Ideen“.
Es mag hart klingen, dass Cécile das Baby Claire in Paris zurücklässt, als sie 1899 nach Berlin geht. Doch sie bemüht sich sehr um regelmäßigen Kontakt. Cécile und Oskar besuchen Claire auch anlässlich ihres Aufenthalts in Paris im Juli 1901 in Nancy, wo sie untergebracht ist. „Das war ein sehr süßer Nachmittag“, schreibt Cécile später über die Begegnung. „Wir haben ihr einen Puppenwagen mitgebracht, und die Freude war groß.“ Claire sei sehr schüchtern gewesen und habe kaum gesprochen, aber „sie zeigte ihr sehr entschlossenes Interesse an Eigentum, weil sie ihren Puppenwagen nicht mehr hergab“.
Ob Claire mit den Eltern je für längere Zeit in Berlin gewohnt hat, lässt sich aus den verfügbaren Dokumenten nicht beantworten. Nachvollziehbar ist, dass sie immer wieder – zumindest in den Ferien – in Berlin ist oder mit ihrer Schwester Marthe und der jeweils zuständigen Mademoiselle die Sommerfrische im Gebirge oder an deutschen oder französischen Stränden verbringt, später auch mit der um 15 Jahre jüngeren Marguerite.

Spätestens ab 1906, das zeigen Briefe und Postkarten Claires an ihre Schwester Marthe, die sie immer *ma chère Marthon* nennt, ist Claire im Mädcheninternat „Les Violettes“ in Saint-Mandé, östlich von Paris, untergebracht. Ab 1911 zahlt Cécile Rechnungen eines Mädcheninternats in Versailles, wo sich auch Madame Leclerc um Claire kümmert.
Mit Madame Leclerc hält Cécile seit ihrer Übersiedelung von Paris nach Berlin engen Kontakt, schreibt ihr, schickt ihr Geschenke und Geld, macht mit ihr Abrechnungen bezüglich der Unterbringung Claires im Internat – sie dürfte also eine Schlüsselperson in der Betreuung von Claire gewesen sein. Während der Internatszeit gibt es einen regelmäßigen Briefwechsel Claires mit den Eltern und den Schwestern, aus dem hervorgeht, dass zumindest bis zum Beginn des Ersten Weltkriegs der Kontakt intensiv und herzlich ist. Ab Beginn des Kriegs wird es mit dem Reisen zwischen Frankreich und Deutschland schwieriger, auch der Postverkehr funktioniert nicht mehr reibungslos. Im August 1915 schreibt Claire an Marthe in Berlin, wie sehr sie es bedauere, nicht mit ihr, „der süßen kleinen Marguerite und Papa und Maman“ zusammen sein zu können und die Ferien im Internat verbringen zu müssen.
1918 setzt Claire die Familientradition fort und beginnt in Paris ein Medizinstudium. Cécile schreibt im Herbst 1920 aus der Kur in Meran an Marthe und Marguerite: „Wir haben Neuigkeiten von Claire, sie studiert im zweiten Jahr Medizin!“ 1920 beginnt Claire ihre praktische Grundausbildung als Medizinerin, als *externe des hôpitaux de Paris*, sie erhält von ihren Ausbildnern hervorragende Bewertungen, wie Jacques und Patricia Poirier dokumentiert haben. Im Zuge des *concours* 1924, dem Wettbewerb um Stellen für eine Facharztausbildung, wird Claire aufgenommen und absolviert diese als *interne des hôpitaux de Paris* in bekannten Pariser Kliniken wie der Maison de Santé, der Salpêtrière oder dem Hôpital Saint-Louis. In der Salpêtrière wird sie nach Abschluss der Ausbildung Oberärztin (*chef de clinique*) und promoviert 1929 über Gehirntumore bei Kindern.

Claire Vogt-Mugnier in den 1920er-Jahren als Oberärztin im Hôpital de la Salpêtrière

Gemeinsam mit dem um vier Jahre älteren Georges Heuyer, mit dem sie viel publiziert und mit dem sie auch eine sehr enge persönliche Beziehung verbindet, baut sie in Frankreich die Kinderpsychiatrie auf. Heuyer, der 1948 auf den ersten französischen Lehrstuhl für Kinderpsychiatrie berufen werden sollte, ist – hier schließt sich der Kreis wieder – ein Schüler der Professoren Joseph Babinski und Jules Joseph Déjerine in Paris. Claire Vogt-Mugnier publiziert nicht nur zu einer breiten Palette neuropädiatrischer und kinderpsychiatrischer Fragestellungen, sie ist auch eine gefragte Vortragende bei nationalen und internationalen Kongressen für Neurologie, Pädiat-

rie, Psychologie und Psychiatrie. Kindliche Hirntumore, Epilepsien, Hirnhautentzündungen und deren Folgen, die Förderung retardierter Kinder oder Kinderimpfungen – das sind einige der Themen, mit denen sich Claire wissenschaftlich eingehend beschäftigt. „Claire kann als eine Pionierin der pädiatrischen Neuropsychiatrie gesehen werden", fasst Jacques Poirier ihre Meriten zusammen.
Sie praktiziert auch in einer eigenen Ordination in der Rue de Casablanca im 15. Arrondissement. 1933 scheint für Claire aber eine schwierige Zeit zu beginnen. Sie schreibt an ihre Mutter, dass sie krank sei und in ein Sanatorium gehen müsse. Sie klingt sehr unglücklich: „Ich hatte zu viel zu leiden", ist da zu lesen, oder: „Ich bin sehr deprimiert." Am 25. Januar 1933 wird sie im Sanatorium Sancellemoz in der Stadt Passy in Hochsavoyen aufgenommen – in jener Heilanstalt, in der im Juli 1934 Marie Curie stirbt. Es gehe ihr insgesamt besser, schreibt Claire an Cécile, aber „die gewaltige Asthénie" plage sie, eine massive Schwäche. „Ich werde sicher einige Monate Erholung brauchen", schreibt sie im Februar an ihre Mutter. „Und danach wird es mir unmöglich sein, das höllische Leben fortzusetzen, das ich in den letzten Jahren geführt habe." Cécile unterstützt Claire während ihres langen Sanatoriums-Aufenthaltes finanziell, denn andere Einkünfte bleiben aus.
Ende April kehrt Claire „ohne Enthusiasmus" nach Paris zurück, und mit einem Gefühl der Unsicherheit. Sie ist sehr besorgt, wie sie „in diesem verlangsamten Leben" arbeiten und ihren Unterhalt verdienen soll – wobei Cécile sie offenbar weiter unterstützt. „Es wäre besser, schnell zu sterben als in dieser ewigen Unsicherheit zu leben", schreibt sie und: „Wenn ich nur nicht diese Müdigkeit hätte, die mich daran hindert, zu arbeiten, und mir meine ganze Existenz verdirbt." Sie wird für drei Monate nach Chamonix zu einer Freundin gehen. „Wenn ich im Oktober nicht mein normales Leben wieder führen kann, kann ich nicht mehr so weitermachen. Wozu soll ich leben, wenn ich nicht arbeiten kann, wenn ich sonst nichts im Leben habe. Ich habe schon meine Assistentenstelle verloren. Man darf nicht krank sein, man ist schnell ersetzt. Wenn ich nur wüsste, was ich

genau habe", schreibt sie zutiefst deprimiert – und wird das noch für längere Zeit bleiben.

Im September 1934 zieht Claire in die Rue Raynouard 90 im 16. Arrondissement, eine elegante Gegend. Danach wissen wir kaum noch etwas über ihr Privatleben, spätere Briefe sind rar. Bekannt ist, weil wieder in ihrem *état civil* vermerkt, dass Claire mit 39 Jahren, am 9. Januar 1937, im Rathaus des 16. Arrondissements in Paris den 54-jährigen Aurel Popp heiratet, der an der rumänischen Botschaft in Paris arbeitet. Als Claire Popp-Vogt ist sie danach im Pariser Adressverzeichnis der Jahre 1943 und 1944 als Neuro-Psychiaterin und Kinderärztin in der Avenue de Villiers 78 eingetragen. Aurel stirbt 1957, Claire überlebt ihn um mehr als 20 Jahre und stirbt im Alter von 80 Jahren, am 18. Juni 1978, im Hôpital Foche in Suresnes, im Département Hauts-de-Seine, nicht weit von Paris.

Doppeldoktorin mit Potenzial: Marthes Weg in die Neuropharmakologie

Céciles und Oskars Tochter Marthe wird am 8. September 1903 in Berlin als Marthe-Louise geboren, benannt wohl nach ihren französischen Großeltern Marthe und Pierre-Louis Mugnier. In ihrer Kindheit und Jugend wird sie von der Mutter und der älteren Schwester liebevoll Marthon gerufen. 2003 stirbt sie, einen Tag nach ihrem 100. Geburtstag, im kalifornischen San Diego, wo sie die letzten Jahre ihres Lebens bei ihrer Schwester Marguerite verbringt. Der bekannte britische Wissenschaftsjournalist Pearce Wright beschreibt Marthe Vogt in einem Nachruf im Fachjournal *The Lancet* als „brillante Wissenschaftlerin und Frau mit unbezähmbarem Temperament", deren Arbeiten eine „Transformation in der Behandlung psychischer Erkrankungen" eingeleitet hätten.

Marthe erweist sich schon früh als begabtes, vielseitig interessiertes Kind. In der Unterstufe des Gymnasiums begeistert sie sich bereits für die Naturwissenschaften. Sie sehe mit Freude, schreibt ihre ältere Schwester Claire im August 1915 an Marthe, „dass Du Insekten sammelst und mit Liebe Pflanzen züchtest". Marthe verwandelt den Balkon in der Magdeburger Straße 32 in einen regelrechten Garten, wie ihre Schwester Claire bemerkt.

Angesichts der häufigen Abwesenheiten der Eltern kümmert sie sich schon als junges Mädchen, als sie selbst noch die Auguste-Viktoria-Studienanstalt in Charlottenburg besucht, um die um zehn Jahre jüngere Schwester, die Organisation des Haushalts und das Sozialleben der Familie. Sie ist eine verantwortungsbewusste, aber auch humorvolle junge Frau, schreibt sehr erwachsene Briefe an die Eltern, bewegt sich schon mit 16, 17 Jahren in deren Abwesenheit souverän im sozialen Netzwerk der Familie, macht Besuche, im Auftrag Céciles auch bei Patientinnen, nimmt Einladungen wahr, geht ins Theater und in Konzerte. Marthe ist, was man heute wohl eine „Überfliegerin" nennen würde: Sie ist Klassenbeste, Vertrauensschülerin, schafft spielend das Abitur.

Da ist es wenig verwunderlich, dass sie nach erfolgreichem Abitur 1922 gleich zwei Studien beginnt: Medizin und Chemie an der Friedrich-Wilhelm-Universität in Berlin – die Kombination der beiden Disziplinen wird ihre spätere Arbeit als Pharmakologin prägen. „Ich muss jetzt an die Anatomie. Ich hoffe, heute kann ich den Bauch sezieren, und morgen mit dem Bein weitermachen", schreibt Marthe im Januar 1922 an die Eltern. Ein typisch Vogtscher Familienbrief.

1928 promoviert Marthe an der Medizinischen Fakultät mit einer neurologischen Dissertation über hirnarchitektonische Fragen. Die elterlichen Interessen werden also auch in der nächsten Generation gepflegt. Bereits ein Jahr später dissertiert die begabte junge Frau auch in Chemie, mit einer Arbeit über den Kohlehydrat-Stoffwechsel. Nach einer Assistenzzeit am Berliner Pharmakologischen Institut wechselt sie an das von ihren Eltern aufgebaute Kaiser-Wilhelm-Institut für Hirnforschung, wo sie ab Dezember 1930 Leiterin der pharmakologisch-chemischen Abteilung wird. In ihrer Bewerbung für diese Funktion führt die kaum 27-Jährige bereits ein Dutzend eigenständiger wissenschaftlicher Publikationen an.

Zuvor gibt es einen intensiven Austausch zwischen Marthe und Lina Stern, der Gründerin und Leiterin des Instituts für Physiologie in Moskau, die an Marthes Mitarbeit interessiert ist – ein Plan, der aber letztlich nicht aufgeht. Auch das Röntgeninstitut in Moskau hat Marthe, die Russisch spricht, eingeladen, als Assistentin zu kommen. Am Kaiser-Wilhelm-Institut publiziert Marthe zusammen mit ihrem Kollegen Franz Veit Ergebnisse über die Wirkung bestimmter Pharmaka auf das Gehirn: ein bahnbrechender erster Schritt zu späteren medikamentösen Therapien der modernen Psychiatrie.
Nach der sogenannten „Machtübernahme" durch die Nationalsozialisten 1933 mit der konsequenten Beseitigung der demokratischen Ordnung, systematischen Gleichschaltung aller Institutionen und Verfolgung aus Gründen der politischen Überzeugung oder ethnischen Zugehörigkeit kommt es auch im Kaiser-Wilhelm-Institut für Hirnforschung in Berlin-Buch zu Übergriffen der SA und anhaltenden Angriffen insbesondere gegen das Ehepaar Vogt. All dies trägt wesentlich dazu bei, dass sich Marthe entschließt, ins Ausland zu gehen. In seinem Nachruf im *Lancet* schreibt Pearce Wright, Marthe habe Hitlers *Mein Kampf* gelesen und sofort gewusst, dass sie das Land verlassen müsse, sollte dieser Hetzer an die Macht kommen. Während sie mitansehen muss, wie ihren Eltern das Leben zunehmend schwergemacht wird und wie immer mehr Kolleginnen und Kollegen in Kaiser-Wilhelm-Instituten aus ihren Positionen vertrieben werden, ergreift Marthe die Gelegenheit eines Rockefeller-Stipendiums, das ihr für 1935 bis 1937 gewährt wird. Im Sommer 1935 geht sie an das National Institute for Medical Research in Hampstead bei London zu Henry Dale, einem der führenden Pharmakologen seiner Zeit. Gemeinsam mit dem Pharmakologen Otto Loewi erhielt er 1936 den Nobelpreis für ihre „Entdeckungen bei der chemischen Übertragung der Nervenimpulse". An Dales Institut ist Marthe an einer viel beachteten Publikation über die Rolle von Acetylcholin für die Erregungsübertragung von Nervenfasern auf Muskelfasern beteiligt. Acetylcholin ist ein wichtiger Botenstoff im Gehirn.

Nach Ablauf des Stipendiums kehrt Marthe nicht nach Deutschland zurück, sondern baut ihre Karriere in Großbritannien auf und aus. Nächste Stationen sind die Pharmakologische Abteilung an der Universität Cambridge, wo sie mit einem neuerlichen Rockefeller-Stipendium weiterarbeiten kann, und das College of the Pharmaceutical Society in London. Am Department of Pharmacology im schottischen Edinburgh, wo Marthe von 1947 – dem Jahr ihrer Einbürgerung in Großbritannien – bis 1960 arbeitet, leitet sie eine eigene Forschungsgruppe. In diese Zeit fällt eine ihrer wichtigsten Arbeiten, veröffentlicht 1954 im *Journal of Neurophysiology*, über die Rolle der Neurotransmitter im Gehirn – ein Arbeitsfeld, in dem sie weitere wichtige Nachweise und Entdeckungen publizieren sollte. Ihre Erkenntnisse h zu den Katecholaminen Noradrenalin und Adrenalin liefern entscheidende Grundlagen für die spätere Entwicklung von Muskelrelaxantien und Psychopharmaka.

Hôpital de la Salpêtrière, Marthe Vogt im Labor

1958 steht ein Wechsel in die USA zur Diskussion, schließlich entscheidet sich Marthe dagegen und leitet ab 1960 die Pharmakologische Abteilung des Agricultural Research Council Institute of Animal Physiology in Babraham bei Cambridge, wo ihre Mutter die letzten Jahre ihres Lebens mit ihr verbringt. Auch nach ihrer Emeritierung arbeitet Marthe am Institut weiter, bis sie 1990 mit zunehmend geschwächter Gesundheit zu ihrer Schwester Marguerite nach Kalifornien zieht. Mit ihren Eltern bleibt Marthe immer in engem Kontakt, fragt sie bei beruflichen und persönlichen Weichenstellungen um Rat, besucht sie in Neustadt und macht Reisen mit Cécile.

Von Taufliegen zu Viren: Marguerites Karriere in Kalifornien

Die am 19. Februar 1913 geborene Marguerite Maria – als Kind wird sie Margui gerufen, später oft Maggi – zeigt lange vor ihrer Karriere als Forscherin bereits erste wissenschaftliche Ambitionen. Jedenfalls berichtet die *New York Times*-Journalistin Natalie Angier, die Marguerite 2001 ein Porträt widmet, sie habe bereits ab ihrem 14. Lebensjahr Versuche zu Mutationen bei Fruchtfliegen gemacht und diese auch veröffentlicht. „Marguerite hat Heyse Drosophilia-Flügel zum Fotografieren gegeben", schreibt Cécile im Oktober 1930 an Oskar, stolz auf ihre begabte Tochter. „Sie macht eine wirklich schöne kleine Arbeit." Ernst Heyse ist der Fotograf des Kaiser-Wilhelm-Instituts für Hirnforschung, zu dessen Aufgaben es gehört, die Hirnschnitte fotografisch zu dokumentieren.

Auch Marguerites weltanschauliche Vorstellungen formen sich offenbar früh. „Conform dem Wunsch unserer Tochter, Marguerite Vogt (VI.0) bitten wir, sie fortan vom Religionsunterricht zu dispensieren", schreiben Cécile und Oskar im April 1922 an die Schule. Marguerite ist neun Jahre alt.

Wie ihre ältere Schwester Marthe absolviert Marguerite das Auguste-Viktoria-Gymnasium in Berlin, schließt es 1931 mit dem Abitur ab und beginnt an der Friedrich-Wilhelm-Universität ein Medizin-

studium. Eine andere Ausbildungs- und Berufswahl scheint in dieser Familie nicht in Betracht zu kommen. Unter den Kooperationspartnern, Mitarbeiterinnen und Mitarbeitern sowie Bekannten ihrer Eltern, die sie schon als junges Mädchen kennenlernt, ist es unter anderem der spätere Nobelpreisträger Hermann Joseph Muller, der sie sehr beeindruckt und ihr Interesse für die Genetik weckt.
Zunächst aber geht Marguerite nach ihrer Promotion 1936 einige Monate als Post Doc nach Paris und lernt beim französischen Genetiker Boris Ephrussi eine spezielle Methode, mit der die Drosophilia, eine Gattung aus der Familie der Taufliegen, genetisch verändert werden kann. 1937, als Cécile und Oskar endgültig ihre Positionen im Kaiser-Wilhelm-Institut verlassen müssen, geht Marguerite mit ihren Eltern als Genetikerin an deren neues Institut in Neustadt im Schwarzwald. Dort erforscht sie vor allem die Evolution von Drosophila und führt genetische Untersuchungen zum Einfluss von Hormonen auf Entwicklungsprozesse in dieser Taufliegenart durch. Drosophila ist ein bekanntes und häufig eingesetztes Modell für Studien in der Genetik, denn sie vermehrt sich sehr schnell und ermöglicht es sozusagen im Schnelldurchlauf, evolutionäre Veränderungen zu beobachten. Noch von Neustadt aus veröffentlicht Marguerite Studien, durch die man auch international auf sie aufmerksam wird. So gelingt es ihr schon 1946 – als es für deutsche Forscherinnen und Forscher noch fast unmöglich war, international zu publizieren –, eine Arbeit im angesehenen Fachjournal *Nature* zu platzieren.
Nach dem Krieg strebt Marguerite eine Karriere außerhalb Deutschlands an. Sie wendet sich an Hermann Joseph Muller, der ihr empfiehlt, in Pasadena im California Institute of Technology anzudocken, und einen Kontakt mit dem aus Deutschland stammenden Genetiker, Biophysiker und späteren Nobelpreisträger Max Delbrück herstellt. Auch ihre Schwester Marthe und Boris Ephrussi setzen sich in Kalifornien für Marguerites Aufnahme ein, 1950 gelingt ihr der Sprung über den Atlantik.

In Pasadena arbeitet Marguerite zunächst mit Max Delbrück zu Fragen der Bakteriengenetik. 1952 steigt sie in ein neues Virenforschungsprogramm ein. Es kommt zur Zusammenarbeit mit dem aus Italien stammenden Mediziner, Mikro- und Molekularbiologen Renato Dulbecco am SALK Institute in La Jolla – eine Kooperation, die in der Geschichte der Molekularbiologie eine wichtige Rolle spielen wird. Unter anderem beschäftigen sie sich intensiv mit dem Polio-Virus und legen wichtige Grundlagen für die Entwicklung der Impfung gegen Kinderlähmung. Marguerite und Dulbecco gelten gemeinsam als die Begründer der modernen molekularen Virologie. Trotz der hohen Anerkennung, die Marguerite zeitlebens in der wissenschaftlichen Community genießt, bekommt sie keine wichtigen Preise oder Auszeichnungen und nimmt es höchst uneitel zur Kenntnis, dass Dulbecco sehr wohl höchste Auszeichnungen einheimst, einschließlich des Nobelpreises. Wie ihre Mutter wird sie also ein typisches Beispiel für den „Matilda-Effekt".

„Marguerite Vogt liebte ihre Arbeit, die sie bis ins hohe Alter hinein fortführte, fürchtete aber ‚berühmt zu werden', da das mit ihrer Arbeit kollidieren könnte." So charakterisiert der Krebsforscher Georg Klein vom Karolinska-Institut in Stockholm Marguerite auf einem wissenschaftlichen Symposium des Max-Delbrück-Centrums für Molekulare Medizin Berlin-Buch, das 2013 zu ihren Ehren ausgerichtet wurde. „Sie verfügte über großes technisches Können, sehr große Beobachtungsgabe, absolute Hingabe an ihre Arbeit und ein totales Desinteresse an Anerkennung, Erfolg, Aufstieg oder anderen Arten von Bestätigung." Sie habe großen Einfluss auf die Entwicklung vieler junger Wissenschaftler gehabt.

Ab dem Ende der 1950er-Jahre, inzwischen ist Marguerite amerikanische Staatsbürgerin geworden, widmet sich die Virenspezialistin zunehmend Tumorviren. Der Krebsforschung kann sie ab 1973 als Professorin am SALK Institute for Biological Studies im kalifornischen La Jolla noch intensiver nachgehen. Das SALK ist zu diesem Zeitpunkt ein neuartiges privates Forschungsinstitut – ein Konzept, das Marguerite von den Instituten ihrer Eltern kennt. Weit über ihre

Emeritierung hinaus ist Marguerite weiterhin jeden Tag am Institut anzutreffen und publiziert auch weiter. Ihre letzte Arbeit erscheint 1998, Marguerite ist bereits 85 Jahre alt.
Nicht nur mit ihrer wissenschaftlichen Arbeit bleibt Marguerite in der Familientradition, sie ist auch, so wie ihre Mutter, eine politisch interessierte und engagierte Frau. So protestiert Marguerite laut New York Times gegen den Vietnamkrieg und unterstützt eine Reihe von demokratischen Präsidentschaftskandidaten. Was sie neben ihrer wissenschaftlichen Arbeit begeistert, ist die Musik: Sie spielt hervorragend Klavier und lernt weitere Instrumente, liebt Hausmusik, oft gemeinsam mit den Dulbeccos oder Delbrücks, Konzerte und Schallplatten. In ihren zahlreichen Briefen an die Familie, an Freundinnen und Freunde schreibt sie über Musik ebenso begeistert wie über ihre Zellkulturen.

Marguerite Vogt ist auch im hohen Alter im Labor aktiv

Am 6. Juli 2007 stirbt Marguerite 94-jährig in La Jolla als letztes Mitglied der Vogt-Familie, vier Jahre nach ihrer älteren Schwester Marthe.

Nach Europa und besonders nach Deutschland ist Marguerite nur mehr selten zurückgekehrt. Einige ihrer damals gemachten Erfahrungen sind wohl für sie zutiefst schockierend gewesen: „Während die Jahre im Haus meiner Eltern sehr lohnend und inspirierend waren, gab es auch viele schmerzhafte Erinnerungen aus der Nazi-Zeit in Berlin und Neustadt", schreibt Marguerite im Vorwort zur Biografie ihrer Eltern, die der litauisch-amerikanische Neurowissenschaftler Igor Klatzo 2002 veröffentlich hat. „Die Herrschaft der Nazis und die Jahre unmittelbar nach dem Krieg waren eine traumatische Zeit in meinem Leben, eine Zeit, die ich, so gut ich nur konnte, aus meinem Gedächtnis getilgt habe."

AUF DEM HÖHEPUNKT DES ERFOLGS: DAS NEUE HIRNFORSCHUNGSINSTITUT IN BERLIN-BUCH

Am 6. November 1928 haben Cécile und Oskar hohen Besuch in der Magdeburger Straße, ein Repräsentant der Rockefeller Foundation will sich ein Bild von der international renommierten Forschungseinrichtung machen. „Wir besuchten das Vogtsche Institut, das aus drei Stockwerken in einem billigen Wohnhaus besteht", heißt es in dem Bericht an die Zentrale der Stiftung. „Eine überraschende Darbietung. Seit 17 Jahren arbeiten die Vogts hier mit schlechter Ausstattung und auf engem Raum, aber mit einer Vollständigkeit und Beharrlichkeit, die bewundernswert und beeindruckend sind."

Das Ergebnis des Lokalaugenscheins bestätigt, was Cécile und Oskar schon seit Jahren reklamieren: dass dringend eine Lösung für die beengte räumliche Situation des Neuro-Biologischen Instituts und des Kaiser-Wilhelm-Instituts für Hirnforschung in Berlin-Tiergarten gefunden und dass der Plan eines Neubaus dringend umgesetzt werden muss. Ein solcher ist zwar grundsätzlich seit Gründung des Kaiser-Wilhelm-Instituts geplant, wird aber zunächst kriegsbedingt zurückgestellt. Nach Ende des Ersten Weltkrieges und zu Beginn der 1920er-Jahre sieht es für das Projekt weiterhin alles andere als gut aus. Die finanzielle Situation der öffentlichen Hand und der Kaiser-Wilhelm-Gesellschaft ist angesichts von Hyperinflation, Reparationen und Konjunktureinbrüchen mehr als angespannt, der dringliche Neubau wird immer wieder verschoben.

Der Präsident, heißt es im Senatsprotokoll der Kaiser-Wilhelm-Gesellschaft vom 7. Dezember 1925, habe mitgeteilt, „dass die vom Reich erbetenen Baumittel nicht bewilligt worden seien, sodass der Bau leider habe aufgeschoben werden müssen". Dem waren Bemühungen vorangegangen, im Reichstag entsprechende Anträge und Beschlüsse herbeizuführen. Verhandelt wird auch mit Preußen und der Stadt Berlin, um entsprechende Mittel zu akquirieren.

Kampf um Standort und Budget

Oskar und Cécile müssen einmal mehr alle Register ziehen und ihre Kontakte nutzen, um dieses große Anliegen voranzubringen. Sie können auf bewährte Unterstützung zählen: Gustav Krupp von Bohlen und Halbach meldet sich im Juli 1926 bei Cécile und berichtet, er habe ausführlich mit dem Generalsekretär der Kaiser-Wilhelm-Gesellschaft Friedrich Glum sprechen und viele Dinge klären können. Nach Oskars Rückkehr aus Moskau würde man die nötigen Entscheidungen gemeinsam beschleunigen können.

Wobei als Lösung nicht nur ein Neubau in Berlin zur Debatte steht, sondern auch die Übersiedelung des Hirnforschungsinstituts nach Breslau. Dort ist zwar Otfrid Foerster Ordinarius für Neurologie, mit dem Cécile und Oskar eng und freundschaftlich kooperieren, aber eine mögliche Verlegung aus der Hauptstadt an die Peripherie erleben sie als Abwertung und wenig verlockend. Betrieben wird dieses Konzept hingegen von Adolf von Harnack, dem Präsidenten der Kaiser-Wilhelm-Gesellschaft, und seinem Generalsekretär Friedrich Glum. „Der Reichstag hat neuerdings die Mittel für den Grenzlandfonds von 15 auf 25 Millionen Mark erhöht“, schreibt Glum an Gustav Krupp von Bohlen und Halbach, und er wisse aus zuverlässigen Quellen, dass für den Standort Breslau die erforderlichen Mittel zur Verfügung gestellt würden. Außerdem wäre, so ein weiteres Argument der Spitzen der Kaiser-Wilhelm-Gesellschaft, dort die Kooperation mit einer Klinik viel einfacher zu bewerkstelligen als in Berlin, wo die Leiter der psychiatrischen und neurologischen Abteilungen Cécile und Oskar nach wie vor reserviert gegenüberstehen. Glum wirft den Vogts zudem unrealistische Einschätzungen in Bezug auf die Unterstützung des Projekts durch den Reichstag vor und auch mangelndes Lobbying bei den sozialdemokratischen Fraktionen in Reichs- und Landtag.

Doch gerade diese Kontakte haben Cécile und Oskar mobilisiert. Im Preußischen Landtag stellt die SPD-Abgeordnete Hildegard Wegscheider in der Sitzung vom 19. März 1927 einen Antrag, neue Räumlichkeiten für das Kaiser-Wilhelm-Institut für Hirnforschung sicherzustellen, den auch die Zentrumsfraktion unterstützt. Auch jenseits sozialdemokratischer Kreise nützt das Forscherpaar jede nur erdenkliche Möglichkeit, für sein Institut, dessen Ausbau und finanzielle Absicherung zu werben. „Zu Zeiten, in welchen es uns Deutschen noch gut ging, hat Verständnislosigkeit gegenüber den Forschungen unseres Instituts diese Ausgestaltung desselben verhindert", sagt Oskar einigermaßen resigniert in seiner Dankesrede bei der Verleihung der Erbdenkmünze der Gesellschaft deutscher Nervenärzte im September 1926. „Dann kamen Jahre, in welchen C. Vogt und ich nicht einmal wußten, ob wir unsere eigenen Arbeiten weiter fortsetzen könnten, wo eine Schließung des Instituts jeden Monat drohte. Meine persönliche Lebensarbeit ist jetzt aller Wahrscheinlichkeit nicht mehr gefährdet; noch ist aber das Institut nicht so fundiert, daß es als eine Art Majorat meiner geistigen Erben gesichert ist."

In Sachen Neubau bewegt sich weiterhin nichts. Oskar schreibt im Januar 1927 an Gustav Krupp von Bohlen und Halbach und beklagt die verfahrene Situation. Für das neue Institut fehle das Geld, die Finanzierung des laufenden Betriebs sei völlig unzureichend und es seien dringend deutlich bessere Arbeits- und finanzielle Bedingungen für wissenschaftliche und technische Mitarbeiterinnen und Mitarbeiter erforderlich. Das Schreiben sei „der Notschrei eines Gelehrten von Weltruf, der seine und seiner Frau Lebensarbeit, wie die ganze Zukunft seines Instituts gefährdet sehen muss", kommentiert Gustav Krupp den Brief gegenüber der Kaiser-Wilhelm-Gesellschaft. Viel der in dieser Phase erforderlichen Lobbying-Arbeit muss Cécile übernehmen, schließlich hat Oskar gerade in der kritischen Zeit der Verhandlungen auch in Moskau jede Menge zu tun. Am 14. November 1927 notiert Cécile die Details eines Telefonats, das sie mit dem Generalsekretär der Kaiser-Wilhelm-Gesellschaft Friedrich Glum geführt hat. Preußen habe, so hat Glum ihr berichtet, trotz der Interventionen durch Adolf von Harnack und Gustav Krupp von Bohlen und Halbach nicht Wort gehalten und den versprochenen Beitrag zum Neubau nicht ausreichend budgetiert. Jetzt müsse man versuchen, im Zuge der Budgetberatungen im Preußischen Landtag noch Einfluss zu nehmen, die Vogts sollen sich diesbezüglich möglichst bald an die sozialdemokratischen Abgeordneten wenden. Dennoch gebe es insgesamt große Fortschritte. Das Deutsche Reich werde 500.000 Reichsmark einsetzen, die Kaiser-Wilhelm-Gesellschaft 400.000 und sämtliche Wünsche Oskars würden berücksichtigt, erklärt Glum Cécile.

Da die Kaiser-Wilhelm-Gesellschaft – wegen eines generellen Baustopps in Berlin-Dahlem – den ursprünglichen Plan verwirft, für das Institut für Hirnforschung wie für andere Institute in Berlin-Dahlem einen Neubau zu errichten, dies sehr zum Missfallen der Vogts, stehen jetzt zwei Alternativen zur Debatte: eine Unterbringung in Räumlichkeiten des Berliner Schlosses, des Sitzes der Kaiser-Wilhelm-Gesellschaft, was aber das Platzproblem nicht wirklich lösen würde und deshalb von Cécile und Oskar abgelehnt wird; oder ein Neubau in einem anderen Stadtteil, realistischerweise am Stadtrand. Im Januar 1929 wird das Hirnforschungsinstitut von der Kaiser-Wilhelm-Gesellschaft beauftragt, einen detaillierten Antrag für die Rockefeller Foundation auszuarbeiten, der die bisherigen wissenschaftlichen Leistungen, die Platznot und die wichtigsten Gründe für einen Neubau zusammenfassen soll. Angestrebt wird, von der Rockefeller Foundation sowohl einen Baukostenzuschuss als auch eine Unterstützung des laufenden Betriebs einzuwerben. Tatsächlich gewährt die Stiftung für den Neubau einen Zuschuss von 317.000 Dollar, das entspricht 1,3 Millionen Reichsmark, und stellt somit den größten Teil des erforderlichen Budgets. Die Rockefeller Foundation hat sich nach dem Ersten Weltkrieg insgesamt am Wiederaufbau der Kaiser-Wilhelm-Gesellschaft stark beteiligt und legt einen Förderschwerpunkt im Bereich der Hirnforschung. Am Ende der Diskussionen und eines zielführenden Lobbyings steht also ein Erfolg für Cécile und Oskar: Die Familie Krupp, die Weimarer Republik, die Stadt Berlin, die Kaiser-Wilhelm-Gesellschaft und die Rockefeller Foundation sind zur gemeinsamen finanziellen Unterstützung eines Neubaus bereit.

Allerdings erweist sich auch dieser Erfolg nur als Etappensieg. Während die Mittel für den Neubau des Hirnforschungsinstituts endlich gesichert sind, sieht es mit dem Budget für den Dauerbetrieb weniger gut aus. Noch vor Baubeginn setzen Cécile und Oskar im Juni unter dem Eindruck, dass sie ihre Vorstellungen mangels ausreichender Ressourcen auch im Neubau nicht werden umsetzen können, einen drastischen Schritt und gehen auf Konfrontationskurs mit der Kaiser-Wilhelm-Gesellschaft, um ihren Forderungen mehr Nachdruck zu verleihen. Sie kündigen an, aus der Gesellschaft austreten und sich ganz auf das Neuro-Biologische Institut konzentrieren zu wollen. „C. und O. Vogt sehen es als ihre Hauptpflicht, diejenigen wissenschaftlichen Arbeiten, die seit beinahe 30 Jahren vom Preußischen Kultusministerium finanziert worden sind, zum Abschluss zu bringen", schreiben sie am 1. Juni 1929 in einem Aktenvermerk. „Diese Pflicht erscheint ihnen umso größer, als sie bisher in Deutschland niemanden erblicken, der in der Lage wäre, den nicht von ihnen erreichten Abschluss zu vollenden. Dieser Abschluss erfordert für eine Reihe von Jahren ihre volle Kraft." Eine Alternative wäre es, schreiben Cécile und Oskar, das Institut so zu erweitern, dass durch zusätzliche Mitarbeiterinnen und Mitarbeiter „der Zeitverlust, den C. und O. Vogt durch ihre organisatorische Arbeit haben, eine vollwertige Kompensation erführe".

Davon könne aber im Rahmen der Kaiser-Wilhelm-Gesellschaft keine Rede sein. „C. und O. Vogt sind daher der Ansicht, die Verpflichtungen, die sie durch Umwandlung ihres Privatinstituts in das Neuro-Biologische Institut übernommen haben, am besten erfüllen zu können, wenn sie aus dem Kaiser-Wilhelm-Institut

für Hirnforschung ausscheiden." Sie machen auch konkrete Vorschläge, wie dies organisatorisch und budgetär zu bewerkstelligen ist.
Tatsächlich scheidet das Forscherpaar schließlich nicht aus dem Institut aus, sondern widmet sich im Gegenteil mit voller Kraft der Gestaltung des neuen Standorts. Zur Umstimmung werden verschiedene Dinge beigetragen haben, neben expliziten Zusagen durch die Kaiser-Wilhelm-Gesellschaft nicht zuletzt das Einwirken der Familie Krupp. „Für Ihren Brief an Herrn Vogt bin ich ganz besonders dankbar, dass Sie ihn darauf hingewiesen haben, dass sein Rücktritt auch für Sie eine schwere Enttäuschung bedeuten würde", schreibt der in der Generalverwaltung der Kaiser-Wilhelm-Gesellschaft für das Hirnforschungsinstitut zuständige Sachbearbeiter Dr. Morsbach im September 1930 an Gustav Krupp von Bohlen und Halbach. „Prof. Vogt wird gerade diesen Einwand besonders ernst erwägen." Er wird ernst erwogen – und die Vogts entschließen sich, weiterzumachen und ihren großen Traum umzusetzen. „Wir haben einen großen Umzug vor uns", schreibt Cécile im August 1929 aus der Schweiz an Oskar. „Für mich ist der Umzug des Instituts der Umzug unseres Lebens!"

Neubau statt Friedhof

Dass es mit städtischen Großbaustellen nicht immer so klappt wie geplant, das ist in Berlin nicht erst seit dem Langzeit-Projekt des Flughafens Berlin-Brandenburg weithin bekannt. Eine Baupanne, die in den 1920er-Jahren Medien und Öffentlichkeit empörte, ist das Großfriedhofsprojekt Berlin-Karow, das sprichwörtlich ins Wasser fällt. Das Torhaus, ein Verwaltungsgebäude und eine Friedhofskapelle nach Plänen von Ludwig Hoffmann sind bereits fertiggestellt, die Parkanlage Großteils bepflanzt, als klar wird, dass eine entscheidende Frage im Vorfeld nicht ausreichend geprüft worden ist: Der Grundwasserspiegel ist für den geplanten Zweck viel zu hoch, „Seemannsfriedhof" lästerte man daher über das missglückte Projekt.

Pech für die Friedhofsverwaltung, Glück für das Kaiser-Wilhelm-Institut für Hirnforschung: Denn nun steht für den Institutsneubau ein großzügiges Gelände in Berlin-Buch – wie Karow ein Ortsteil des Berliner Bezirks Pankow – zur Verfügung, für das die Stadt schwerlich eine andere Verwendung finden kann. Zudem hat sich der Berliner Stadtmedizinalrat Wilhelm von Drigalski für diesen Standort stark gemacht, weil er eine enge Zusammenarbeit mit den in Buch angesiedelten psychiatrischen Kliniken für sinnvoll hält. Vor allem Oskar ist zunächst vom Standort Berlin-Buch wenig begeistert. Er scheint ihm viel zu weit vom Zentrum und von den anderen Kaiser-Wilhelm-Instituten in Dahlem entfernt.

Trotz dieser anfänglich sehr verhaltenen Begeisterung stellt sich die Standortwahl schließlich als regelrechter Glücksfall für Cécile und Oskar heraus. Hier bestehen alle Möglichkeiten, einen innovativen Campus im modernen Sinne zu errichten. 1928 können die Bauarbeiten für das neue Hirnforschungszentrum beginnen, nachdem die Kaiser-Wilhelm-Gesellschaft das Gelände am Lindenberger Weg erworben hat. 1930 wird der Neubau in Betrieb genommen, am 2. Juni 1931 offiziell eröffnet, unter anderem im Beisein des Präsidenten der Kaiser-Wilhelm-Gesellschaft Max Planck.

Der heutige Stadtteil Berlin-Buch im Nordosten der Stadt war ursprünglich ein kleines Dorf vor den Toren der Hauptstadt, mit Schloss, Park und großen Agrarflächen. 1898 kaufte die Stadt Berlin die Areale auf. Der Architekt und Berliner Stadtbaurat Ludwig Hoffmann wurde beauftragt, in Buch einen großen Krankenhaus-Standort zu entwickeln. Eine Klinik für Lungenerkrankungen und eine für psychiatrische Patientinnen und Patienten – als „III. Irrenanstalt" errichtet – machten den Anfang. In den 1920er-Jahren bestand in Buch bereits eine regelreche Spitalsstadt mit 5000 Betten, wie die Senatsverwaltung für Stadtentwicklung in einer Broschüre über Berlin-Buch berichtet. Mit dem Kaiser-Wilhelm-Institut für Hirnforschung kommt nun auch eine wissenschaftliche Einrichtung hinzu.

Der Gebäudekomplex des neuen Hirnforschungsinstituts wird – mit Ausnahme der Forschungsklinik – vom Münchner Architekten Carl Sattler geplant und umgesetzt. Mittelpunkt des weitläufigen Projekts ist ein sechsstöckiges Institutsgebäude mit einem Hörsaal, einem genetischen „Vivarium" mit zwei Gewächshäusern und einem eigenen Bereich für Versuchstiere. Über dem Eingang des Institutsgebäudes wacht eine vom Künstler Carl Ebbinghaus geschaffene Minerva, römische Göttin für Wissenschaft und Kunst und Emblem der Kaiser-Wilhelm-Gesellschaft. Sie steht für Weisheit, Tapferkeit und Ausdauer. Gerade von Letzterer haben Cécile und Oskar mehr als genug bewiesen, bis sie hier ihren Lebenstraum verwirklichen können. Unweit des Hauptgebäudes entstehen zwei Wohnhäuser – eines für die Mitarbeiterinnen und Mitarbeiter und später ein Direktorenwohnhaus, da sich das tägliche Pendeln zwischen Tiergartenviertel und Buch für die Vogts als unpraktisch erweist. Dem wissenschaftlichen und technischen Personal eine Wohnmöglichkeit anzubieten, ist sinnvoll: Es sollte attraktiv und mit keinen langen Anfahrtszeiten verbunden sein, am Institut zu arbeiten.
Direkt mit dem Hörsaal durch einen Gang verbunden ist die vom polnischen Architekten Jakub Lewicki geplante Forschungsklinik mit 60 Betten. Das neue Forschungsinstitut ist im Vergleich zu den beengten Verhältnissen in der Magdeburger Straße geradezu luxuriös ausgestattet, auch wenn die budgetären Zusagen, die es ursprünglich gegeben hat, bei Weitem nicht eingehalten werden.
Am Hauptgebäude, das im Wesentlichen noch in der ursprünglichen Form erhalten ist, erinnern heute Gedenktafeln an Cécile und Oskar Vogt und an den amerikanischen Genetiker und Nobelpreisträger Hermann Joseph Muller, der 1932 und 1933 als Gastforscher im Team der Vogts arbeitete.

Ein Besuch am Campus Berlin-Buch

Wer heute mit der S-Bahn nach Berlin-Buch fährt, kann ab dem S-Bahnhof den Bus 353 zum Campus nehmen. Zwischen dem ehemaligen Mitarbeiterwohnhaus, heute Standort für die Campus-eigene Kindertagesstätte und Sitz einiger Verwaltungseinheiten, und dem ehemaligen Direktionswohnhaus der Vogts liegt die Haltestelle. Im großen Institutsgebäude, das 1992 nach Cécile und Oskar Vogt benannt wurde, ist in einem kleinen Anbau im Erdgeschoss das

Ehemaliges Direktorenwohnhaus in Berlin-Buch, heute als Gästehaus des Campus genutzt

Museum zur Wissenschaftsgeschichte auf dem biomedizinischen Campus Buch untergebracht. Ursprünglich befand es sich im zweiten Stock, im ehemaligen Arbeitszimmer des russischen Genetikers Nikolai Timoféeff-Ressovsky, bevor es der wachsenden Mitarbeiterzahl eines aufstrebenden Biotech-Unternehmens Platz machte. Das Cécile-und-Oskar-Vogt-Haus beherbergt heute Biotech- und Pharma-Start-up-Unternehmen.

Im Museum gibt unter anderem ein histologischer Arbeitsplatz Einblick in die Arbeitsweise von Cécile: Paraffinschränke, die der Einbettung von Proben in Paraffinblöcke zum Konservieren dienten, oder Mikrotomen, mit denen man hauchdünne Schnitte solcher in Paraffin eingebetteter Proben von Gehirnmaterial herstellte.

Abgesehen vom Namen des Gebäudes sind die beiden Vogts hier vielfach präsent: So stehen vor dem Institutsbau zwei Bronzebüsten von Cécile und Oskar und links neben dem Eingang ist eine lang gestreckte Bronzetafel angebracht.

„Der Zentralbau lag unweit des Eingangstors unweit des riesigen, wunderschönen Freigeländes des Instituts, das mit endlosen Rasenflächen, unzähligen Bäumen und Beeten voller Aprilblumen wie Tulpen, Narzissen und Veilchen einem königlichen Park glich."

So beschreibt Elly Welt in ihrem 1987 auf Deutsch erschienenen Roman *Berliner Labyrinth* – im Original *Berlin Wild* – die prachtvolle Parkanlage in Buch. Der Roman beschreibt die genetische Abteilung des Hirnforschungsinstituts zwischen 1943 und 1945 unter Nicolai Timoféeff-Ressovsky, die Arbeit des Teams und das gefährliche Bemühen, im Institutsgebäude jüdische Ex-Studenten zu verstecken. Zum Teil geht die beeindruckende Bepflanzung, die Elly Welt detailliert beschreibt und die zu einem guten Teil auch heute besteht, zurück auf Pläne des Berliner Gartenbaudirektors Albert Brodersen, der sie für den ursprünglich geplanten Friedhof vorgesehen hatte. Ein Teil der Gestaltung wurde aber auch von den Vogts veranlasst.

Ziel erreicht: Das modernste Hirnforschungszentrum der Welt

„Wir teilen Ihnen höflichst mit, dass wir unseren Betrieb mit dem heutigen Tage in das neue Institut verlegt haben. Unsere Adresse lautet: Kaiser-Wilhelm-Institut für Hirnforschung, Berlin-Buch, Lindenberger Weg."

Was hier am 24. Februar 1930 mit einigen lapidaren Zeilen angezeigt wird, ist nicht mehr und nicht weniger als die Inbetriebnahme des weltweit größten und modernsten Hirnforschungsinstituts seiner Zeit. Die Fertigstellung der angeschlossenen Klinik wird etwas später folgen. „Der Eindruck, den dieser Wunderbau des sezierten Intellekts bei seinen Besuchern hinterließ, war geradezu überwältigend", schreibt der Autor Arthur Koestler in der *Vossischen Zeitung* nach einer Besichtigung der Neubauten in Buch, die vor der Eröffnung speziell „für die Herren Vertreter der Presse" organisiert wurde, wie es in der offiziellen Einladung heißt.

Mit diesem „Wunderbau" haben Cécile und Oskar ein lang verfolgtes Ziel erreicht. Das Neuro-Biologische Institut, das all die Jahre parallel zum Kaiser-Wilhelm-Institut weiterbestanden hatte, geht nun, da die Eröffnung des neuen Standorts unmittelbar bevorsteht, mit 1. April 1931 „vollständig in das Kaiser-Wilhelm-Institut auf".

Die feierliche offizielle Einweihung der imposanten Neubauten am 2. Juni 1931 durch Max Planck, den Präsidenten der Kaiser-Wilhelm-Gesellschaft, wird akribisch geplant. „Dunkler Anzug, kein hoher Hut" ist der Dresscode, den die elegante Einladungskarte den Herren vorgibt, Damen sind wohl, wenn überhaupt, nur als Begleitung vorgesehen. 180 Namen stehen auf der illustren Gästeliste, die Minister, hohe Beamte und Ordinarien aus ganz Deutschland, Wissenschaftler aus mehreren europäischen Ländern, Botschafter und Abgeordnete, Verleger und Vertreter neurologischer Fachgesellschaften aus aller Welt einschließlich Kooperationspartnern aus der Sowjetunion umfasst. Die Eröffnungsreden halten der Präsident

Oskar Vogt, der Präsident der Kaiser-Wilhelm-Gesellschaft, Max Planck, Cécile Vogt und Mitarbeiter des Kaiser-Wilhelm-Instituts für Hirnforschung in dessen Hörsaal in Berlin-Buch

der Kaiser-Wilhelm-Gesellschaft Max Planck, der Kuratoriumsvorsitzende des Instituts Gustav Krupp von Bohlen und Halbach, Ministerialrat Donnevert für das Reichsministerium für Inneres, Wilhelm von Drigalski für die Stadt Berlin und Oskar, danach werden die Ehrengäste in Gruppen durch das neue Institut geführt: Cécile übernimmt die Betreuung einer der Prominenten-Gruppen.

Anfang November 1931 ziehen Oskar und Cécile in das geräumige und komfortable Direktorenwohnhaus ein. „Im Erdgeschoss war Platz für eine Garage und hier konnten wohl der Chauffeur und andere Bedienstete wohnen, im ersten Stock waren Arbeitszimmer und eine große Bibliothek und im zweiten Stock befanden sich die Schlafzimmer von Cécile, Oskar und ihren Töchtern", erzählt Helmut Kettenmann. Der Neurobiologe kennt das Haus gut: Schließlich haben er und andere Wissenschaftler, die 1992 mit dem Gründungsdirektor Detlev Ganten auf den neuen Campus Buch kamen, in der ersten Phase hier im ehemaligen Direktorenhaus gewohnt.

Moderne Konzepte, interdisziplinäre Praxis

Die Organisationsstruktur, die das Kaiser-Wilhelm-Institut für Hirnforschung 1931 hat, spiegelt die interdisziplinäre Vision seiner Gründung wider. Die Abteilung für Neuroanatomie und Architektonik unter der Leitung von Cécile und Oskar soll, wie es in einem ihrer Artikel heißt, „dem Berliner Hirnforschungs-Institut seinen Charakter geben". Dazu kommen die Abteilung für Neurohistologie und -pathologie, die psychologische Abteilung, die Abteilung für Neurophysiologie und morphologische Technik, die Abteilung für menschliche Konstitutionsforschung mit Röntgenlaboratorium, die experimentell-physiologische Abteilung, die Abteilung für Chemie und experimentelle Pharmakologie, die Abteilung für experimentelle Genetik, die physikalisch-technische Abteilung, die Abteilung für Phonometrie, eine Reproduktionsabteilung für Fotos und Abbildungen und schließlich die Forschungsklinik für ausgewählte Patientinnen und Patienten.
Diese interdisziplinäre Struktur ist richtungsweisend, auch aus der Perspektive der modernen Neurowissenschaften. An diesem Vorbild orientierten sich später wichtige Einrichtungen wie das 1950 gegründete neurowissenschaftliche Forschungsinstitut in Bethesda im US-Bundestaat Maryland. „Die Vogts waren in vielerlei Hinsicht sehr innovativ", sagt mir die Wirtschaftshistorikerin Annette Vogt im Interview. „Dazu gehören auch Forschungsschwerpunkte wie Genetik und Humangenetik, die sie am Institut einrichteten." Cécile und Oskar hätten schon sehr früh verstanden, schreibt der kanadische Neurowissenschaftler Jerzy Olszewski aus Anlass von

Céciles 75. und Oskars 80. Geburtstag, „dass Hirnforschung einer Vielfalt von Methoden bedarf; sie sahen ganz richtig voraus, dass die Vielzahl von Problemen, denen sie begegnen würden, ein Team von Spezialisten aus unterschiedlichen Bereichen der Biologie und Medizin erfordern würde."

Wobei ein Kernstück immer die Hirnanatomie bleibt, wie Cécile in ihrer 1933 veröffentlichen Arbeit „Warum stellen wir die Hirnanatomie in den Mittelpunkt unserer Forschung?" zusammenfasst. Sie führt aus, warum ihr hirnarchitektonische Forschung effektiver erscheint als die Psychologie: Weder das Konzept der Persönlichkeitstypen noch jenes der Charakterologie noch die sogenannte Psychotechnik hätten es geschafft, zu einer wirklichen Analyse der gesamten Persönlichkeit zu kommen. Daher sei es wichtig gewesen, andere Wege der Erkenntnis zu beschreiten – ausgehend von der Kernthese, dass „eine gesetzmäßige Beziehung zwischen seelischen und Hirnprozessen" besteht und dass es eine „stetige Abhängigkeit des Seelenlebens von Vererbung und rein materiellen Einwirkungen" gibt. Während funktionelle Gehirnprozesse, wie Cécile in dem Artikel bedauert, „heute noch nicht sichtbar zu machen sind", könne „speziell die Hirnanatomie eine Erkenntnisquelle für kausale Einheiten der psychischen Persönlichkeit werden". All dies vorausgesetzt, betont Cécile, zeige „die hirnanatomische Analyse gegenüber der psychologischen so mannigfachige Vorzüge, daß sie nach Kräften ausgenutzt werden muss, obgleich wir – wie ausdrücklich betont werden soll – erst ganz am Anfang der Erkenntnis der Beziehung zwischen individuellen psychologischen Besonderheiten und persönlichen Hirngestaltungen stehen".

Interdisziplinarität und Interprofessionalität sind für die Vogts immer zentrale Elemente des Arbeitens, aber auch die Organisation in „Arbeitsgemeinschaften", die nach Ansicht von Cécile und Oskar weit mehr leisten können als einzelne Forscher. Wobei diese Arbeitsgemeinschaften im Vogtschen Verständnis neben den Forscherinnen und Forschern auch die wissenschaftlichen Hilfskräfte mit einschließen. Das innovative Institut ruft weit über die Grenzen

Deutschlands hinaus Aufmerksamkeit hervor. Aus aller Welt melden sich Wissenschaftler an, um das Institut besichtigen oder als Gastforscher dort arbeiten zu können – aus Holland und England, aus Spanien und Portugal, aus Japan und Italien.

„Zum wichtigsten Vermächtnis gehört die große Vision von Cécile und Oskar Vogt, nämlich Hirnforschung ganz breit zu denken", sagte mir Helmut Kettenmann. „Dazu haben sie hervorragende Forscherinnen und Forscher in die Magdeburger Straße und nach Berlin-Buch geholt und gefördert." Ein Beispiel dafür sind die bahnbrechenden genetischen Arbeiten von Nikolai Timoféeff-Ressovsky über strahleninduzierte Mutationen. Cécile und Oskar haben ihn und seine Frau Elena, die ebenfalls in Buch arbeitet, in Moskau kennengelernt. Gemeinsam mit dem späteren Nobelpreisträger Max Delbrück und Karl Günter Zimmer publiziert Timoféeff-Ressovsky 1935 „Über die Natur der Genmutation und der Genstruktur". Andere Beispiele sind die Arbeiten von Jan Friedrich Tönnies, der am Bucher Institut den ersten funktionierenden Elektroenzephalografen entwickelt, den „Tönniesschen Neurographen", und von Alois Kornmüller, der mithilfe dieses neuen Geräts zeigen konnte, dass von den verschiedenen Feldern der Großhirnrinde jeweils spezifische und unterscheidbare Hirnströme ausgehen. Grundlagen für diese Arbeiten wurden vom Jenaer Psychiater Hans Berger geschaffen, wie Oskar früher Assistent von Otto Binswanger.

Neben dem großen fixen Team, das in Buch nun unter viel besseren Bedingungen tätig sein kann, umgeben sich Cécile und Oskar in Berlin-Buch gern mit interessanten Gastforscherinnen und -forschern aus aller Welt. 1932 und 1933 kommt beispielsweise der amerikanische Genetiker Hermann Joseph Muller als Guggenheim Fellow nach Berlin-Buch an das Institut und arbeitet dort vor allem mit Elena und Nikolai Timoféeff-Ressovsky zusammen. 1946 wird er für seine bahnbrechenden Arbeiten zur Genetik den Nobelpreis bekommen. Er konnte zeigen, dass sich an Taufliegen durch Bestrahlung Genmutationen herbeiführen lassen.

Viele Forschungsanträge des Instituts an die Notgemeinschaft der Deutschen Wissenschaft, die Vorläuferin der Deutschen Forschungsgemeinschaft, aus den frühen 1930er-Jahren beziehen sich auf gehirnarchitektonische und hirnphysiologische Untersuchungen und Untersuchungen zur Lokalisationslehre des Gehirns. Dazu kommen Themen wie „kriminalpsychologische Untersuchungen, insbesondere Untersuchungen von Gehirnen Krimineller", Untersuchungen auf dem Gebiet der „vergleichenden Völkerpathologie" oder „Untersuchungen zur pathologisch-anatomischen Erfassung des Schwachsinns". Nicht fehlen dürfen Untersuchungen über die Fleckzeichnungen, Körpergröße oder Mutationen unterschiedlicher Fliegen- und Hummelarten. Insgesamt sind im historischen Archiv der Deutschen Forschungsgemeinschaft mehr als 100 Forschungsanträge aus allen Abteilungen verzeichnet, die zeigen, wie aktiv und vielfältig die Arbeit im Kaiser-Wilhelm-Institut für Hirnforschung war.

1932 stehen Cécile und Oskar am Höhepunkt ihrer Bemühungen und Leistungen: Das große Institut mit seinem hochqualifizierten Team hat im Neubau seine Arbeit aufgenommen und diese findet große Anerkennung: Nicht zuletzt lässt sich das daran ermessen, dass Cécile und Oskar in diesem Jahr in die Akademie der Naturforscher Leopoldina in Halle/Saale, die heutige Nationale Akademie der Wissenschaften, aufgenommen werden – eine der höchsten Auszeichnungen, die die wissenschaftliche Community in Deutschland zu vergeben hat, und zu diesem Zeitpunkt noch eine ganz besondere Auszeichnung für eine Frau.

Ein guter Platz für Frauen: Forscherinnen in Buch und in der Kaiser-Wilhelm-Gesellschaft

Nicht nur Interdisziplinarität, Interprofessionalität und das Teamkonzept sind modern anmutende Prinzipien der Arbeitsorganisation, die das Kaiser-Wilhelm-Institut für Hirnforschung damals von anderen Forschungseinrichtungen unterscheiden, besonders von den Universitäten. Eine weitere Besonderheit fällt auf: Viele Frauen stehen auf der Gehaltsliste des Instituts, das nach dem

Ersten Weltkrieg einer Reihe von Wissenschaftlerinnen die Möglichkeit bietet, unter attraktiven Bedingungen zu forschen. Es wird eine Kombination verschiedener Faktoren sein, die dazu beiträgt: das positive Role Model von Cécile, die gezielte Förderung und Unterstützung von Frauen und die Überzeugung Oskars als Institutsleiter, der immer wieder die Bedeutung der Berufstätigkeit von Frauen betont hat.

Mit Cécile selbst, ihrer Tochter Marthe, der Psychologin Irmgard Leux und Gertrud Soeken als Leiterin der Forschungsklinik hat das Institut vier Abteilungsleiterinnen. Eine bemerkenswerte Position für Frauen zu dieser Zeit, denn eine Abteilungsleitung an einem Kaiser-Wilhelm-Institut entspricht mindestens dem Status einer außerordentlichen Universitätsprofessur mit eigenem Budget, wie die Wissenschaftshistorikerin Annette Vogt betont. Zu den wissenschaftlichen Mitarbeiterinnen ohne Leitungsfunktion gehören nicht nur die jüngste Tochter Céciles, Marguerite, sondern auch die Medizinerin Stella Rose, die unter anderem über die Vermessung architektonischer Rindenfelder bei Menschen und Tieren arbeitet, sowie die Genetikerinnen Elena Timoféeff-Ressovsky, Estera Tenenbaum und Rosa Schragenheim. Elena Timoféeff-Ressovsky und Stella Rose arbeiten am Kaiser-Wilhelm-Institut gemeinsam mit ihren Ehemännern. Estera Tenenbaum, die mit Marthe studiert hat, arbeitet an der Abteilung von Nikolai Timoféeff-Ressovsky an Untersuchungen mit Marienkäfern. Um eine neue Mikroskopiermethode kennenzulernen, geht sie für einen Studienaufenthalt zur Biologin und Physiologin Lina Stern nach Moskau, die Cécile und Oskar gut kennen. Ein Umstand, der später unter den zahlreichen Vorwürfen, die von Nationalsozialisten gegen das Forscherpaar Vogt erhoben werden sollten, noch eine Rolle spielen wird. Am Institut herrscht nicht nur eine frauenfreundliche, sondern auch eine kosmopolitische Atmosphäre, wie Annette Vogt schreibt: „Dazu bildete sich so etwas wie eine kleine russische Kolonie in Buch.“

Ob verheiratet oder nicht, ob mit oder ohne Kindern – am

Institut für Hirnforschung wird darauf Rücksicht genommen, dass wissenschaftliche und technische Mitarbeiterinnen von Aufgaben, die traditionell Frauen im Haushalt zu erledigen hatten, möglichst entlastet werden. So berichten die Wissenschaftshistorikerinnen Helga Satzinger und Annette Vogt über Gespräche mit der ehemaligen Instituts-Assistentin Natalja (Natalie) Kromm, wonach es ein Bestell- und Liefersystem für Einkäufe gibt, damit die am Institut arbeitenden Frauen keine Zeit mit solchen Verrichtungen verlieren. Und die Personalwohnungen in Buch werden von den Reinigungskräften des Instituts geputzt. „Ich denke, wer gerne Wissenschaft macht, ist lieber eine Stunde länger im Labor, als Fußböden zu schrubben oder auf weit entfernte Märkte zu fahren", sagt Annette Vogt. „Insofern hatten alle Beteiligten etwas von diesem Modell – das Institut mehr Arbeitszeit und die Frauen Entlastung."

Diese wissen das Bucher Arbeitsklima auch zu schätzen. „Dankbar denke ich an die Zeit", schreibt die frühere Mitarbeiterin Ursula Kaßpohl im Mai 1948 an Cécile, „in der die Arbeit Freude machte und die äußeren Seiten des täglichen Lebens so schön geregelt und bequem waren, im Grunde doch dank Ihrer Fürsorge."

Nicht nur am Hirnforschungsinstitut, auch an anderen Kaiser-Wilhelm-Instituten sind damals Abteilungsleiterinnen im Amt, wenn auch je nach Institut in unterschiedlicher Zahl. Laut Annette Vogt, die sich viel mit der Stellung von Frauen in der Kaiser-Wilhelm-Gesellschaft beschäftigt hat, zeigt dies, dass „in diesen Instituten der Tätigkeit von Frauen weniger Vorurteile begegneten als an den Universitätseinrichtungen".

Die Perspektive einer universitären Forscherinnenkarriere sieht zu Beginn des 20. Jahrhunderts und darüber hinaus in Deutschland alles andere als vielversprechend aus. Mit der Zulassung von Frauen zum Universitätsstudium – und erst recht zur Universitätskarriere – dauert es in Deutschland und Österreich deutlich länger als in Frankreich oder der Schweiz. „Die Frauen, die in die wissenschaftliche Welt der Männer eindrangen, waren sowohl Ausnahmen als auch Außenseiterinnen", resümiert Annette Vogt in ihrer Analyse über die Wissenschaftlerinnen an Instituten der Kaiser-Wilhelm-Gesellschaft. Was Cécile und anderen Zeitgenossinnen hilft, ist die Tatsache, dass es damals zunehmend zur Gründung außeruniversitärer – staatlicher wie nichtstaatlicher – Forschungseinrichtungen kommt. Wobei die Gründung der Kaiser-Wilhelm-Gesellschaft 1911 dafür einen wichtigen Impuls liefert.

Die Institute der Kaiser-Wilhelm-Gesellschaft werden nach dem sogenannten Harnack-Prinzip geführt, benannt nach dem ersten und langjährigen Präsidenten der Kaiser-Wilhelm-Gesellschaft, dem Theologen und Kirchenhistoriker Adolf von Harnack. Gemäß diesem Konzept werden Forschungsinstitute um eine große Forscherpersönlichkeit herum kreiert und diesem herausragenden Forscher – Direktorinnen hat die Kaiser-Wilhelm-Gesellschaft damals keine – werden bei der Leitung des Instituts alle Forschungs- und Entscheidungsfreiheiten gewährt. Kaiser-Wilhelm-Institute sind daher auch eine Chance für Wissenschaftlerinnen, schreibt Annette Vogt, weil das Harnack-Prinzip es den Direktoren erlaubt, „Frauen als Wissenschaftlerinnen nicht nur einzustellen, sondern ihnen auch Forschungs-Abteilungen anzuvertrauen, auch gegen Auffassungen und Vorurteile anderer Kollegen". 254 Frauen, hat Annette Vogt herausgefunden, waren nachweislich als Wissenschaftlerinnen an einem der Kaiser-Wilhelm-Institute tätig.

Auch wenn Abteilungsleiterinnen in der Kaiser-Wilhelm-Gesellschaft eher selten sind, so gibt es sie dort – im Gegensatz zu den Universitäten – zumindest. 13 Abteilungsleiterinnen identifizierte Annette Vogt in ihren Forschungen.

In den 1920er-Jahren sind Cécile und die aus Österreich stammende Atomphysikerin Lise Meitner zudem Wissenschaftliche Mitglieder der Kaiser-Wilhelm-Gesellschaft, im Jahr 1938 kommt noch die Physikerin Isolde Hausser dazu. Die Rolle eines Wissenschaftlichen Mitglieds ist eine bemerkenswerte Auszeichnung und Anerkennung der Verdienste, etwa gleichzusetzen mit der Mitgliedschaft in einer nationalen wissenschaftlichen Akademie. Innerhalb der Kaiser-

Wilhelm-Gesellschaft zählen die wissenschaftlichen Mitglieder zur Führungselite. So heißt es im Handbuch 1928: „Dem Range nach gibt es bei der Kaiser-Wilhelm-Gesellschaft keinen Unterschied zwischen Direktoren und Wissenschaftlichen Mitgliedern."

VOM „BESSEREN MENSCHEN" IN EINER BESSEREN WELT

Dass bei der Einschätzung und Einordnung der politischen Positionen der Vogts durch die Nachwelt häufig vorausgesetzt wird, Céciles Haltung würde sich jedenfalls mit jener Oskars decken, ist nicht untypisch, wird ihr aber keineswegs gerecht. Cécile ist selbst eine engagierte, politisch sehr interessierte und bewusste Frau, die in manchen Fragen durchaus deutlicher als Oskar Stellung bezieht.

Gehirnforschung und die Frauenfrage

Dafür, dass Cécile sich aktiv in frauenrechtlichen Zirkeln engagiert hat, gibt es wenige Hinweise. Dass sie aber mit den wesentlichen Themen, Debatten und Forderungen der Frauenbewegung vertraut ist und sie verfolgt, dafür spricht ihre Freundschaft mit sozialdemokratischen Frauenrechtlerinnen wie Clara Zetkin oder Mathilde Wurm.

Cécile verdanken wir etwa eine wichtige Einschätzung zur damals immer noch populären Behauptung von der angeblichen geistigen „Minderwertigkeit" von Frauen. Die Lehrerin und Schriftstellerin Agnes von Zahn-Harnack ersucht Cécile im Januar 1927 um eine Stellungnahme zu den geistigen Fähigkeiten von Frauen, insbesondere vor dem Hintergrund der Debatte, ob man Frauen von bestimmten Berufen ausschließen könne. Vom Kommentar, den Cécile ihr schickt, ist sie offenbar angetan und will ihn in ihrem Buch abdrucken. Denn er setze „ein Argument außer Kraft, mit dem den Frauen immer wieder Schwierigkeiten gemacht werden". Das Buch ist Agnes von Zahn-Harnacks großes Werk *Die Frauenbewegung. Geschichte, Probleme, Ziele*, das 1928 erscheint und in dem die Mitbegründerin des bürgerlichen Deutschen Akademikerinnenbundes mit frauenfeindlichen Vorurteilen aufräumt. Cécile autorisiert die Veröffentlichung und so kommt es zur Aussage in Agnes von Zahn-Harnacks Buch, dass man „auf Grund des heutigen Standes der Hirnforschung die Frau als solche von keinem Beruf ausschließen" könne.

Die Ausführungen Céciles sind aber umfassender und differenzierter. Sie geht unter anderem auf das gängige Argument eines Zusammenhangs zwischen Hirngewicht und geistiger Leistungsfähigkeit ein. „Was zunächst die Hirngröße anbelangt, so ist es richtig, dass im Allgemeinen das Gehirn des Mannes etwas grösser und dementsprechend schwerer ist als dasjenige der Frau. Unter der nicht erwiesenen Voraussetzung, dass die ganze Hirnmasse zur Funktion im Leben herangezogen wird, verfügt der Mann damit über ein umfangreicheres Hirnvermögen." Daraus ließe sich aber keineswegs eine intellektuelle Überlegenheit ableiten, betont Cécile: „Es besteht allgemein eine gewisse Beziehung zwischen Körper- und Hirngröße. Nun ist der Mann durchschnittlich etwas grösser. Ein Teil des Überschusses der Hirnmasse dient dementsprechend der Innervation der umfangreicheren Muskulatur."

Eines der Motive für die Publikation von Agnes Zahn-Harnack sind die Behauptungen von Paul Julius Möbius in seiner 1900 erschienenen Publikation *Über den physiologischen Schwachsinn des Weibes*, die auch in den 1920er-Jahren noch gern herangezogen wird, um Frauen bestimmte Positionen und Berufe zu verweigern, etwa das Habilitationsrecht. Cécile geht spezifisch auf Möbius ein: „Wenn er behauptet, dass das Gehirn der Frau mehr dem des Negers ähnele, so wird der Autor dabei wohl die Furchung im Auge gehabt haben", schreibt Cécile. „Die Zahl der Furchen ist aber überhaupt nicht entscheidend für die Geistigkeit des Individuums." Entscheidend für die Hirnleistung sei vielmehr die feinere Struktur des Gehirns, aber hier sei die Forschung noch nicht so weit, um eine Differenzierung nach dem Geschlecht vornehmen zu können, schreibt Cécile. „Wir teilen die Großhirnrinde in Hunderte verschieden gebaute Felder ein." Es gäbe Rindenfelder von einer höheren und solche einer niederen Funktion, so Cécile: „Daraus folgt schon ohne weiteres, dass ein Gehirn mit geringer entwickelten ‚niederen' Feldern und stärker entwickelten ‚höheren' Feldern im gesamten kleiner sein kann als ein geistig tieferstehendes Gehirn."

Wie politisch ist Cécile?

„Intellektuell sind sie die am meisten internationalisierten Personen, die ich je in Europa getroffen habe", schreibt der kanadische Neurowissenschaftler Jerzy Olszewski über Cécile und Oskar. „Andere Menschen wegen ihrer Nationalität zu hassen – das geht über ihre Vorstellungskraft hinaus. Ich vermute, ich liege nicht falsch, wenn ich sage, dass die Vogts zu dieser Gruppe von Menschen gehören, die vor Ihrer Zeit geboren wurden."
Cécile engagiert sich unter anderem aktiv für die deutsch-französische Verständigung und macht dies auch dann noch, als der Erste Weltkrieg bereits begonnen hat. 1915 wird sie Mitglied im *„Bund Deutsches Vaterland"*. Der Vorsitzende dieser pazifistischen Organisation ist der deutsche Offizier und Journalist Kurt von Tepper-Laski, der mehrere ähnliche Organisationen gegründet hat wie den Giordano-Bruno-Bund oder den Deutschen Monisten-Bund. Der 1914 ins Leben gerufene Bund Deutsches Vaterland engagiert sich gegen die Kriegspolitik des Deutschen Kaiserreichs. „Ich habe mir erlaubt, in unserer gestrigen Sitzung Ihre Bedenken bezüglich Ihrer Mitgliedschaft vorzutragen", schreibt Tepper-Laski kurz vor ihrem Beitritt an Cécile. „In unserem Kreise wurde einstimmig zum Ausdruck gebracht, dass Ihre französische Herkunft durchaus kein Grund ist, der uns hindern könnte, Sie als Mitglied in unserem Kreis zu begrüßen." Immerhin sei auch Albert Einstein Mitglied, der ebenfalls kein Deutscher sei, und „da wir kein nationalistischer Verein sind, sondern eine Gesellschaft für Verständigung, so sind uns Ausländer als Mitglieder genauso willkommen als Volksgenossen".

Im November 1916 – Tepper-Laski ist inzwischen des Landesverrats angeklagt worden – schreibt eine Mitarbeiterin des Bundes an Cécile: „Ich habe Gelegenheit, einige unserer Mitglieder, für die es vielleicht nicht angenehm ist, weiter in unserer Liste geführt zu werden, zu streichen, und darüber an der zuständigen Stelle Mitteilung zu machen." Sie wird gefragt, ob sie das auch wolle oder lieber alles so belasse, „um jedes auffällige Aufsichlenken zu vermeiden". Cécile entscheidet sich für die Unauffälligkeit.

La verité, c'est ma patrie. Céciles Heimat ist die Wahrheit, keine Nation, wie sie an ihren Freund, den Berliner Augenarzt Otto Hamburger schreibt. Nicht nur in pazifistischen Organisationen ist sie während des Ersten Weltkrieges engagiert, sondern auch in humanitären Fragen. Sie hilft unter anderem dabei, französische Kriegsgefangene oder verschollene Soldaten in Deutschland zu suchen, und nutzt dafür auch ihr großes persönliches und berufliches Netzwerk.

Große Sympathien hat Cécile für die deutsche und französische Sozialdemokratie. Mit Karl Kautsky, dem Philosophen, marxistischen Theoretiker, sozialdemokratischen Politiker und Herausgeber der Zeitschrift *Die Neue Zeit* verbindet Cécile und Oskar eine Freundschaft. „Empfangen Sie unsere herzlichsten Grüße und den Ausdruck unseres aufrichtigen Wunsches, dass es Ihnen noch lange vergönnt sein möge, geistig frisch Ihren soziologischen Studien nachzugehen und aus ihnen den Weg abzuleiten, welche die Partei zur Realisierung ihrer Ideale gehen muss", schreiben Cécile und Oskar 1924 in einem Glückwunschbrief. „Und möge es Ihnen noch vergönnt sein, nach den mannigfachen Enttäuschungen der letzten Jahre einen neuen Aufstieg der von Ihnen in so nachhaltiger Weise beeinflussten Bewegung zu erleben!"

Korrespondiert wird auch über Persönliches. So berichtet Cécile im September 1925 – sie schreibt der Familie Kautsky auf Französisch –, dass ihr Mann wieder einmal in Moskau sei. Einem anderen Brief fügt sie handschriftlich an, „Mathilde W." sei krank, sie habe sich mit Tomaten vergiftet, sei aber wieder auf dem Weg der Besserung. Die Abkürzung steht wohl für die sozialdemokratische Reichstagsabgeordnete Mathilde Wurm, mit der Cécile ebenso wie mit Karl Kautskys Frau Luise befreundet ist.

Auch Clara Zetkin gehört zu jenen ihrer Bekannten, mit denen Cécile gern über den Sozialismus diskutiert. Nach einer Unterhaltung über geeignete Lektüre zu den Grundlagen des Sozialismus empfiehlt Luise einige Titel: Das von ihrem Mann mitverfasste *Erfurter Programm* und Friedrich Engels' *Von der Utopie zur Wissenschaft* solle Cécile lesen, von den Marx-Werken am besten mit dem *Kommunistischen Manifest* beginnen und außerdem Karl Kautskys Zusammenfassung der ökonomischen Lehren von Marx studieren. Wegen weiterer interessanter Schriften auf Französisch möge sie doch, empfiehlt Luise Kautsky Cécile, den Genossen Guesde befragen.

Den linken französischen Parlamentarier Jules Guesde hat Cécile 1910 kennengelernt, sie bleibt über Jahre in engem Kontakt mit ihm. Er hat sie wohl sehr beeindruckt, sie hebt Zeitungsausschnitte über ihn auf und tauscht sich gern mit ihm aus. Im Oktober 1910 notiert Cécile in ihrem Tagebuch, Guesde habe gesagt: „Ich verstehe nicht, warum ein Mediziner und ein Intellektueller nicht in dem Moment Sozialisten werden, in dem sie nachdenken, denn es ist die Logik selbst, die sie dorthin führt."

Cécile greift Luise Kautskys Literaturempfehlungen zur Fortbildung in Sachen Sozialismus auf und kauft beim Buchhändler Mayer in der Potsdamer Straße Kautskys *Programme socialiste* in einer französischen Ausgabe. Ab dem April 1911 abonniert sie auch die französische Zeitung *Humanité*, die zunächst von Jean Jaurès als gemeinsames Organ für die zersplitterte Linke gedacht und ab 1911 offizielles Parteiorgan der französischen Sozialisten war. In den 1920er-Jahren wird es zum Organ der kommunistischen Fraktion und ist bis heute eine der Publikationen der PCF, der Kommunistischen Partei Frankreichs.

Bei Freunden überlegt Cécile oft, wo sie wohl politisch stehen. Als der Zürcher Psychiater Auguste Forel im Oktober 1910 bei einem Bootsunfall seinen Sohn verliert, schreibt Cécile: „Dieser Sohn hatte von seinem Vater die Begabung für die Aktion und die Propaganda, seit seiner Jugend war er ein Verbreiter des Antialkoholismus, und er war ein überzeugter Sozialist geworden." Über Auguste selbst notiert sie: „Diesmal war er schon fast Sozialist, er geht mehr und mehr in Richtung Sozialismus, je mehr er sich mit dem sozialen Milieu beschäftigt."

Wie aktiv sich Cécile für die politische Arbeit ihrer linken Freundinnen und Freunde interessiert, zeigt ein Brief an Oskar vom 2. Juli 1926: „Ich gehe heute in den Reichstag: die Sozialisten wollen den Fürsten nichts geben, man erwartet eine stürmische Debatte." Die historische Debatte, die sich Cécile hier nicht entgehen lassen will, ist jene um einen Antrag von KPD und SPD. Sie treten für die entschädigungslose Enteignung deutscher Fürstenhäuser ein und wollen die Wählerinnen und Wähler darüber entscheiden lassen. Unterstützt wird diese Initiative von einer Reihe von Prominenten, zum Beispiel Albert Einstein, Käthe Kollwitz oder Kurt Tucholsky.

Vor diesem Hintergrund überrascht ein 1919 publizierter Artikel von Cécile und Oskar in der halbmonatlich erscheinenden politischen Zeitschrift *Nord und Süd* wenig, die vom ungarisch-schweizerischen Philosophen, Soziologen, Publizisten und Friedensaktivisten Ludwig Stein herausgegeben wird. In dem Aufsatz „Wissenschaftliche Forderungen an den modernen Staat" treten sie dafür ein, die Wissenschaft sollte der Gesellschaft eine möglichst rationale Ordnung geben, mit dem Ziel, „ein möglichst großes Glück für möglichst viele zu schaffen". Deutlicher als in anderen Publikationen loben sie hier den Anspruch der Sozialdemokratie, ihr politisches Programm auf wissenschaftlichen Erkenntnissen aufzubauen. Die Förderung der Naturwissenschaften, so Cécile und Oskar, würde im eigenen Interesse von Staat und Gesellschaft liegen. Eine Forderung, die aktuell klingt zu einem Zeitpunkt, da nach der langen Erfahrung mit der Corona-Pandemie vielfach darüber diskutiert wird, ob Staaten ausreichend auf der Basis von wissenschaftlicher Evidenz agieren. Es könne, so Cécile und Oskar in dem Artikel, „nur derjenige Staat als ein moderner gelten, dessen Gestaltung und dessen Betätigung den Forderungen der gegenwärtigen Wissenschaft entspricht". Von bürgerlichen Parteien geführte Regierungen seien dafür nicht geeignet, weil sie sich „auf religiöse Dogmata" stützten.

Die Präferenz der Vogts ist klar: „Dagegen hat die sozialdemokratische Partei von Anfang an den Anspruch erhoben, ein wissenschaftliches Programm zu besitzen." Und weiter: „Wir wollen eine Kritik der Einzelheiten der Marxistischen Lehre Berufeneren überlassen. Wir möchten hier nur darauf eingehen, daß die sozialdemokratische Lehre eine allgemeine wissenschaftliche Behauptung und eine allgemeine sittliche Forderung enthält, gegen die kein Vertreter der Erfahrungswissenschaften irgendwelchen Einspruch zu erheben vermag."

Auf Konfrontationskurs mit „Euthanasie"-Ideologen

Angesichts dieser grundlegenden Haltung, die wir von Cécile kennen, ist es wenig überraschend, dass sie eine sehr explizite Kritikerin des Freiburger Psychiaters Alfred Hoche ist.

Hoche gilt als einer der programmatisch-ideologischen Vertreter eines menschenverachtenden Konzepts, das bestimmte Gruppen von Menschen als „lebensunwert" beschreibt und als Konsequenz einer staatlich organisierten „Euthanasie", etwa von Menschen mit psychischen Erkrankungen oder mentalen Beeinträchtigungen, das Wort redet. Dies wird zum einen ökonomisch begründet. So polemisiert Hoche gemeinsam mit dem Rassenhygieniker Ernst Rüdin in übler Tonalität gegen Wohlfahrtsprogramme, die psychisch kranke oder beeinträchtigte Menschen unterstützen, als eine angebliche „Vergeudung" öffentlicher Ressourcen. Zum anderen argumentiert der Freiburger Psychiater in zynischer Weise

damit, dass sich die Situation psychisch Kranker oder kognitiv beeinträchtigter Menschen nicht durch Therapien verbessern ließe und es daher geradezu „erlösend" sei, solche Leben zu beenden.
Aus all dem leitet er 1920 in einer gemeinsam mit dem Juristen Karl Binding veröffentlichten Publikation die zu fragwürdiger Bekanntheit gelangte Forderung nach einer „Freigabe zur Vernichtung lebensunwerten Lebens" ab.
Wie der Medizinhistoriker Heinz Schott und der Psychiater Werner Tölle in ihrer *Geschichte der Psychiatrie* aufzeigen, sind zu dem Zeitpunkt solche Konzepte bereits durchaus verbreitet und stoßen nicht auf den breiten Widerstand in der Fachwelt und darüber hinaus, den eine humanistische Haltung gebieten würde. „Gemessen an dem ungeheuerlichen Inhalt", schreiben die beiden Experten, „war die Reaktion auf diese Schrift eher schwach." Die dramatische ökonomische Situation in der Weimarer Republik und die offenbar durchaus schon breite Popularität sozialdarwinistischer Konzepte gehören wohl zu den Elementen, die dabei eine Rolle gespielt haben.
Cécile tritt Hoche und Binding klar entgegen, insbesondere widerspricht sie der Behauptung von der Unheilbarkeit psychischer Erkrankungen. Was aus heutiger Perspektive selbstverständlich erscheint, war zu diesem Zeitpunkt eine fortschrittliche und keineswegs allgemein anerkannte Position: Bestimmte psychische Krankheiten und Verhaltensweisen, so das Argument Céciles, lassen sich auf anatomische Veränderungen im Gehirn zurückführen, daher sind auch Therapien, insbesondere neurologische oder psychiatrische Pharmakotherapien, denkbar – ein wichtiger Fortschritt gegenüber dem verbreiteten „therapeutischen Nihilismus" der Zeit. „Von zeitgenössischen Fachkollegen wurde sie Ende der 20er-Jahre für diese Kritik an Hoche geschätzt; sie bot mit ihren Forschungsergebnissen im Gegensatz zu ihm einen Ansatzpunkt, eines Tages zu chemotherapeutischen Therapieverfahren in der Psychiatrie zu kommen", schreibt die Wissenschaftshistorikerin Helga Satzinger. „Angesichts der Tatsache, dass Hoches

Pessimismus in sein berüchtigtes Plädoyer für die Ermordung von Psychiatriepatienten mündete, kommt dieser Gegenposition besondere Bedeutung zu."

In ihrer Arbeit „Topistik und psychiatrische Klassifikation" kritisiert Cécile auch, dass Hoche die Korrelation psychischer Probleme mit der Erkrankung oder Schädigung bestimmter Gehirnareale leugnet. „Bei einer solchen Sachlage muss die Hochesche Hypothese nach den in der Wissenschaft allgemein herrschenden Grundsätzen zurückgewiesen werden", schreibt Cécile. „Wir finden so, dass Hoche absolut nichts Tatsächliches zugunsten seiner pessimistischen Auffassung vorgebracht hat."

Wissenschaftliche Machbarkeit, gesellschaftlicher Fortschritt

In verschiedenen Publikationen tritt Cécile, auch gemeinsam mit Oskar, dafür ein, wissenschaftliche Erkenntnisse für gesellschaftspolitisches Handeln einzusetzen. Es geht ihnen nicht zuletzt um eine Förderung der Leistungsfähigkeit der einzelnen Menschen und der Gesellschaft. Der Staat werde, schreiben Cécile und Oskar, „umso Höheres leisten können, je mehr er die einzelnen Bürger entsprechend ihren Begabungen beschäftigt". Beispielsweise gelte es in diesem Sinn, die Berufsbegabung einzelner Kinder möglichst früh zu erkennen und dann gezielt zu fördern. Neben den richtigen Fähigkeiten und Fertigkeiten gehe es auch darum, „die sittlichen Qualitäten des einzelnen Kindes richtig zu erfassen, und die guten unter ihnen zur Entwicklung zu bringen und die schlechten nach Kräften zu hemmen".

Gehemmt und gefördert werden sollten diesen Thesen der Vogts zufolge nicht nur die guten bzw. schlechten „sittlichen Qualitäten" von Kindern. In ihrem programmatischen Artikel „Warum stellen wir die Hirnanatomie in den Mittelpunkt unserer Forschung?" schreibt Cécile 1933: „Unser Endziel gilt der Erfassung der seelischen Persönlichkeit und ihrer Vererbungspotenzen, im Interesse einer Förderung sozial nützlicher und einer Hemmung schädlicher Eigenschaften." In ähnlicher Form findet sich diese Aussage auch in anderen Veröffentlichungen. „Die praktischen Ziele der Hirnforschung betreffen die Pflege und die Höherzüchtung des menschlichen Gehirns", schreiben etwa Cécile und Oskar 1929 in „Hirnforschung und Genetik".

Gute Eigenschaften fördern, schlechte hemmen, bessere Menschen in einer besseren Gesellschaft kreieren: Der Traum vom „Neuen Menschen" liegt in den ersten Jahrzehnten des 20. Jahrhunderts im Zeitgeist. Die unterschiedlichsten politischen Strömungen – von links bis rechts – entwickeln ihre spezielle Vorstellung vom neuen Menschentyp in den optimalen neuen gesellschaftlichen Rahmenbedingungen, auch in der Literatur und Kunst der 1910er- und 1920er-Jahre spielt diese Idee eine wichtige Rolle.

Worum es den Vogts in diesem Zusammenhang geht, das sind „wirksame Eingriffsmöglichkeiten in das Gehirn", wie es die Wissenschaftshistorikerin Helga Satzinger ausdrückt. Dies, um – wie schon erklärt – psychische Erkrankungen therapieren zu können, aber durchaus auch geistige Fähigkeiten der Menschen zu verbessern und sie zu möglichst rationalem Verhalten zu bringen.

Humangenetik, Biologismus und Polemiken

Aussagen und Formulierungen von Cécile und Oskar wie jene von der „Höherzüchtung" sind nicht nur aus heutiger Sicht zum Teil irritierend, sie haben wohl auch zum einen oder anderen Missverständnis beigetragen, wenn nicht sogar zur bewussten Fehlinterpretation. Jedenfalls wurden Cécile und Oskar nach ihrem Tod derartige vom Biologismus und dem Interesse an Humangenetik ihrer Zeit geprägte Ansätze vorgeworfen. Manche Autoren gehen sogar so weit zu behaupten, es gäbe von solchen Vorstellungen eine Kontinuität zur mörderischen und menschenverachtenden nationalsozialistischen Praxis von Zwangssterilisierungen und tausendfachem Patientenmord im Namen einer „Erbgesundheit".

Das Wichtigste gleich vorweg: Ich halte derartige Vorhaltungen für falsch, unangemessen und polemisch – und bin damit in guter Gesellschaft, wie ich zeigen werde.

Tatsächlich teilten Cécile und Oskar verbreitete Positionen ihrer Zeit, denen zufolge die Wissenschaft genutzt werden sollte, um nicht nur die Lebensbedingungen der Menschen zu verbessern, sondern auch um die Menschen als solche zu verbessern. Dazu gehört auch die Vorstellung, bei der Reproduktion anzusetzen. So propagieren Cécile und Oskar in mehreren Veröffentlichungen Partnerschaften zwischen hochbegabten Männern und Frauen. Für beide sollte Berufstätigkeit und Entfaltung möglich sein, sie könnten dann auch besonders talentierte Kinder haben. Dabei haben sie wohl die eigene Lebens- und Arbeitspartnerschaft und die anderer erfolgreicher Paare aus ihrem Umfeld vor Augen.

„Die Idee eines wissenschaftsgelenkten Eingriffs in die Fortpflanzung vertreten ab dem Ende des 19. Jahrhunderts viele Gruppen unterschiedlichster gesellschaftspolitischer Ausrichtung", sagt mir Herwig Czech, Professor für die Geschichte der Medizin in Wien und Spezialist für die Rolle der Medizin im Nationalsozialismus, im Interview. „Es gibt hier eine gewissermaßen gesellschaftssanitäre Vision und die Grundannahme, dass es gesellschaftlich erwünschte und unerwünschte Eigenschaften oder Genotypen gäbe." Solche Ansätze gab es in katholischer, sozialistischer, feministischer oder sozialreformerischer Ausprägung, aber natürlich auch in der Ausformung der nationalistischen oder sogenannten völkischen Eugenik.

Der Wissenschaftshistoriker Michael Hagner meint in seinem Buch *Geniale Gehirne*, dass die Vogts „dezidiert nicht" diesem späteren „Mainstream" der eugenischen Bewegung angehörten. „Auch ihre wissenschaftlichen Praktiken unterschieden sich von denen der Eugeniker wie Eugen Fischer oder Fritz Lenz." Fischer und Lenz waren führende Rassenhygieniker in der Weimarer Republik und im Nationalsozialismus. Tatsächlich halten Cécile und Oskar 1929 in einer Arbeit zur Genetik in der Hirnforschung distanzierend fest: „Es scheint uns höchst unwahrscheinlich, daß es auf eugenischem Weg gelingen wird, die vorhandenen erblichen Erkrankungen und Minderwertigkeiten des Nervensystems auszumerzen."

Die Vogts hätten „fast gebetsmühlenartig" Forderungen nach Förderung des sozial Nützlichen und Hemmung des sozial Schädlichen wiederholt, doch das sollte auf „dem Wege von Nähr- und Wirkstoffen", also mit pharmakologischen Mitteln, erreicht werden, schreibt Hagner. „Was immer man von solchen Aussichten halten mag. Die von den Nationalsozialisten durchgeführten Maßnahmen, zuerst Zwangssterilisierung und dann Ermordung von Kranken, können damit eigentlich nicht gemeint sein."

Warum es dennoch solche Polemiken gab, ist wohl einer Vielfalt von Motiven geschuldet. Tochter Marguerite vermutet im Vorwort zu Igor Klatzos Biografie ihrer Eltern, die Ziele von Cécile und Oskar „wurden häufig fehlinterpretiert oder auch von den vielen Feinden meines Vaters in absichtlich verleumderischer Weise dargestellt".

Durchaus naheliegend ist die Erklärung, dass mit dem Versuch, von vorzugsweise sozialistischen oder sozialdemokratischen Akteuren aus Medizin und Wissenschaft eine Kontinuität zu nationalsozialistischen Medizinverbrechen zu konstruieren, davon abgelenkt werden sollte, welche reale Kontinuität es zwischen vielen Akteuren nationalsozialistischer Verbrechen und der akademischen Medizin im Nachkriegsösterreich oder -deutschland gab, insbesondere auch in der Psychiatrie und Neurologie.

„Man muss bei derartigen Vorwürfen immer sehr genau hinsehen, was diejenigen damit bezwecken, die sie vorbringen", meint auch die Wissenschaftshistorikerin Annette Vogt im Gespräch. „Da stellt sich oft die Frage, wovon oder von welchen eigenen Vergehen soll hier abgelenkt werden. Und natürlich auch, ob man da nicht wieder missliebige Wissenschaftlerinnen und Wissenschaftler loswerden will. Letztlich ist es unredlich, irreführend und demagogisch, eine aus heutiger Sicht fragwürdige oder manchmal sogar abstoßende Wortwahl gleichzusetzen mit den Verbrechen im NS-Regime wie

der Ermordung Kranker. Dass die Vogts an keinen Verbrechen beteiligt waren, das ist hinlänglich belegt."
Hier erinnern manche der Vorwürfe gegenüber Cécile und Oskar und die Art, wie sie vorgebracht werden, auch an andere prominente Beispiele wie den Wiener Gesundheits- und Sozialpolitiker Julius Tandler (1869–1936), gegen den unter anderem ausgerechnet FPÖ-Politiker als „Wegbereiter der nationalsozialistischen Rassenhygiene" polemisierten. Gegen jenen Julius Tandler, der selbst als Jude und Sozialdemokrat aus „rassischen" und politischen Gründen verfolgt war und jede Menge Repressalien erleben musste. Tatsächlich gibt es auch von Tandler problematische Aussagen zum Thema Bevölkerungspolitik. Doch wie der Medizinhistoriker Herwig Czech schreibt, „darf nicht vergessen werden, dass sich diese biologistischen Gesellschaftsauffassungen in vielen Ländern breiter Akzeptanz erfreuten und dass die Eugenik als aufstrebende Wissenschaft galt. Auch darf sich die historische Beurteilung einer Persönlichkeit wie Julius Tandler nicht auf einzelne ideologisch bedenkliche Stellungnahmen beschränken." Denn diesen stünde, so Czech, „ein monumentales Lebenswerk gegenüber, das nicht einfach vom Tisch gewischt werden darf". Auf keinen Fall gäbe es – das scheint mir eine interessante Parallele zur Diskussion um Cécile und Oskar Vogt – eine „direkte Linie von Julius Tandlers utopischen Gedankenexperimenten zu den quasi-industriellen Vernichtungsprogrammen der Nationalsozialisten gegen Menschen mit geistigen Behinderungen oder psychischen Krankheiten."

VERTREIBUNG AUS DEM PARADIES: DIE DEMONTAGE DER VOGTS

Alles scheint perfekt, der Traum erreicht: Mit der Eröffnung des neuen Hauptquartiers der Hirnforschung in Berlin-Buch 1931, mit dem großen Mitarbeiterstab und den komfortablen Arbeitsmöglichkeiten haben Cécile und Oskar ihr Ziel erreicht. 30 Jahre hat der Auf- und Ausbau ihres Lebenswerks gedauert. Der Kampf mit unzulänglichen Rahmenbedingungen, die Anstrengungen und Mühen, um den neuen Standort durchzusetzen, das Festhalten an den großen Forschungszielen – all das hat sich gelohnt und zum großen Erfolg geführt.

Da kommt schon wieder ein Dämpfer. Infolge der Weltwirtschaftskrise spitzt sich die wirtschaftliche Lage in Deutschland immer mehr zu, das kann auch an der Kaiser-Wilhelm-Gesellschaft nicht spurlos vorbeigehen. Im November 1930 sendet der Generaldirektor der Gesellschaft eine unerfreuliche Nachricht an alle Institute. Die ab 1. April 1931 bevorstehende Gehaltskürzung, die in der Weimarer Republik für alle Beamten vorgesehen ist, muss auch in den Kaiser-Wilhelm-Instituten umgesetzt werden. Vorsorglich sollen daher allen Mitarbeiterinnen und Mitarbeitern mit Jahresende Änderungskündigungen ausgesprochen werden. Die Einsparungen betreffen auch Abteilungsleiter, Professoren und Wissenschaftliche Mitglieder: Cécile erhält am 22. Dezember 1930 die Mitteilung, dass sie ab 1. Februar um sechs Prozent weniger Gehalt, Sonderzuschlag und Wohnungsgeldzuschuss erhalten wird. Zusätzlich zu den Gehaltskürzungen reduzieren sich auch die Forschungsetats um 18 Prozent. Diese finanziellen Einschränkungen sind harmlos im Vergleich zu den Problemen, die auf Cécile und Oskar schon bald zukommen werden. Céciles älteste Tochter Claire, die zu diesem Zeitpunkt in einem Sanatorium in Frankreich behandelt wird, ist beunruhigt über die politischen Ereignisse in Berlin. „Ich hoffe, Ihr habt es ruhig in Buch", schreibt sie im Frühjahr 1933 an ihre Mutter und bittet, sie wissen zu lassen, „ob Ihr in Sicherheit seid". Das ist allerdings nicht mehr der Fall.

Attacken und Intrigen: Kein Platz in der neuen Ordnung

In der Nacht vom 16. auf den 17. März 1933 zeigt die „neue Ordnung", die sich in Deutschland mit dem Ende der Weimarer Republik, der Ernennung Adolf Hitlers zum Reichskanzler und der NS-„Machtergreifung" etabliert hat, auf dem Gelände des Kaiser-Wilhelm-Instituts für Hirnforschung erstmals auch Cécile und Oskar ihr hässliches Gesicht.
Um 1 Uhr 30 nachts sei hartnäckig, lang und laut an der Tür des Direktorenwohnhauses, in dem sich zu dem Zeitpunkt Cécile und Oskar Vogt, ihre beiden Töchter Marthe und Marguerite und Hausangestellte aufhalten, geläutet und geklopft worden, schreibt Oskar in einer Sachverhaltsdarstellung an die Kaiser-Wilhelm-Gesellschaft. Die zutiefst beunruhigte und verstörte Gruppe entschließt sich, nicht zu öffnen und stattdessen das Überfallkommando zu rufen. Das kommt allerdings nie an, weil es unterwegs von SA-Männern aufgehalten wird. In der Zwischenzeit wird im Erdgeschoss ein Fenster eingeschlagen, jetzt wird die Identität der unerwünschten nächtlichen Besucher klar: Braunhemden dringen in Oskars Zimmer ein, in dem sich alle Hausbewohnerinnen und -bewohner versammelt haben.
Die bewaffneten SA-Männer wollen wissen, wo Frau Wurm sei. „Dann fragte man mich: ‚Wo haben Sie Herrn Belar aus Prag versteckt?'", schreibt Oskar. „Man forderte mich dann noch auf, den unterirdischen Gang, der von der Direktorenwohnung in die Kapelle führt, zu zeigen. Ein solcher Gang existiert nicht. Daraufhin wurde ich für verhaftet erklärt. Meine Frau bat, mich begleiten zu dürfen, diese Bitte wurde ihr abgeschlagen." Inzwischen wird Mathilde Wurm im Gästezimmer verhaftet. Den Vogts wird vor-

geworfen, die sozialdemokratische Abgeordnete zu verstecken, damit sie einer Vernehmung oder Verhaftung zum Reichstagsbrand entgehen kann. Schließlich erklärt der Anführer des SA-Trupps, Saalfeld, die Verhaftung Oskars sei nicht mehr nötig, man habe den gesuchten Herrn Belar jetzt auf dem Institutsgelände gefunden.

Nachträglich erfahren die Vogts, dass bereits ab 23.30 Uhr das gesamte Institutsgelände von SA umstellt gewesen ist und dass eine Reihe von Mitarbeitern verhaftet worden sind. Darunter auch ein prominenter Gast, den man für den gesuchten „Belar aus Prag" hält. Tatsächlich hat ein Denunziant behauptet, der ungarische kommunistische Journalist und Politiker Béla Kuhn befinde sich auf dem Gelände, aber so feine Unterschiede kennen die SA-Männer offenbar nicht. Festgenommen und festgehalten wird jedenfalls weder der ungarische Kuhn noch der tschechische Belar, sondern der spätere Nobelpreisträger Hermann Joseph Muller, bis sich die Verwechslung aufklärt. Nach diesen Vorfällen bricht der amerikanische Genetiker seinen Aufenthalt in Deutschland vorzeitig ab.

Besonders zielgenau ist die ganze Aktion nicht, zum Beispiel wird auch der „dem rechten Zentrumsflügel nahestehende Hausinspektor Brück … als ‚Kommunist' verhaftet", notiert Oskar. Und doch verfehlt die Attacke ihren Zweck nicht: Dem Ehepaar Vogt – ein veritables Feindbild für viele Nationalsozialisten – und seinen Mitarbeiterinnen und Mitarbeitern soll Angst gemacht, die neue Macht soll demonstriert werden.

Von der SA mitgenommen werden abgesehen von den Verhafteten auch zwei Füllfedern und Zigaretten, wie Oskar beklagt, nebst weiteren Wertgegenständen. Der kanadische Neurowissenschaftler Igor Klatzo berichtet in seiner sehr persönlichen Biografie der Vogts, dass darüber hinaus das Dissertationsmanuskript von Céciles Tochter Marguerite beschlagnahmt wird.

Bösartige Formen von Rache und Intrige, die das Institutsklima in den kommenden Monaten massiv stören werden, zeigen sich bereits bei diesem ersten Überfall. „Der der Institutsbetriebszelle der N.S.D.A.P. angehörige Dr. Kornmüller wurde aufgrund einer verleumderischen Anzeige des Ehepaares Prof. Fischer verhaftet, die, wie S.A.-Leute bereit sind eidlich zu bestätigen, früher angegeben hatten, er sei ein geistiger Dieb", schreibt Oskar in seinem Gedächtnisprotokoll über die Nacht vom 16. auf 17. März. „Zu den Verhafteten gehörte auch der keiner Partei Angehörige Dipl.-Ing. Tönnies, der an unserem Institut Abteilungsleiter ist. Er wurde von einigen S.A.-Leuten von dem Siedlungshaus, in dem, wie gesagt, alle Verhafteten gesammelt worden waren, nach dem Institut zurückgeführt, um einige Wohnungen zu zeigen, und auf dem Weg dahin niedergeschlagen, sodass er bewusstlos auf der Erde gelegen hat und einige seiner Zähne stark beschädigt sind."

Oskar sucht trotz der Massivität der Attacke das Gespräch mit dem Bucher SA-Führer. „Die Art, wie man mit Pistolen auf mich losging, hat meiner Familie und speziell meiner Frau einen schweren nervösen Schock gegeben", erklärt er Saalfeld. Oskar vereinbart mit dem SA-Mann, in Zukunft, sollte es wieder Vorwürfe gegen das Institut geben, zuerst informiert zu werden, bevor es zu Übergriffen kommt. Eine Vereinbarung, die allerdings nicht lange hält. Bereits am 22. April 1933 legt der spätere Generalsekretär der Kaiser-Wilhelm-Gesellschaft Ernst Telschow eine Aktennotiz über eine Besprechung an, die auf Wunsch Saalfelds stattfindet und an der auch „Frl. Weigel, Mitglied der Betriebszelle" sowie der Stellvertreter von Generalsekretär Friedrich Glum, Max Lucas von Cranach, teilnehmen. „Herr Saalfeld wies in längerer Ausführung darauf hin, dass die Zustände, wie sie jetzt im Institut in Buch beständen, unhaltbar seien und dass in nächster Zeit etwas geschehen müsse, um wieder Ruhe für die wissenschaftliche Arbeit zu schaffen."

Was die SA und deren Sympathisanten unter „unhaltbaren Umständen" verstehen, beinhaltet Vorwürfe, die von verschiedenen Seiten regelmäßig ins Treffen geführt werden und einander ähneln: Cécile und Oskar pflegten enge Beziehungen zu Russland,

Oskar würde dort einen Lehrstuhl innehaben, man habe die Genetikerin Estera Tenenbaum zu einer „vermittelnden Tätigkeit" in die Sowjetunion geschickt, Oskar sei Mitglied der SPD, die Vogts hätten auch an die KPD gespendet. Nationalsozialistische Mitarbeiter würden wegen ihrer Gesinnung entlassen, kommunistische und jüdische hingegen beschäftigt, außerdem gebe es „persönliche Beziehungen des Herrn Professor Vogt zu Angestellten". Gegen Cécile spezifisch wird ihr „französischer Chauvinismus" vorgebracht, außerdem würde sie Friedrich den Großen verächtlich machen. Zu allen Anschuldigungen verfassen die Vogts ausführliche Stellungnahmen, die die Vorwürfe widerlegen, aber wenig Widerhall finden.

Auch, dass die Vogts nicht nur „Doppel-", sondern sogar „Vierfachverdiener" sind – neben Oskar arbeiten auch Cécile und ihre Töchter Marthe und Marguerite am Institut – stört. Schließlich startet im Zuge der Bemühungen, die Arbeitslosigkeit zu senken, eine massive NS-Kampagne gegen das „Doppelverdienertum". Im Zuge dessen gibt es massiven Druck auf berufstätige Frauen, deren Ehemänner arbeiten oder die anderweitig versorgt sind, ihre Arbeit aufzugeben. Hier führt Oskar in einer Stellungnahme ausdrücklich ins Treffen, dass Cécile von 1899 bis 1919 „nicht nur unentgeltlich, sondern auch noch unter Zuschuss ihrerseits" das Institut mit aufgebaut hat. Erst nach „dem Vermögensverlust durch Beschlagnahme, Versailler Vertrag und Geldentwertung" habe sie ein Gehalt bezogen, das „annähernd die gleiche Höhe, mit der von uns mit Rücksicht auf die geringen Mittel des Institutes für das Institut privat ausgegebene Summe hat, sodass von einer Einnahme überhaupt nicht die Rede sein kann".

Rückendeckung für die Vogts gibt es von führenden Mitarbeitern. Auf Anforderung der SA-Gruppe Berlin Ost verfassen die Abteilungsleiter Bernhard Patzig, Jan Friedrich Tönnies und Eberhard Zwirner eine Stellungnahme zu den Vorwürfen, die zur Solidaritätsadresse für Cécile und Oskar wird. Die Vorhaltungen werden, wie man es heute nennen würde, einem Faktencheck unterzogen

und widerlegt. Zusammenfassend heißt es in der Stellungnahme von Patzig, Tönnies und Zwirner, „daß das ganze Leben und Arbeiten des Ehepaars Vogt der Wissenschaft und ganz speziell diesem Institut gedient hat und dient. Wer etwas Derartiges tut, sein ganzes Leben der Wissenschaft gewidmet hat, seit annähernd 34 Jahren langsam, aber stetig den Aufbau der Hirnforschung betrieben, den Gedanken für dieses Institut gefaßt und gegen langjährige, immer erneute große Widerstände durchgeführt hat, verdient, unserer Meinung nach, Achtung und Dank."
Seitens der Generalverwaltung der Kaiser-Wilhelm-Gesellschaft können Cécile und Oskar in ihrem Konflikt mit den Nationalsozialisten nicht so viel überzeugte Unterstützung erwarten. „Von Seiten der Generalversammlung wurde vorgeschlagen, zunächst alles zu tun, um die Ruhe im Institut für die nächste Woche aufrechtzuerhalten", schreibt Ernst Telschow in seiner Aktennotiz. „Weiterhin wird eine Siebung des Institutes von unzuverlässigen und untüchtigen Elementen in Aussicht zu nehmen sein." Wie sich Telschow diese „Siebung" konkret vorschlägt, beklagt der Generalsekretär der Kaiser-Wilhelm-Gesellschaft Friedrich Glum in einem Brief an Gustav Krupp von Bohlen und Halbach im April 1933: Telschow wolle das Institut kommissarisch leiten, er, Glum, hätte ihn „zu meiner großen Freude" davon abbringen können.
Der Bucher SA-Führer scheint sich nach der Aussprache mit Telschow und Cranach ermutigt zu fühlen, weitere Forderungen für erforderliche Änderungen im Kaiser-Wilhelm-Institut für Hirnforschung zu stellen. „Auch die Wissenschaft muss sich unbedingt in den nationalen Staat einfügen. Ein noch so tüchtiger wissenschaftlicher Forscher ist untragbar, wenn er sich dieses Prinzip nicht absolut zu eigen macht", schreibt Saalfeld im April 1933 an Telschow. Die Organisation des Instituts sei nach „sowjetisch-kollektivistischen" Prinzipien gestaltet, das müsse sich ändern. Und einmal mehr fordert er: „Politisch unzuverlässige Angestellte müssen auf jeden Fall entlassen werden." Mit solchen Deklarationen und der Unterstützung der Ideen durch den immer mächtiger

werdenden Telschow ist eine weitere Runde von Angriffen auf die Vogts eröffnet. Bei einem zweiten Überfall der SA auf das Institut am 21. Juni 1933 werden vor allem Mitarbeiter attackiert, die als Kommunisten oder KP-nahe gelten. Es wird auch Druck ausgeübt, um den Aufenthalt ehemaliger, als linke Aktivisten geltender Mitarbeiter zu erfahren. Der Tierpfleger Schopf, ein Mitarbeiter namens Bothan und die Brüder Hans und Ernst Heyse werden „zur Vernehmung" in die SA-Kaserne abgeführt und dort schwer misshandelt.

Die Vor- und Überfälle traumatisieren nicht nur Cécile und Oskar, ihre Töchter und ihre Verbündeten unter den Mitarbeiterinnen und Mitarbeitern, sondern sorgen auch für internationale Aufmerksamkeit. Alan Gregg, der Repräsentant der Rockefeller Foundation in Berlin, besucht im Juli 1933 das Kaiser-Wilhelm-Institut für Hirnforschung. „Frau Vogt ist noch besorgter als ihr Mann – aber sie leben ja auch unter der permanenten Bedrohung durch Spione und Gewalt", zitiert der Medizinhistoriker Frank W. Stahnisch aus Akten der Rockefeller Foundation.

Trotz größter Besorgnis und eines Klimas der permanenten Bedrohung lässt sich Oskar nicht beeindrucken. „Eingriffe lokaler Parteiinstanzen in das Institut werden als Hausfriedensbruch verfolgt werden", schreibt er in einer Dienstanweisung vom Juli 1933. Während des Diensts habe jede politische Tätigkeit zu ruhen, Urlaub dafür könne nicht erteilt werden.

Dennoch ist an vernünftige wissenschaftliche Arbeit unter diesen Bedingungen kaum zu denken. Was den Arbeits- und Lebensalltag im Kaiser-Wilhelm-Institut für Hirnforschung immer mehr prägt, sind Druck von außen, Spitzel- und Denunziantentum oder politisch gefärbte und persönlich motivierte Intrigen, mit denen sich NS-Anhängerinnen und -Anhänger bessere Positionen sichern wollen.

Vieles am Hirnforschungsinstitut in Berlin-Buch, insbesondere seine obersten Repräsentanten und seine Belegschaft, sind den neuen Machthabern ein Dorn im Auge. Der Wissenschaftsjournalist Peter Düwecke zitiert in seinem Buch *Kleine Geschichte der Hirnforschung* aus einem Dokument der Gestapo: „Herausfordernde Bemerkungen des Institutsleiters und seines Anhangs über die SA und den Nationalsozialismus, seine immer wieder zutage tretenden Begünstigungshandlungen Juden gegenüber, die Unterlassung der Unterbindung bzw. die stillschweigende Duldung kommunistischer Propaganda und die Beschäftigung von Ausländern hatten einen Spannungszustand geschaffen, der in irgendeiner Form eine Auflösung finden musste."

All das eröffnet ein breites Feld für Intrigen, Anfeindungen und Denunzierungen durch stramm „völkische" Mitarbeiter, auch solche in Leitungsfunktionen wie den Vorstand der pathologischen Abteilung Berthold Ostertag oder den Abteilungsleiter für Humanphysiologie Max Fischer. Oskar wirft einigen der Intriganten vor, nur ihre unzureichende Leistung verschleiern zu wollen. Noch vor seiner Zwangspensionierung will Oskar seinerseits Max Fischer wegen der Denunziationen entlassen, was aber zunächst an NSDAP-Interventionen scheitert, 1934 wird die Abteilung Fischers aus dem Hirnforschungsinstitut ausgegliedert. Zum allgemeinen Klima von Verdächtigungen und Verleumdungen trägt in erheblichem Maße bei, dass in vielen Kaiser-Wilhelm-Instituten ab 1933 Zellen der „Nationalsozialistischen Betriebsorganisation" (NSBO), so auch im Hirnforschungsinstitut, eingerichtet werden, die Beschuldigungen und Diffamierungen fördern, sammeln und weitermelden.

„Die ganzen gegenwärtigen Verhältnisse machten es meiner Frau und mir unmöglich, uns an irgendwelchen Festlichkeiten der Kaiser-Wilhelm-Gesellschaft zu beteiligen", schreibt Oskar im Mai 1933 an den Präsidenten Max Planck. Dieser stellt sich, gemeinsam mit dem Präsidenten des Aufsichtsgremiums Gustav Krupp von Bohlen und Halbach weitgehend hinter – oder besser gesagt schützend vor – die Vogts.

Neben persönlichen Anschuldigungen und Anfeindungen, gegen die Cécile und Oskar sich zu wehren versuchen, wird auch noch

das Institut mit arbeitsrechtlichen Klagen eingedeckt, in einigen Fällen mit Unterstützung der „Deutschen Arbeitsfront“, dem Einheitsverband von Arbeitgebern und Arbeitnehmern, der nach der Zerschlagung der Gewerkschaften gegründet wurde. Assistenten, Stipendiaten oder Reinigungskräfte begründen ihre Beschwerden und Klagen damit, dass sie wegen ihrer nationalsozialistischen Gesinnung gekündigt worden seien. Bei anderen wird ohne Wissen der Betroffenen das Ministerium involviert, auch wenn sie selbst gar keinen Grund für Beschwerden sehen. Daraus schließt Oskar, wie er im Juni 1936 an Gustav Krupp von Bohlen und Halbach schreibt, „dass das Kultusministerium mich systematisch verfolgen will“. Dafür spricht vieles. Auch andere Stellen sind in diese unendliche Geschichte von Intrigen und Auseinandersetzungen involviert: von der NSDAP-Kreisleitung in Berlin-Pankow über den SA-Sturm in Berlin-Buch, das Hauptgesundheitsamt in Berlin, das Innenministerium, die Gestapo, das Wissenschaftsministerium bis hin zum Stab von Hitlers Stellvertreter Rudolf Heß.
Die Vogts selbst versuchen, im Unrechtsstaat Hilfe bei der Justiz zu finden. Neben den arbeitsrechtlichen Verfahren laufen auch andere Prozesse, die sich lange hinziehen. Etwa einer wegen übler Nachrede gegen den Bürgermeister des Bezirks Berlin-Pankow, der öffentlich erklärt hat, Oskar habe sich „marxistische Umtriebe“ zuschulden kommen lassen. „Ich habe es wirklich gut, daß ich hier so unberührt arbeiten kann“, schreibt Tochter Marthe, die um diese unerquickliche Situation weiß, im Mai 1935 aus England an ihre Eltern. Sie hofft, dass ihre Eltern bald wieder „mehr Zeit zum Arbeiten und Ausruhen haben“.

Wer aus dem Hirnforschungsinstitut vertrieben wird

Im April 1933 startet die nationalsozialistische „Säuberung“ in öffentlichen Einrichtungen, also die systematische Entlassung zahlreicher Mitarbeiterinnen und Mitarbeiter. Das „Gesetz zur Wiederherstellung des Berufsbeamtentums“ vom 7. April betrifft zunächst alle Behörden und öffentlichen Institutionen sowie Einrichtungen, die zu mehr als 50 Prozent aus öffentlichen Mitteln finanziert werden. Es legt die Entlassung aller „nicht arischen" Bediensteten, definiert als Personen mit mindestens einem jüdischen Großelternteil, fest. Betroffen sind auch ehemalige bzw. aktuelle Mitglieder der Kommunistischen und der Sozialdemokratischen Partei sowie aller dazugehörigen Organisationen. Offenbar um die Spielräume für Entlassungen zu „erweitern", gilt das Entlassungsgebot auch für politisch missliebige Bedienstete oder, in den Worten des Gesetzes: „Beamte, die nach ihrer bisherigen politischen Betätigung nicht die Gewähr dafür bieten, dass sie jederzeit rückhaltlos für den nationalen Staat eintreten". Eine weitere Bestimmung sieht vor, dass Beamte „zur Vereinfachung organisatorischer Strukturen" versetzt werden können. Alle Personen im Beamtenstatus müssen einen sogenannten „Ariernachweis" erbringen. Gibt es 1933 zunächst noch vereinzelt Ausnahmen von den Bestimmungen des Gesetzes, zum Beispiel für Männer, die im Ersten Weltkrieg an der Front gekämpft haben, so werden mit dem Inkrafttreten der Nürnberger Rassengesetze 1935 auch diese letzten gesetzlichen „Lücken" beseitigt.

In der Kaiser-Wilhelm-Gesellschaft macht sich deren Präsident Max Planck zunächst dafür stark, das Gesetz auf möglichst wenige Wissenschaftlerinnen und Wissenschaftler in Kaiser-Wilhelm-Instituten anzuwenden. „Nach seiner Auffassung müsse man unterscheiden zwischen den Aufgaben des Unterrichts und den Aufgaben der Forschung", heißt es in einem der Verwaltungsratsprotokolle. „Die reine Forschung habe kein anderes Ziel als die Erkenntnis der Wahrheit. Er müsse es daher ablehnen, alle einzelnen Bestimmungen des Beamtengesetzes unmittelbar auf die in der Forschung tätigen Wissenschaftler anzuwenden." Eine Auffassung, die der des Reichsministeriums für Wissenschaft, Erziehung und Volksbildung strikt widerspricht. In Bezug auf das Hirnforschungsinstitut muss Planck schließlich einräumen: „Meine Bemühungen, für besondere Fälle bei dem Herrn Minister eine

Ausnahme von der Anwendung der gesetzlichen Bestimmungen zu erwirken, sind zu meinem Bedauern ohne Erfolg geblieben." Neben dem Präsidenten der Kaiser-Wilhelm-Gesellschaft setzen sich auch der Generaldirektor Friedrich Glum sowie als Schlüsselfigur aus dem Senat Gustav Krupp von Bohlen und Halbach für Mitglieder und Mitarbeitende der Gesellschaft ein.
Dennoch müssen laut Rundschreiben des Präsidenten vom 27. April 1933, also gerade einmal drei Wochen nach Inkrafttreten des diskriminierenden Gesetzes, alle Kaiser-Wilhelm-Institute, die mehr als 50 Prozent öffentliche Mittel erhalten, die vom Gesetz geforderten Angaben über ihr Personal machen. Von Kündigungen nach dieser neuen Vorschrift betroffen sind am Hirnforschungsinstitut unter anderem die technischen Assistentinnen Elisabeth Beck und Hedwig Kirschner, Hans Löwenbach sowie die Genetikerinnen Rosa Schragenheim und Estera Tenenbaum. Der Leiter der histologischen Abteilung Max Bielschowsky fällt zwar als Jude unter die Bestimmungen des Gesetzes, wird aber nicht entlassen, sondern von Oskar zunächst „bis zum Erreichen der gesetzlichen Altersgrenze" beurlaubt, wie seine Personalakte zeigt. Er geht in der Folge an die Universität Utrecht, von dort an das Cajal Hirnforschungsinstitut in Madrid und schließlich zu einem seiner Söhne nach Großbritannien, wo er 1940 an einem Schlaganfall stirbt. Der Leiter der Foto- und Reproduktionsabteilung Ernst Heyse wird 1934 „aus politischen Gründen" gekündigt, es wird ihm kommunistisches Engagement vorgeworfen. Cécile und Oskar werden ihn 1937 im neuen Institut in Neustadt wieder einstellen.
Immer wieder versuchen Cécile und Oskar, vorgeschriebene Entlassungen abzuwehren oder zumindest abzufedern. Rosa Schragenheim und Estera Tenenbaum zum Beispiel werden aus den Mitteln eines speziellen Fonds der Rockefeller Foundation mit einem Forschungsstipendium ausgestattet, mit ausdrücklicher Zustimmung der Stiftung. Ihr Europa-Vertreter Robert A. Lambert und Präsident Max Mason bestätigen bei Besuchen in Buch, dass die Rockefeller Foundation sich aus Deutschland zurückziehen

würde, wenn „die beiden Damen ihre Arbeitsmöglichkeit am Institut verlören". Trotz dieser Rückendeckung bleiben Rosa Schragenheim und Estera Tenenbaum nur bis zum Frühjahr 1934 am Institut, dann fliehen beide nach Palästina.

Manche Mitarbeiterinnen und Mitarbeiter verlassen das Institut auch ohne unter das „Gesetz zur Wiederherstellung des Berufsbeamtentums" zu fallen, weil sie sich in dem Klima der Bedrohung nicht sicher fühlen oder nicht in einem nationalsozialistischen Deutschland leben wollen. Céciles und Oskars Tochter Marthe geht 1935 mit einem Rockefeller-Stipendium nach England. Jan Friedrich Tönnies, der am Institut unter anderem den ersten einsetzbaren Elektroenzephalografen zur Messung menschlicher Gehirnströme entwickelt hat, wechselt ebenfalls 1935 an das Rockefeller Institute for Medical Research in New York.

Außer dem „Berufsbeamtengesetz" trifft auch die nationalsozialistische Kampagne zur „Beseitigung" von Doppelverdienerinnen das Hirnforschungsinstitut, unter anderem die russische Wissenschaftlerin Elena Timoféeff-Ressovsky, die gemeinsam mit ihrem Mann Nicolai an der Abteilung für Genetik arbeitet. Statt ihrer bisherigen Stelle bieten ihr die Vogts einen Vertrag als unbezahlte „Volontärassistentin" an, zugleich erhält aber Nicolai eine Gehaltserhöhung.

Was die Vertreibung wichtiger Mitarbeiterinnen und Mitarbeiter betrifft, so ist das Hirnforschungsinstitut nicht untypisch für die Neurowissenschaften insgesamt. Die Nervenheilkunde sei ein von jüdischen Medizinern bevorzugtes Fach gewesen – zugleich stand diesen in dem Fach aber auch ein besonders hoher Prozentsatz von nationalsozialistischen Parteigängern oder Sympathisanten gegenüber, schreibt der verstorbene Tübinger Hirnforscher Jürgen Peiffer, der auch zu medizinhistorischen Themen gearbeitet hat, in einer Arbeit über die Vertreibung deutscher Neuropathologen. Letztere erhoffen sich durch die gesetzlich erzwungenen Entlassungen eine Beförderung ihrer eigenen Karrieren und die Chance auf vakante Führungspositionen.

Auch jenseits der Beamten- und Rassegesetze werden die Arbeit von Wissenschaftlerinnen und Wissenschaftlern und deren Publikationsmöglichkeiten auf vielen Ebenen eng reglementiert, die Tätigkeit von politisch missliebigen oder „nichtarischen" Forschern wird immer mehr eingeschränkt. An einer „Sitzung der Medizinischen Fachpresse" im März 1937 in Wiesbaden nimmt neben nationalsozialistischen Ärztefunktionären wie Kurt Klare, SS-Chargen wie Alfred Denker und Kurt Gutzeit, dem „Alten Kämpfer" Hans Stadler oder dem Mitarbeiter des Reichsgesundheitsamtes Fritz Rott auch der Nachfolger von Oskar Vogt als Direktor des Kaiser-Wilhelm-Instituts für Hirnforschung Hugo Spatz teil. Bei dem Treffen werden neue Regeln für medizinische Journale festgelegt. „Arbeiten von Vorwahl sollen nicht aufgenommen werden, da er an dem Gesetz für Erbkrankheiten unzulässige Kritik geübt hat", heißt es im Protokoll. Diese Bestimmung zielt wohl auf den Psychologen, Jugend- und Sexualtherapeuten Heinrich Vorwahl ab. „Arbeiten von Juden sollen möglichst ausgeschlossen werden, nur wenn sie etwas Besonders darstellen, können sie in einem Prozentsatz von höchstens 1 % aufgenommen werden, insbesondere sollen therapeutische Arbeiten über spezielle Heilmittel ausgenommen sein. Auch Arbeiten von Russen sollen nicht aufgenommen werden, sofern nicht der Autor dem Schriftleiter als deutschfreundlich bekannt ist." Ein Ziel sei weiters „das Verbot von Inseraten jüdischer Firmen".

Auch das Reisen zu Tagungen wird immer schwieriger. Forschende müssen bei der „Deutschen Kongresszentrale" eine „Sprecherlaubnis" einholen, bevor sie im Ausland Vorträge halten können. Auch die Zuteilung von Devisen für solche Reisen muss genehmigt werden. Cécile und Oskar erhalten solche Genehmigungen vereinzelt noch nach 1933. Zum Beispiel reisen sie im Mai und Juni 1936 für eine Vortragsreihe nach Warschau. Auch für einige Vorträge, die Oskar im Februar 1937 in Wien halten soll, erteilt Max Planck mit Zustimmung des Wissenschaftsministeriums die Reise- und Sprecherlaubnis. Doch mit einer für Januar 1938 geplanten Reise

nach Wien auf Einladung der Wiener Psychiatrischen Gesellschaft wird es schwierig. Das Reichs- und Preußische Ministerium für Inneres erlaubt die Reise schließlich, aber mit Auflagen. Die Genehmigung sei, schreibt am 8. Januar 1938 ein Beamter im Auftrag des Ministers an Cécile und Oskar, „ausdrücklich davon abhängig, dass Sie sich in einer an mich vor Reiseantritt abzugebenden Erklärung ausdrücklich verpflichten, während Ihres Aufenthalts in Österreich von der Abhaltung jeglicher Vorträge abzusehen und den Aufenthalt in Wien lediglich dazu zu benutzen, die für Ihre wissenschaftlichen Forschungen in Frage kommenden Sammlungen zwecks Fortführung Ihres Werkes ‚Sitz und Wesen der Hirnkrankheiten' durchzusehen. Ein öffentliches Auftreten Ihrerseits, wie es durch Vorträge gegeben ist, auch wenn sie in einem kleinen Kreis stattfinden, ist politisch unerwünscht. Die vorstehende Entscheidung habe ich im Einvernehmen mit dem Stellvertreter des Führers getroffen."
Warum man so strikte Vorgaben macht, recherchiert Gustav Krupp von Bohlen und Halbach auf Ersuchen von Cécile und Oskar und berichtet im Juli 1938 nach Neustadt im Schwarzwald, wohin sich das Ehepaar Vogt zu diesem Zeitpunkt bereits zurückgezogen hat: „Die Bedenken des Stellvertreters des Führers richteten sich gegen die einladende Gesellschaft, von der bekannt gewesen sei, daß sie 100%ig jüdisch orientiert war."

Ende des Widerstands: Cécile und Oskar räumen das Feld

Sosehr die Vogts auch versuchen, Vorwürfen und Angriffen mit Rechtfertigungen entgegenzutreten, Unterstützung zu mobilisieren und das Unabwendbare noch abzuwehren – letztlich werden ihre Bemühungen vergebens sein. Dem Institut eine neue, politisch „zuverlässigere" Leitung zu geben, gelingt trotz aller Attacken und Intrigen nicht sofort.
Im September 1934 kommt aber der nächste Schlag: In Berlin-Buch trifft ein Schreiben des Reichsministers für Wissenschaft,

Erziehung und Volksbildung ein, in dem „dem Abteilungsleiter beim Physiologischen Institut der Universität Berlin und Direktor des Kaiser-Wilhelm-Instituts in Buch aufgrund der Verordnungen zur Durchführung des Gesetzes zur Wiederherstellung des Berufsbeamtentums" die „Stellung als Direktor des Kaiser-Wilhelm-Instituts für Hirnforschung in Buch mit Wirkung vom 31. Dezember 1934" gekündigt wird. Dies, obwohl er im Februar 1920 einen unkündbaren Vertrag auf Lebenszeit erhalten hat. Die Positionen als wissenschaftlicher Mitarbeiter der Kaiser-Wilhelm-Gesellschaft und als Abteilungsleiter beim Physiologischen Institut der Universität Berlin bleiben zunächst davon unberührt und vorläufig wird Oskar noch mit der kommissarischen Leitung des Instituts beauftragt.

Bei einem Treffen im Januar 1935 verhandeln Gustav Krupp von Bohlen und Halbach und Ernst Telschow, mittlerweile zum Geschäftsführer der Kaiser-Wilhelm-Gesellschaft aufgestiegen, die Angelegenheit mit Rudolf Mentzel, dem Forschungsreferenten des Reichsministers für Wissenschaft, und einem Juristen des Reichserziehungsministeriums. Als Institutsdirektor muss Oskar abgelöst werden, darauf bestehen die Ministerien, aber man könne ihm ja eine wissenschaftliche Arbeitsmöglichkeit geben – wohl wissend, dass Cécile und Oskar einen Verbleib als „einfacher Mitarbeiter" unter anderer Leitung nicht akzeptieren. Krupp von Bohlen besteht besonders darauf, dass man die Vorwürfe der kommunistischen Gesinnung Vogts zurücknehmen müsse. Möglicherweise geht es ihm hier angesichts der allgemein bekannten guten Beziehungen zu Cécile und Oskar auch um den eigenen Ruf. Zu einer Rücknahme dieses einen Vorwurfs kommt es tatsächlich im März 1935, der zuständige Reichs- und Preußische Minister für Wissenschaft, Erziehung und Volksbildung bestätigt im November 1935 nochmals ausdrücklich in einem Schreiben gegenüber dem Verbindungsstab der NSDAP: „Die aufgrund der Zeugenaussagen sich ergebende Einschätzung des Professor Vogt hat im Laufe der Zeit eine gewisse Abänderung erfahren, die mit der auch mir bekannt gewordenen persönlichen Unzulänglichkeit verschiedener Belastungszeugen zusammenhängt. Dieser Tatsache wurde bereits dadurch Rechnung getragen, dass mein Sachbearbeiter Professor Mentzel Herrn Krupp von Bohlen im Frühjahr dieses Jahres erklärte, dass der Vorwurf kommunistischer Umtriebe gegenüber Herrn Professor Vogt keinesfalls aufrechterhalten würde, dass lediglich festgestellt sei, dass kommunistische Propagandatätigkeit im Kaiser-Wilhelm-Institut für Hirnforschung entfaltet worden sei. Da nicht nachweisbar ist, dass diese Propagandatätigkeit mit Wissen von Professor Vogt geschehen ist, entfällt damit auch der diesbezügliche Vorwurf an Professor Vogt selbst." Die Erklärung betrifft ausschließlich den Vorwurf der kommunistischen Weltanschauung gegen Oskar, sie umfasst ausdrücklich nicht alle anderen Vorwürfe, insbesondere nicht die spezifisch gegen Cécile vorgebrachten.

Die leichte Mäßigung des Tons, die nicht lange anhält, und die teilweise Rücknahme von Vorwürfen können nicht darüber hinwegtäuschen, dass die Demontage und Vertreibung von Cécile und Oskar aus dem Kaiser-Wilhelm-Institut keineswegs nur Ergebnis von Missverständnissen oder Intrigen sind. Das Ehepaar Vogt verkörpert mit seinen Auffassungen und seinem Lebensstil durch und durch Feindbilder, die aus nationalsozialistischer Perspektive in Leitungsfunktionen untragbar sein müssen. Man geht wohl nur deshalb gemäßigter gegen sie vor als gegen andere missliebige Personen, weil sie die persönliche Protektion der Krupps genießen. Möglicherweise hilft auch die Unterstützung eines Jugendfreunds von Oskar, Ernst von Reventlow. Dieser hat in der Weimarer Republik die Deutschvölkische Freiheitspartei mitbegründet, wechselt 1927 zur NSDAP und bleibt auch nach der „Machtergreifung" auf einem Mandat der NSDAP-Einheitsliste im Reichstag.

Nach dem Kündigungsschreiben als Direktor des Instituts folgt im Mai 1935 eine weitere Anweisung an Oskar: Per 1. Oktober 1935 wird er mittels Ministerialerlass mit 65 Jahren in den dauernden Ruhestand versetzt, davon ist nun auch die außerordentliche

Professur betroffen. Im November 1935 wird diese Entscheidung nochmals vom Ministerium bekräftigt, Interventionen bleiben ohne Erfolg.

Die Nachfolgefrage ist allerdings noch im Februar 1936 alles andere als geklärt. In einem Aktenvermerk der Kaiser-Wilhelm-Gesellschaft wird beklagt, dass es wegen zahlreicher vakanter Lehrstühle schwierig sei, geeignete Kandidaten zu finden. Der habilitierte Münchner Neuropathologe Hugo Spatz ist zwar schon länger als neuer Direktor des Hirnforschungsinstituts im Gespräch, aber es gibt auch gegen ihn Vorbehalte. Diese können schließlich wohl ausgeräumt und kann über die umfassende Wunschliste von Spatz Einvernehmen hergestellt werden. Im Mai 1936 wird das Kuratorium des Hirnforschungsinstituts über den erfolgreichen Abschluss der Verhandlungen mit Spatz informiert.

„Hiermit kündige ich zum 1. April 1937 meine Stellung als Abteilungsvorsteher der Anatomischen Abteilung des Kaiser-Wilhelm-Instituts für Hirnforschung.“ Mit diesen Zeilen beendet Cécile am 27. Dezember 1936 ihr Dienstverhältnis – per jenem Stichtag, an dem Oskars kommissarische Leitung endgültig zu Ende gehen wird.

Die „Zehn-Prozent-Vereinbarung“

Bis zuletzt wird darum gerungen, welche Stücke aus den Sammlungen und welche Gerätschaften in Berlin verbleiben und was Cécile und Oskar in ihre neu gegründete private Forschungseinrichtung nach Neustadt im Schwarzwald mitnehmen können. Hier geht es angesichts der speziellen Historie des Instituts unter anderem um Anschaffungen, die das Ehepaar Vogt vor der Eingliederung in die Kaiser-Wilhelm-Gesellschaft aus eigenen Mitteln bestritten hat, und um ihre seit 1900 aufgebaute Hirnsammlung. In einer Besprechung zwischen Cécile, Oskar und Hugo Spatz, moderiert von Gustav Krupp von Bohlen und Halbach, wird genau festgelegt, welche Schränke, Mikrotome, Strecköfen und Bücher in ihre neue private „Gesellschaft für Hirnforschung“ verbracht werden dürfen.

Was die Übersiedelung der eingefärbten Hirnschnitte und der noch nicht aufbereiteten, in Paraffin konservierten Gehirne betrifft, gibt es wohl einiges an Diskussionsbedarf, insbesondere um jene Präparate, die seit der Eingliederung des Instituts in die Kaiser-Wilhelm-Gesellschaft angelegt worden sind. „Die Häufung unserer neuen Ergebnisse hängt dabei mit der Tatsache zusammen, dass wir nunmehr die systematische Bearbeitung unseres großen Materials in Angriff genommen haben“, notieren Cécile und Oskar in einem Bericht. „Wir werden diese Arbeit nach dem 1. April 1937 in einem kleinen Privatinstitut in Neustadt im Schwarzwald fortsetzen.“ Es ist also offenbar geplant, im künftigen Institut in Neustadt mit vorhandenen Schnitten und mit Gehirnen weiterzuarbeiten, die noch nicht aufgearbeitet sind. „Als Material wird jeder 10. Schnitt der im Institut angefertigten Hirnserien dienen, der nach früheren Abmachungen mit der Kaiser-Wilhelm-Gesellschaft (Herr von Bohlen bestätigte diese im weiteren Verlauf der Sitzung) uns gehört“, heißt es im Bericht weiter. „Wir hoffen dabei in etwa 5 Jahren unter Zuhilfenahme zahlreicher Abbildungen unsere gesamten Befunde veröffentlichen zu können.“

Dass Cécile und Oskar hier über „jeden 10. Schnitt“ schreiben, hat Anlass für unterschiedliche Auslegungen durch die Nachwelt gegeben. Die Formulierung ist meines Erachtens klar so zu verstehen, dass es hier um zehn Prozent der im Kaiser-Wilhelm-Institut bis zum März 1937 angefertigten Schnitte geht. Für diese Auslegung spricht auch eine noch deutlichere Aussage in einem Brief Oskars an den Präsidenten der Kaiser-Wilhelm-Gesellschaft Max Planck. Es sei die Vereinbarung getroffen worden, „dass ich bei meinem Fortgang jedes 10. Präparat mitnehmen kann“.

Trotzdem gehen manche Autoren davon aus, dass es sich um eine Abmachung für die Zukunft gehandelt habe und demnach auch nach 1937 Schnitte aus Berlin nach Neustadt gewandert seien – das ist allerdings schon angesichts der Umstände, unter denen der

Abgang der Vogts erfolgt, nicht plausibel. Dennoch bildet die letztere Auslegung dieser „10-Prozent-Vereinbarung“ die Grundlage für den später mehrfach ausgesprochenen Verdacht, dass Cécile und Oskar auf Basis dieser Abmachung im Schwarzwald mit Gehirnpräparaten von „Euthanasie“-Opfern gearbeitet haben könnten – was im Übrigen niemals erhärtet werden konnte.

Zur Rolle der Kaiser-Wilhelm-Gesellschaft und ihrer Institute im Nationalsozialismus hat die Max-Planck-Gesellschaft – de facto die Nachfolgeorganisation der Kaiser-Wilhelm-Gesellschaft – ein Forschungsprogramm initiiert, das noch immer läuft. Herwig Czech, Professor für Geschichte der Medizin in Wien, ist einer der Ko-Leiter des von der Max-Planck-Gesellschaft finanzierten internationalen Forschungsprojekts „Hirnforschung an Instituten der Kaiser-Wilhelm-Gesellschaft im Kontext nationalsozialistischer Unrechtstaten“, angesiedelt an der Medizinischen Universität Wien, der Technischen Universität München, der Oxford Brookes University und der Leopoldina in Halle an der Saale. Unter anderem rekonstruieren, identifizieren und dokumentieren die Expertinnen und Experten im Rahmen dieses Programms, an den Gehirnen welcher Opfer der nationalsozialistischen „Euthanasie“ und Justiz und anderer Opfer des Regimes geforscht wurde, wie mit den Präparaten der Opfer nach 1945 umgegangen wurde und welche Publikationen auf unethischer Forschung an NS-Opfern beruhen. Bis 2024 soll das Projekt abgeschlossen sein.

Dass auch Cécile und Oskar Vogt im Institut in Neustadt im Schwarzwald von Gehirnen Ermordeter wissenschaftlich „profitiert“ hätten, dafür gibt es trotz verschiedener Vermutungen keine Belege, auch nicht im Rahmen des aktuellen internationalen Forschungsprojekts. „Wir haben bisher keine Hinweise gefunden, dass Gehirne von Opfern nach Neustadt gelangt und von den Vogts verwendet worden wären. Das ist eine Spur, die sich bislang nicht verifizieren, aber auch nicht mit Sicherheit ausschließen lässt“, sagt Herwig Czech im Gespräch. Cécile und Oskar bleiben nach dem Hinauswurf aus Berlin-Buch „Auswärtige Wissenschaftliche

Mitglieder" der Kaiser-Wilhelm-Gesellschaft. Das dürfte wohl auf den Präsidenten Max Planck zurückgehen, der am 23. März, unmittelbar vor der Abreise von Cécile und Oskar, schreibt: „Da ich morgen einen Urlaub von einigen Wochen antrete, werde ich Sie leider nicht mehr sehen, bevor Sie das Kaiser-Wilhelm-Institut für Hirnforschung am 1. April verlassen. Ich möchte Ihnen daher auf diesem Weg für Ihre aufopfernde Arbeit als Direktor des Kaiser-Wilhelm-Instituts für Hirnforschung danken, das Sie gemeinsam mit Ihrer Frau Gemahlin durch Ihre großen wissenschaftlichen Leistungen zu einem weltberühmten Institut gemacht haben. Ich freue mich, dass Sie sowohl wie Ihre Frau Gemahlin als Auswärtige Wissenschaftliche Mitglieder des Kaiser-Wilhelm-Instituts für Hirnforschung auch weiterhin unserer Gesellschaft angehören werden, denn ich nehme an, dass Sie mit Ihrer Ernennung einverstanden sind."

Max Planck tritt in diesem Jahr übrigens nicht mehr zur Wiederwahl an. Zu seinem Nachfolger wählt der Senat der Gesellschaft Carl Bosch, Chemie-Nobelpreisträger sowie Vorstandsvorsitzender und ab 1935 Aufsichtsratsvorsitzender der IG Farben.

„Die Vertreibung aus ihrem Institut hat Cécile und Oskar Vogt sicher sehr getroffen und geprägt", sagt Herwig Czech, Professor für die Geschichte der Medizin in Wien, im Gespräch. „Das Institut war ihr Lebenswerk, zweifellos wurden sie massiv vom Regime geschädigt."

Selbst als Cécile und Oskar längst in ihrem innerdeutschen Exil in Neustadt im Schwarzwald sind, halten die Feindseligkeiten an. Unter anderem spielt die gleichgeschaltete NS-Presse bei den Attacken auf Cécile und Oskar mit. So findet sich im August 1937 in der SS-Zeitschrift *Das schwarze Korps – Zeitung der Schutzstaffeln der NSDAP – Organ der Reichsführung SS* unter dem Titel „Was hatte Lenin eigentlich im Kopf?" ein Text, der sich ausdrücklich gegen Cécile und Oskar richtet. Die Vogts werden als Lügner und Scharlatane hingestellt, mit viel Insiderwissen werden die Befunde von Lenins Hirn zerpflückt. Im Völkischen Beobachter, dem

Parteiorgan der NSDAP, widmet sich ebenfalls im August 1938 ein Beitrag dem Thema „weiße Juden in der Wissenschaft" und ordnet das Ehepaar Vogt dieser Gruppe zu. Da sind sie zwar in guter Gesellschaft, etwa mit dem Physiker und Nobelpreisträger Werner Heisenberg, freundlich gemeint ist die Bezeichnung aber natürlich keineswegs. „Weiße Juden" sind in der NS-Propaganda Menschen, die zwar nach ihrer Abstammung „Arier" sind, aber einen „jüdischen Geist" in der Wissenschaft verbreiten, mit Ausländern und Juden kooperieren und daher nach diesen Vorstellungen ebenso wie jüdische Forscher selbst konsequent aus dem Wissenschaftsbetrieb zu entfernen seien.
Eine perfide Rache an Oskar Vogt ist es auch, ihn 1939, mit bereits 69 Jahren, als Sanitätssoldaten zur Wehrmacht einzuziehen. Nach sechs Wochen kann er nach Interventionen wieder abrüsten, doch die Botschaft ist klar: Man beobachtet die Vogts auch fernab der Hauptstadt und es wird Wohlverhalten erwartet.
Noch Jahre nach ihrer Vertreibung aus Berlin sind die Vogts manchen strammen Volksgenossen, auch in der Kaiser-Wilhelm-Gesellschaft, ein Dorn im Auge. „Wehrwirtschaftsführer" Heinrich Hörlein, ein Hochschullehrer und Unternehmer aus Wuppertal und seit 1939 Senator der Kaiser-Wilhelm-Gesellschaft, fragt im Januar 1944 brieflich bei der Generalverwaltung nach, ob die Kaiser-Wilhelm-Gesellschaft „in irgendwelchen Beziehungen zum früheren Direktor des Kaiser-Wilhelm-Instituts für Hirnforschung Hr. Prof. Vogt" stehe, ob dieser ausgewandert oder in Deutschland sei. Im Februar fasst er nach: „Ist er Arier oder Mischling?", will Hörlein über Oskar wissen. Und wer eigentlich Neustadt finanziere. Ab 1952 ist Hörlein wieder Senator – nun in der Max-Planck-Gesellschaft.

Dunkle Jahre: Was aus dem Kaiser-Wilhelm-Institut nach der Vertreibung der Vogts wurde

Nach 1945 ist oft argumentiert worden, zahlreiche wissenschaftliche Institutionen hätten die Zeit des Nationalsozialismus neutral überstanden, sich vom Regime und der Politik ferngehalten und die Freiheit der Forschung genutzt, die auch während des „Dritten Reichs" weitgehend aufrechtgeblieben sei. Der an der Portland State University in Oregon tätige Wissenschaftshistoriker Richard Beyler schreibt, dies sei eine beliebte Rechtfertigungsstrategie gewesen, um nach 1945 möglichst wenige Wissenschaftlerinnen und Wissenschaftler nach den Entnazifizierungsvorschriften der Alliierten entlassen zu müssen.

Während wissenschaftliche Freiheit für private Institute in gewissem Ausmaß wohl möglich war, gilt dies für öffentlich geförderte Einrichtungen wie die Kaiser-Wilhelm-Institute kaum, viele von ihnen passen ihre Forschungsprogramme an die Interessen und Vorgaben der neuen Machthaber an. Es habe sich „Einmütigkeit darüber" gezeigt, heißt es in einem Protokoll des Verwaltungsausschusses der Kaiser-Wilhelm-Gesellschaft von 1934, dass diese „es als ihre vornehmste Aufgabe betrachte, ihre wissenschaftlichen Interessen mit den militärischen Interessen, die zur Zeit für unser Vaterland besonders wichtig seien, zu verbinden."

Der neue Direktor des Hirnforschungsinstituts Hugo Spatz, der zuvor in München tätig gewesen ist, übernimmt am 1. April 1937 die Leitung, 1938 wird er Mitglied der NSDAP. In seiner Antrittsrede beim „Betriebs-Appell" steckt er ab, welcher neue Wind jetzt in Buch weht. Der soziale Gedanke habe im neuen Deutschland gesiegt, sagt Spatz. „Jetzt dürfen wir im Frieden zum zweiten Male erleben, dass der Einzelne und so auch der Forscher und alle seine Gehilfen im Dienste der gemeinsamen Sache der deutschen Nation stehen. Wir alle wissen, wem wir das verdanken. Wir wollen uns erheben und uns vereinen in dem Ruf: Unserm Führer, Adolf Hitler, Siegheil! Siegheil! Siegheil!“

Der Charakter und das inhaltliche Konzept des Hirnforschungsinstituts in Berlin-Buch verändern sich nach dem Abgang von Cécile und Oskar. Hugo Spatz verschiebt den Forschungsschwerpunkt in Richtung pathologischer Hirnveränderungen und genetischer Fragen, wie der Pionier der Zell- und Molekularbiologie und Wissenschaftshistoriker Heinz Bielka schreibt. Beforscht wird in der Ära Spatz insbesondere die Vererbung von mentalen Erkrankungen und Behinderungen. Die zytoarchitektonische Forschung, eines der Kernstücke von Céciles Arbeit, wird weitgehend aufgegeben. Ab dem Beginn des Zweiten Weltkriegs kommen militärisch orientierte Forschungsabteilungen zum Institut, unter anderem die „Sonderstelle zur Erforschung von Kriegsschäden des Zentralnervensystems“, eine „Außenabteilung für Gehirnforschung“ des Luftfahrtmedizinischen Forschungsinstituts des Reichsluftfahrtministeriums oder eine „Forschungsstelle für Hirn-, Rückenmark- und Nervenverletzungen“.

Hugo Spatz baut das Institut auch personell um: Er selbst leitet die Anatomische Abteilung und die Klinik und holt neue Abteilungsleiter an Bord. So wird Julius Hallervorden, der im Institut noch eine unrühmliche Rolle spielen wird, Anfang 1938 Leiter der Histopathologischen Abteilung und bleibt zugleich Leiter der Prosektur der Brandenburgischen Landesanstalten.

Mit welchen Emotionen Cécile und Oskar wohl 1953 einen Aufsatz von Spatz in der *Münchener Medizinischen Wochenschrift* zur Geschichte des Instituts aufgenommen haben, ist nicht überliefert. Ärger und Wut wären durchaus verständlich, wenn da zu lesen ist, er habe „auf dringendes Anraten des damaligen Präsidenten der Kaiser-Wilhelm-Gesellschaft, Max Planck, das schwierige Erbe der Direktion des sehr großen Unternehmens“ angetreten. „Es begann 1937 für die meisten Abteilungen eine unvergessliche Zeit harmonischer Zusammenarbeit, die bei Kriegsende eine jähe Unterbrechung finden sollte.“ Damit schreibt Spatz eine beliebte

Nachkriegserzählung fort: Die Vogts waren schwierig, verursachten Konflikte und Streit, man musste die Situation am Institut beruhigen. An das Kaltstellen des Forscherpaars aus politischen Gründen erinnert man sich später nur ungern und auch die menschenverachtenden, intriganten, rassistischen und ideologischen Grundlagen der „unvergesslichen Zeit harmonischer Zusammenarbeit" werden nicht mehr thematisiert.

Welcher Geist am Institut der Post-Vogt-Ära herrschte, zeigt exemplarisch ein skurriles Dokument aus den Akten der Kaiser-Wilhelm-Gesellschaft: 1941 schrieb der Leiter der Physiologischen Abteilung Alois E. Kornmüller an den Psychiatrieordinarius an der Charité und das Kuratoriumsmitglied des Instituts Max de Crinis: „Da mit der Einnahme Moskaus zu rechnen ist, möchte ich mir erlauben, Sie an folgendes zu erinnern. Im Moskauer Hirnforschungsinstitut befindet sich die vollkommene Schnittserie des Gehirns von Lenin. Halten Sie es nicht auch für gut, dass Sie, Herr Professor, veranlassen, dass dieses Material im Falle einer Einnahme von Moskau sofort für Sie sicher gestellt wird?" Das sei „zumindest propagandistisch wertvoll", denn er, Kornmüller, wisse vom früheren Vogt-Mitarbeiter Bielschowsky, dass Lenin eine „luetische Hirnerkrankung" gehabt habe.

Unter Spatz und Hallervorden wurden im Kaiser-Wilhelm-Institut für Hirnforschung mehrere Hundert Gehirne von Opfern der „Euthanasieprogramme" untersucht, mindestens zwölf wissenschaftliche Veröffentlichungen von Hallervorden beruhen, wie der Neurologe Daniel Kondziella in seiner Publikation über Opfer und Täter unter den Neurologinnen und Neurologen in der Zeit des Nationalsozialismus auflistet, auf der Untersuchung von Opfer-Gehirnen.

„Durch die Vergebung der Prosektur der brandenburgischen Anstalten an unser Institut", berichtet Spatz einem Sitzungsprotokoll vom 20. Dezember 1938 zufolge an das Kuratorium des Kaiser-Wilhelm-Instituts, „und durch die Einrichtung einer Zweigstelle ist dem Institut ein sehr wertvolles Material an Gehirnen, besonders auf dem Gebiet des angeborenen Schwachsinns, zugeflossen." Nicht nur Gehirne von an Krankheiten oder natürlichen Ursachen verstorbenen Menschen werden in Buch untersucht. Wie der in Düsseldorf tätige Medizinhistoriker Michael Martin und seine Kollegen von der Universität Köln im Rahmen von zwei Sonderheften zur Neurologie und Neurowissenschaft im Nationalsozialismus in der Zeitschrift *Der Nervenarzt* berichten, war das Kaiser-Wilhelm-Institut für Hirnforschung in Berlin-Buch zwischen 1939 und 1945 in die sogenannten „Euthanasie"-Aktionen eingebunden.

Auch die personelle Zusammensetzung des Instituts-Kuratoriums verändert sich nach der Übernahme des Instituts durch Hugo Spatz zunehmend. So zieht der Psychiater Max de Crinis in das Aufsichtsgremium ein, der später zu den Verantwortlichen der sogenannten „T4-Aktion" gehört, also der systematischen Ermordung von Menschen mit körperlichen, geistigen und seelischen Beeinträchtigungen. Für den Journalisten und Buchautor Ernst Klee, der zahlreiche nationalsozialistische Medizinverbrechen recherchiert hat, ist Hallervorden ein „zentraler Verwerter der Gehirne ermordeter Menschen" – eine Einschätzung, die auch andere Autoren und Forscherinnen teilen. „Insgesamt habe ich 697 Gehirne erhalten einschließlich derer, die ich einmal in Brandenburg selbst herausgenommen habe", schreibt Hallervorden im März 1944 an Paul Nitsche, den Ärztlichen Leiter und „Obergutachter" der „Euthanasie"-Aktion T4. „Auch die aus Dösen sind mit einberechnet." In der kinderpsychiatrischen Abteilung der Anstalt Dösen wurden zwischen 1939 und 1943 mehr als 600 Kinder ermordet. Spatz und Hallervorden wissen also genau, an welchen Gehirnen sie forschen.

Belegt wird dies auch durch die sogenannten Alexander-Berichte. Der in Wien geborene Neurologe Leo Alexander ist 1933 aus Deutschland vertrieben worden und kommt mit den US-Truppen nach Europa zurück. Nach Kriegsende gehört es zu seinen Aufgaben, Interviews mit deutschen Neurologen, Psychiatern und

Neuropathologen zu führen. Dies nicht nur, um auszuloten, woran und mit welchen Ergebnissen in den Neurowissenschaften in Deutschland während des Nationalsozialismus geforscht worden ist, sondern auch, um Material für die Anklage im Nürnberger Ärzteprozess zu sammeln. Das unterschätzen viele seiner Gesprächspartner, daher fördert er auch erschreckende und entlarvende Aussagen zutage. „Na, Menschenskinder, wenn ihr nun die alle umbringt, dann nehmt doch wenigstens die Gehirne heraus, so daß das Material verwertet wird“, wird Hallervorden zitiert. „Ich nahm sie an, die Gehirne: wo die nun herkamen, ging mich ja nichts an.“

Trotz alldem konnten Spatz und Hallervorden beachtliche Nachkriegskarrieren machen und unbehelligt weiterarbeiten. Obwohl Hallervorden auch im Zuge des Nürnberger Ärzteprozesses genannt wird, kommt es zu keiner weiteren Verfolgung. Wie andere Täter wirkt er nicht im Verborgenen weiter, sondern unter anderem sogar als Präsident der Gesellschaft für Neuropathologie. 1949 wird Hallervorden Abteilungsleiter im Max-Planck-Institut für Hirnforschung in Gießen, das wieder von Hugo Spatz geleitet und wo mit dem „Material“ aus den „Euthanasie“-Aktionen weitergearbeitet wird. 1956 erhält Hallervorden sogar das Große Bundesverdienstkreuz. Es muss frustrierend für Cécile und Oskar gewesen sein, zu beobachten, wie diese beiden, ebenso wie viele andere Täter und Mitläufer im Nachkriegsdeutschland, völlig ungestört weitermachen können, während man ihnen selbst das Leben einmal mehr schwermacht – doch dazu später. Immerhin erkennt die Universität Gießen spät, aber doch Spatz und Hallervorden 2017 die Ehrendoktorwürden ab, die sie 1967 bzw. 1962 verliehen bekommen haben. „Das Dekanat des Fachbereichs Medizin hat kein Verständnis dafür“, heißt es in einer Pressemitteilung, „dass die schon damals weitgehend bekannte Vergangenheit der beiden Hirnforscher im Gießen der Nachkriegszeit offenbar keine Rolle gespielt hat.“

Berlin-Buch: Forschung in der DDR

Nach Beginn des „Luftkriegs“ um Berlin und zunehmenden Bombenangriffen auch auf die Bucher Institute ab 1943 werden schrittweise wissenschaftliche Abteilungen des Hirnforschungszentrums aus Berlin in den Westen Deutschlands verlegt, unter anderem nach Dillenburg, Göttingen, Bochum und München. Nach dem Ende des Kriegs und der Befreiung Deutschlands liegt Berlin-Buch im sowjetischen Sektor. Kurzfristig wird 1945 nach der Einnahme von Buch durch die sowjetischen Truppen der Genetiker Nikolai Timoféeff-Ressovsky Leiter der verbliebenen Reste des Instituts, kurz darauf aber von der politischen Geheimpolizei NKWD verhaftet und in die UdSSR deportiert. „Timo hat sich größte Mühe gegeben, dass man am Institut arbeiten konnte“, schreibt Cécile im Dezember 1945 an ihre Tochter Marthe in England über die traurigen Neuigkeiten, die sie aus Berlin-Buch erreicht haben. „Eines Abends Ende September hat man ihn im Auto abgeholt, und er ist nicht mehr zurückgekommen.“ Ebenso wie eine ganze Reihe seiner Mitarbeiter.

Frl. Noack, eine langjährige Sekretärin der Vogts, die in Buch geblieben ist, wird 15 Stunden lang von der sowjetischen Militärverwaltung verhört, dann schließlich freigelassen. Das ehemalige Bucher Team, schreibt sie an Cécile, sei überzeugt, dass „wären Sie noch in Buch, so wäre das Institut unversehrt. Das Unglück verdanken wir Spatz, dass das Institut eine halbe Kaserne wurde.“ Nach der Verhaftung ihres Mannes wird das Institut interimistisch von Elena Timoféeff-Ressovsky geleitet, „in unglaublich tapferer Weise“, wie Cécile schreibt. „Das trotz ihrer Sorgen um ihren Mann und um ihren älteren Sohn, der von den Nazis verhaftet und vielleicht getötet wurde, man hat nichts mehr von ihm gehört.“ Leider erweist sich Céciles Befürchtung später als richtig, Dimitrij Timoféeff-Ressovsky ist 1943 in Dachau ermordet worden.

1947 werden die Bucher Einrichtungen, so heißt es in einer Broschüre über das Museum zur Wissenschaftsgeschichte auf dem Campus Berlin-Buch, als Institut für Medizin und Biologie von der sowjetischen Militäradministration an die Deutsche Akademie der Wissenschaften zu Berlin übergeben. „In Berlin bzw. der sowjetischen Besatzungszone hat teilweise die Deutsche Akademie der Wissenschaften ehemalige Kaiser-Wilhelm-Institute übernommen. Von den Alliierten ist die Frage bisher noch nicht einheitlich gelöst, sodass faktisch noch keine Rechtsnachfolge besteht“, schreibt die Akademie im Oktober 1948 an die Deutsche Verwaltung für Volksbildung.

Einen Neubeginn zunächst in der „Ostzone“ und dann der DDR verdankt der Bucher Forschungsstandort vor allem dem Biochemiker und Mediziner Professor Karl Lohmann, seit 1937 Direktor des Instituts für Physiologische Chemie der Medizinischen Fakultät der Berliner Wilhelms-Universität. 1948 wird der Biophysiker Walter Friedrich Direktor des Instituts, das zu diesem Zeitpunkt über Abteilungen für Biologische Krebsforschung, Biochemie und Biophysik sowie Chemische Krebsforschung, Genetik, Pharmakologie und Experimentelle Pharmakologie und Zellphysiologie verfügt – sich also weit von der früheren Hirnforschung entfernt hat. Im Gebäude der ehemaligen Neurologischen Forschungsklinik des Kaiser-Wilhelm-Instituts wird 1949 eine „Geschwulstklinik“ in Betrieb genommen. 1956 etabliert sich als weiterer medizinischer Schwerpunkt die Herz-Kreislauf-Forschung.

Neuer Aufbau nach der Wende

Nach dem Ende der DDR und dem Einigungsvertrag werden die Akademie-Institute „abgewickelt“, wie es in der „Vereinigungssprache“ unschön heißt. Für Berlin-Buch empfiehlt der Wissenschaftsrat der BRD 1990, ein modernes biomedizinisches Zentrum zu schaffen, das molekularbiologische, zellbiologische und physiologische Forschung verbinden soll.

Mit dem Max-Delbrück-Centrum für Molekulare Medizin (MDC) startet 1992 ein neuer Wissenschaftsstandort – im Verbund mit den beiden Universitätskliniken Robert Rössle für Geschwulstkrankheiten und Franz Volhard für Herz-Kreislauf-Krankheiten. 2001 kommt das Forschungsinstitut für molekulare Pharmakologie der Wissenschaftsgemeinschaft Gottfried Wilhelm Leibniz hinzu. Inzwischen haben sich im Biotechnologiepark des Campus in Buch auch zahlreiche Biotech-Unternehmen angesiedelt, unter anderem im Gebäude des ehemaligen Hirnforschungsinstituts.

Von den Abteilungen des früheren Kaiser-Wilhelm-Instituts für Hirnforschung bestehen nach Ende des Zweiten Weltkrieges an verschiedenen Standorten im Westsektor noch die Abteilung für Tumorforschung und experimentelle Pathologie in Köln, die beiden morphologischen Abteilungen in Gießen, die neurophysiologische Abteilung in Göttingen und die Abteilung für Klinische Psychiatrie und Konstitutionsforschung in Marburg. 1948 wird das Institut – wieder unter der Leitung von Hugo Spatz – in die Max-Planck-Gesellschaft übergeführt.

„GEHIRNSCHLOSS" IM SCHWARZWALD: NEUBEGINN IN DER PROVINZ

Für Cécile und Oskar ist es 1937 ein schmerzlicher Abschied aus Berlin: Sie haben dieses große Projekt initiiert und durchgesetzt, Unterstützung mobilisiert und Gelder organisiert, etwas aufgebaut, das in der Welt einzigartig und innovativ ist. Und jetzt müssen sie Berlin-Buch nicht nur verlassen, sie müssen auch noch zusehen, wie die von ihnen mit enormem Engagement aufgebaute Einrichtung „den Interessen des Reiches" dienen muss.

Im April 1937 nimmt die private „Institut der Deutschen Hirnforschungsgesellschaft mbH" in Neustadt im Schwarzwald ihre Tätigkeit auf. Gesellschafter sind Oskar und Cécile, die einmal mehr eigene Mittel in ein neues Institut stecken, und die Familie Krupp, wobei dem in Ontario lehrenden Wissenschaftshistoriker Frank W. Stahnisch zufolge auch Unterstützung aus den USA kommt. Man habe sich auch mit der Rockefeller Foundation darauf verständigt, „einen Neubau des Hirnforschungsinstitutes, weit entfernt von der Berliner Metropole" zu finanzieren, berichtet er.

Übersiedelung in das neue Institut

Kaum in Neustadt angekommen, schreiben Cécile und Oskar an Bertha und Gustav Krupp von Bohlen und Halbach, dass die von ihnen gestiftete Plakette gut angekommen sei, „sie hängt im Eingang und grüßt jeden". Nach den schwierigen Jahren in Berlin hoffen sie jetzt auf ruhigere Zeiten: „Wenn man uns weiter so in Ruhe lässt wie bisher, so sind ja alle äußeren Grundlagen für eine gedeihliche Arbeit geschaffen."

In den Schwarzwald mitnehmen können die Vogts aus Berlin Teile der Gehirn- und Insektensammlung. Neben ihrer Tochter Marguerite – Marthe ist zu diesem Zeitpunkt bereits seit zwei Jahren in England – folgen auch eine Reihe loyaler Mitarbeiterinnen und Mitarbeiter in die Rudenbergstraße 5 in Neustadt.

Das private Institut für Hirnforschung und allgemeine Biologie in Neustadt im Schwarzwald, gegründet 1937

Neustadt am Titisee liegt malerisch auf fast 900 Metern Seehöhe an der Höllentalbahn, die Freiburg im Breisgau mit Donaueschingen verbindet. Der imposante Bau der Vogts liegt auf einer Anhöhe, inmitten eines dreieinhalb Hektar großen Parks. Heute befindet sich im Gebäude des „Gehirnschlosses", wie Einheimische das Institut zu Zeiten der Vogts bald taufen, die „Klinik Haus Vogt", eine Fachklinik für Kinder- und Jugendpsychiatrie, Psychotherapie und Psychosomatik.
Helga Hummerich, eine langjährige Mitarbeiterin des ehemaligen Feuilletonchefs der *Frankfurter Zeitung* Benno Reifenberg, berichtet in ihren Erinnerungen, ein wesentliches Kriterium für die Standortwahl sei das gute Klima für bestimmte Nadelhölzer gewesen, die für die Zucht von Hummeln besonders günstig sind.

Denn abgesehen von Gehirnen sammeln Cécile und Oskar auch Hummeln – mit Engagement unterstützt von ihren Töchtern.

Hummeln, Käfer & Co

„Oskar and Cécile Vogt, Lenin's brain and the bumble-bees of the Black Forest" – das ist der Titel einer häufig zitierten Veröffentlichung der Neuropathologen Georg Wilhelm Kreutzberg, Igor Klatzo, selbst Vogt-Schüler und einst in Neustadt tätig, und Paul Kleihues. Was hat es mit der Hummelbegeisterung des berühmten Hirnforscherpaares auf sich?

„Ihre ganze Karriere sind die Vogts viel gereist. Ihr Ziel war, wenn sie nicht Vorträge und Vorlesungen hielten, Hummeln und Käfer zu sammeln", schreibt der bekannte verstorbene US-Neuropathologe Webb Haymaker in seiner Würdigung von Cécile und Oskar zu deren 75. und 80. Geburtstag. „Beim Insektensammeln waren und sind sie so eifrig wie Forel und Julian Huxley bei ihrer Jagd auf Ameisen", zieht er Vergleiche mit dem Freund des Ehepaares, dem Schweizer Psychiater, Hirnforscher und Sozialreformer Auguste Forel, und dem britischen Philosophen und Biologen Huxley, beide begeisterte Ameisenforscher. Die Auswahl ihrer Reiseziele hätten die Vogts immer auch nach dem möglichen Angebot an interessanten Insekten getroffen, die Urlaubsplanung hätte sich nach der Insektensaison gerichtet. „Bergsteigen faszinierte sie, aber nur bis zu einer Höhe, in der es noch Insekten gibt. Wenn es eine Möglichkeit gab, Hummeln zu finden, verbrachten sie stundenlang neben einem Blumenbeet, um ihrer Opfer habhaft zu werden." Quer durch Europa, Nordafrika, den Nahen Osten – überall führt sie ihre Jagd nach Insekten hin. Auf diese Weise entdecken sie eine Reihe neuer Arten, womit auch in der Welt der Insektenforschung ihr Name unvergessen bleibt. Einige Laufkäferarten sind nach Cécile und Oskar benannt: Apotomopterus vogtae, Eucarabus vogit, Eucrabus vogtianus und Eucarabus céciliae.

Die Sammelleidenschaft teilen auch die Vogt-Töchter von früher Jugend an und gehen in den Ferien auf Käfer- und Hummeljagd. Als sie im Sommer 1919 Ferienwochen bei der Familie Krupp am Essener Hügel verbringen, berichtet Marthe begeistert an die Eltern, welche Hummeln sie gefunden hätten. „Sie hat dir Hummeln mit einer ‚vogtischen' Beharrlichkeit gesammelt", schreibt Cécile 1927 über Marguerite, mit der sie Sommerferien in Dänemark verbringt.

Neue Bedingungen, neue Forschungsprogramme

Das von Cécile und Oskar geleitete neue Institut im Schwarzwald besteht aus drei Abteilungen und beschäftigt zu Beginn zwölf Mitarbeiterinnen und Mitarbeiter. Insbesondere wird die hirnarchitektonische Forschung fortgesetzt, die am Kaiser-Wilhelm-Institut in Berlin offenbar nicht mehr interessiert.
Neben neuroanatomischen Themen stehen auch eine Vertiefung der früheren Thalamus-Studien und der Alterungsprozess des Gehirns auf dem Forschungsprogramm, ebenso wie Untersuchungen zu krankhaften Veränderungen der Nervenzellen bei Schizophrenie. Dafür hätten Cécile und Oskar „bis dahin kaum benutzte Schnittserien von Schizophrenen" untersucht, schreibt der Neuroanatom Rolf Hassler im lexikalischen Werk *Große Nervenärzte*. Eine Eigenheit, die er besonders vermerkt: Die Patientinnen und Patienten seien vor der Ära der Schocktherapie verstorben, die Gehirne also „unversehrt" und damit besonders geeignete Studienobjekte. Es handelt sich also um altes, für Forschungszwecke besonders gut geeignetes „Material" aus ihrer in vielen Jahren zusammengetragenen Sammlung.

Zunächst fassen sie viele ihrer bisherigen Einsichten in dem großen zweiteiligen Werk *Sitz und Wesen der Krankheiten im Lichte der topistischen Hirnforschung und des Variierens der Tiere* zusammen, das 1937 und 1938 erscheint. Später führen sie die von Cécile bereits drei Jahrzehnte zuvor initiierten Studien zum Thalamus fort. „Eine in ihrem Ausmaß früher nicht gekannte Gliederung der weißen und grauen Substanz des Prosencephalon existiert und muss als die lehrreiche Grundlage für die meisten weiteren Fortschritte in der Hirnforschung angesehen werden", schreiben sie 1941.

Eine neue Forschungsfrage, der sich die Vogts im Schwarzwald widmen, sind der Alterungsprozess beim Menschen sowie die Faktoren, die zu einer Langlebigkeit beitragen. Geistesarbeit sei eine wesentliche Voraussetzung dafür, die Alterung von Nervenzellen zu verzögern, schreiben sie in einem gemeinsamen Aufsatz in der damals schon renommierten und bis heute erscheinenden Fachzeitschrift *Nature*. Sie gehen davon aus, dass es zu einem sowohl genetisch bestimmten als auch durch Nichtnutzung verursachten Absterben von bestimmten Gruppen von Nervenzellen kommt und dass Untätigkeit das Altern beschleunigt, hingegen Tätigkeit, besonders geistige Tätigkeit, das Altern verzögert. Das Geheimnis des langen Lebens sei es also, die Gehirnzellen durch viel Aktivität aktiv zu halten. Der Artikel stößt weit über die Fachwelt hinaus auf großes Interesse und wird in zahlreichen Medien in aller Welt aufgegriffen.

Insgesamt arbeitet Cécile zwar an vielen Themen weiter, die sie interessieren, doch publiziert sie nach der Übersiedelung nach Neustadt erkennbar weniger als zuvor in Berlin. Im Schwarzwald hat sie weniger Zeit für ihre eigene wissenschaftliche Arbeit. Es gibt kaum unterstützendes Personal, sie muss sich unter anderem selbst um die Administration des Instituts kümmern. Je weiter der Krieg voranschreitet, desto mehr Aufwand und Energie muss sie zudem aufwenden, um einen einigermaßen normalen Betrieb sicherzustellen und Mitarbeitende sowie Mitbewohnerinnen und Mitbewohner zu versorgen. Das gilt auch noch für die Nachkriegszeit. Es ist schwierig, ausreichende Verpflegung sicherzustellen. Zum Glück gibt es immer wieder Hilfe aus Ländern, in denen die Versorgungslage besser ist, so treffen unter anderem von Bekannten aus der Schweiz Lebensmittelpakte im Schwarzwald ein.

Adolf Hopf, der die Vogts in Neustadt kennengelernt und mit ihnen zusammengearbeitet hat, berichtet in seinem Nachruf auf Cécile: „In höherem Lebensalter traten bei Cécile Vogt die eigenen wissenschaftlichen Untersuchungen zugunsten der Übernahme vieler anderer Pflichten zurück", schreibt der 2011 verstorbene Neurologe und Psychiater, der ab 1960 das Hirnforschungsinstitut in Neustadt und später in Düsseldorf leitete. „Sie betreute die einmalig große und für den Uneingeweihten unüberschaubare Schnittseriensammlung sowie das Archiv der Krankengeschichten. Sie überwachte das Labor, führte die mikroskopische Zerlegung der Gehirne durch und zeichnete die Symbole der Windungen und Furchen auf den Fotografien ein. Daneben führte sie eine umfangreiche wissenschaftliche und persönliche Korrespondenz."

Nach dem Krieg ist Cécile wieder mit zahlreichen Gästen beschäftigt. „Während der gesamten Weihnachtszeit folgen Besucher aufeinander, die den Vogts ihre Reverenz erweisen. Fast jeden Tag hastet Cécile durch das Institut, um herauszufinden, wie viele Plätze bei Tisch benötigt werden", beschreibt der prominente amerikanische Neuropathologe Webb Haymaker seinen Aufenthalt in Neustadt im Jahr 1950.

Neustadt als Zufluchtsort

Im Neustädter „Gehirnschloss" finden nicht nur Cécile und Oskar selbst nach ihrer Vertreibung aus Berlin einen vergleichsweise sicheren Hafen, sie bieten hier auch anderen Menschen in Bedrängnis Zuflucht oder unterstützen Menschen, die zu emigrieren versuchen. Tragisch endet das Untertauchen in Neustadt für die jüdische Familie Willy sowie Victoria Calé und deren Tochter, mit denen die Vogts schon in Berlin befreundet gewesen sind. Ihre diskrete Unterbringung im „Gehirnschloss" wird 1942 von einem früheren Mitarbeiter der Vogts entdeckt und denunziert und sie müssen fliehen. Die Eltern Calé begehen in der Folge Suizid, die Tochter überlebt und emigriert in die USA, wo es ihr später gelingt, mit Céciles Tochter Marguerite Kontakt aufzunehmen.

Das Hirnforschungsinstitut wird auch ein Zufluchtsort für Frances Ida Oehlkers, die jüdische Frau und Mitarbeiterin des in Freiburg tätigen Botanikers Friedrich Oehlkers. Auch nach dem Krieg bleiben Cécile und Oskar in engem Kontakt mit den Oehlkers, Frances stirbt im Dezember 1958.

Der aus Vilnius stammende und später in Canada tätige Neuropathologe Jerzy Olszewski deutet, ohne konkrete Namen zu nennen, weitere Hilfesuchende an, die Unterschlupf finden: „Ich weiß, dass während der letzten Kriegsjahre zwei Halbjuden, zwei Polen und eine Dame aus Frankreich im Hause Vogt nicht nur Zuflucht fanden, sondern auch freundliche Zuneigung und geradezu familiäre Betreuung."

Einer, der in Neustadt aufgenommen wird und umfangreiche Erinnerungen über die letzten beiden Kriegsjahre im Schwarzwälder Institut hinterlassen hat, ist Benno Reifenberg, den die Vogts von 1943 bis 1945 im Labor beschäftigen. Der studierte Kunsthistoriker wird nicht freiwillig zum spätberufenen Laboranten. 1924 bis 1930 ist Benno Reifenberg für das Feuilleton der liberalen *Frankfurter Zeitung* verantwortlich, nach zwei Jahren als Korrespondent in Paris übernimmt er die Leitung der Politikredaktion und macht sich in dieser Funktion bei den Nationalsozialisten schon vor deren „Machtergreifung" alles andere als beliebt. In einem Leitartikel am 31. Januar 1933 zur Berufung Adolf Hitlers als Reichskanzler schreibt Reifenberg unter dem Titel „Der Zweifel": „Wir haben in diesem Augenblick, in dem Herrn Hitler die Kanzlerschaft des Deutschen Reiches übertragen worden ist, offen auszusprechen, daß er bis zur Stunde den Beweis menschlicher Qualifikation für dieses hohe Amt der Nation schuldig geblieben ist."

Diesem folgen viele andere kritische Kommentare und Aktionen. So ist, wie seine langjährige Mitarbeiterin Helga Hummerich in ihren Erinnerungen berichtet, „beim ersten, heute längst vergessenen Judenboykott Ende März 1933" die *Frankfurter Zeitung* „das einzige Blatt in Deutschland, das den Aufruf der jüdischen Gemeinde veröffentlichte und zu den Ereignissen Stellung nahm". Bis zum Frühjahr 1943 kann Reifenberg trotz aller Widrigkeiten bei der *Frankfurter Zeitung* tätig bleiben, doch im August 1943 wird ihr Erscheinen auf ausdrücklichen Befehl Hitlers eingestellt. Die Dichterin Marie Luise Kaschnitz legt Benno Reifenberg ans Herz, sich an den Freiburger Pathologen Franz Büchner zu wenden, dieser werde ihn mit Empfehlungsschreiben ausstatten können. Er solle nach Neustadt gehen, zum Hirnforscher Oskar Vogt, „dessen Name gemeinsam mit dem seiner Frau Cécile in die Geschichte der Medizin eingehen wird", rät Franz Büchner, der von der Dichterin nicht zufällig als Anlaufstelle genannt worden ist: Schließlich gilt er, wenn auch während der gesamten Zeit des Nationalsozialismus in führenden Universitätspositionen tätig, als einer der wenigen Mediziner, die sich öffentlich gegen die „Euthanasie"-Programme aussprechen.

Als Cécile Benno Reifenberg die Eingangstür des „Gehirnschlosses" öffnet, schreibt der Journalist in seinen Erinnerungen, habe er die hochgewachsene grauhaarige Frau im blau-weiß-gestreiften Kleid und mit einem Wäschekorb unter dem Arm für eine Krankenschwester gehalten. Später hätten er und Cécile sich noch oft über diese erste Begegnung amüsiert. „Die gelehrte Frau hatte Sinn für eine groteske Situation", schreibt Reifenberg.
Die Vogts nehmen ihn auf und er startet als naturwissenschaftlicher Neuling im Labor. „Es war ein Experiment", erinnert sich Reifenberg. Den Vogts sei bewusst gewesen, dass es „nicht unbedenklich war, mir eine so außerordentliche Zuflucht anzubieten". Benno Reifenbergs Hauptaufgabe besteht zunächst im Abzeichnen von Hirnschnitten, die Bilder sollen in einen Atlas der Hirnschichten einfließen. Zudem unterstützt der prominente Quereinsteiger im genetischen Labor die Vogt-Tochter Marguerite, die damals noch in Deutschland ist und die Reifenberg durch ihre „Geschicklichkeit und Intelligenz" sehr beeindruckt. „Sie war unermüdlich im Er-

klären, wie ihr Vater morphologisch hochbegabt." Unter anderem assistiert er bei ihren Versuchen mit Taufliegen, den berühmten Drosophilae, mit denen schon in Berlin-Buch in der genetischen Abteilung Timoféeff-Ressovskys experimentiert worden ist.
Reifenbergs langjährige Mitarbeiterin Helga Hummerich beschreibt in ihren Erinnerungen, wie sie bei Besuchen im Schwarzwald die Hausherrin erlebt: „Seine Frau Cécile, größer als er, Französin, ihr Deutsch mit starkem Akzent, mit einer rasch aufzüngelnden, doch humorgedämpften Ironie. Auch sie hatte forschende Augen und einen tüchtigen Schuss Neugier darin. Ihre Entdeckungen, z. B. dass der Veitstanz auf die Erkrankung einer bestimmten Stelle des Gehirns zurückzuführen sei, rückte sie selbständig an die Seite ihres Mannes."
Auf dem „stattlichen Hügel oberhalb des Schwarzwaldstädtchens Neustadt", wie Reifenberg selbst in einem autobiografischen Text seinen Zufluchtsort beschreibt, soll es auch zu konspirativen Treffen gekommen sein. Das beschreiben die Journalisten Ludger Fittkau und Marie-Christine Werner in einem Buch über das Netzwerk hinter den Hitler-Attentätern vom 20. Juli 1944. Reifenberg trifft sich demnach in seinem Schwarzwald-Unterschlupf mit Adolf Reichwein, der dem sozialdemokratischen Widerstand und dem „Kreisauer Kreis" angehört, im Juli 1944 verhaftet und im Herbst hingerichtet wird. Reichwein soll Reifenberg in die Planungen des Leuschner-Netzwerks für die Zeit nach einem erfolgreichen Hitler-Attentat einbeziehen und ihn für eine aktive Rolle in einer neuen politischen Konstellation gewinnen.
In den letzten beiden Kriegsjahren wird das Hirnforschungsinstitut zudem zum Zufluchtsort für Menschen, die sich vor den Bombenangriffen auf deutsche Großstädte in ländlichen Gegenden in Sicherheit bringen. Auch für sie haben die Vogts ein offenes Haus. „Aus Briefen meiner Eltern und meiner Frau habe ich erfahren, in wie liebevoller und aufopferungsvoller Weise Sie zusammen mit Hr. Prof. Vogt für die vorläufige Unterbringung unserer Familie gesorgt haben", schreibt Herbert Lüers im August 1943 aus Berlin-Buch an

Cécile. Er arbeitet zu diesem Zeitpunkt an der genetischen Abteilung des Kaiser-Wilhelm-Instituts. „Ich erfuhr auch, mit wie großen Schwierigkeiten für Sie das alles verbunden war."
Sogar für Hugo Spatz, Oskars Nachfolger als Direktor des Hirnforschungsinstituts nach der Vertreibung der Vogts aus Berlin, steht einmal Unterstützung durch die Vogts zur Diskussion: Es wird erwogen, Mitarbeiter, Labors und Sammlungen von Berlin in den Schwarzwald zu übersiedeln. Wobei Cécile und Oskar wohl eher die Rettung von Hirnschnitten und Bibliotheksbeständen vor den Bombenangriffen in Berlin am Herzen liegt als Hilfe für Spatz und seine Vertrauten, denen sie keinerlei Sympathien entgegenbringen. Aus der „Rettung der Bucher Schätze", über die Oskar mit Spatz korrespondiert, wird aber nichts.
Im Jahr 1944 kommen die Bomben näher und mit ihnen wird auch die Zahl der Menschen größer, die im „Gehirnschloss" Unterschlupf suchen. Nichts funktioniert mehr: Man kann so gut wie nicht telefonieren, die Postbeförderung dauert endlos und es fahren immer weniger Züge. „In Freiburg ist ein Großteil der Stadt völlig zerstört", schreibt Cécile im Dezember 1944 an Fanny von Kurowsky, die sie aus Berlin kennt und die möglicherweise einer Widerstandsgruppe um Elisabeth von Thadden angehört hat. „Alle Institute sind zerstört. Wir mussten den Botaniker bei uns aufnehmen, der mit drei Assistenten bei uns arbeitet. Das Chemieinstitut hat uns das wenige, das sie retten konnten, geschickt." Mit dem Botaniker meinte Cécile den Freiburger Ordinarius Prof. Oehlkers. Auch nach Ende des Krieges bleiben den Vogts Mitbewohner erhalten. „Unser Haus ist immer voll", schreibt Cécile im Dezember 1945 an ihre Tochter Marthe.
Damit nicht genug, hat Cécile weiterhin auch ein offenes Ohr für Freundinnen, Bekannte und Angehörige des Personals. Da werden alle Kontakte mobilisiert, um den Aufenthaltsstatus von Mitarbeitern in Ordnung zu bringen, wie Igor Klatzo schreibt. Oder Cécile kümmert sich um eine Mitarbeiterin, die während des Kriegs ein uneheliches Kind zur Welt bringt – mit der unvermeidlichen Kon-

sequenz, dass, wie bei unverheirateten Müttern damals üblich, das Jugendamt die Vormundschaft übernimmt. Cécile fädelt ein, dass Oskar diese bekommt, und kümmert sich um die Kontakte mit dem Heim, in dem das Kind untergebracht ist.

NACHKRIEGSPERSPEKTIVEN: ABRECHNUNG, ENTTÄUSCHUNG, ANERKENNUNG

Die Akquisition von Geldern für die Weiterführung des Institutsbetriebs ist nach Kriegsende besonders schwierig. Eine traditionell wichtige Finanzquelle fällt völlig aus – die Unterstützung durch die Familie Krupp und ihr nahestehende Stiftungen. 1947 gehen die Gesellschaftsanteile der Krupps an der Deutschen Hirnforschungsgesellschaft mbH auf die Familie Vogt über. Der Neuroanatom Rolf Hassler berichtet in einer Sitzung der Max-Planck-Gesellschaft 1960, die britische Besatzungsmacht hätte den GmbH-Anteil der Familie Krupp, der im beschlagnahmten Krupp-Vermögen enthalten war, der Familie Vogt geschenkt.
Bereits 1943 haben Cécile und Oskar die Eigentumsverhältnisse an ihren Sammlungen und ihren Anteilen am Neustädter Institut geregelt. Per Schenkungsurkunde erhält Tochter Marthe alle Hirnpräparate, die Insektensammlung, alle Negative, Kopien, Drucke und Diapositive von Gehirnpräparaten sowie die Literatur zu Neurologie und Insekten und jene Geräte, die nicht für die Genetik verwendbar sind. Tochter Marguerite erhält alle anderen Bücher und Geräte, soweit sie dafür Verwendung hat. Der Anteil von Cécile und Oskar an der Hirnforschungsgesellschaft soll dann aus dem Nachlass an beide Töchter gehen, wobei dabei ein Wertausgleich mit den Sammlungen geschaffen werden soll.
Trotz aller Schwierigkeiten beweisen Cécile und Oskar wieder ihre Hartnäckigkeit und Zähigkeit. Das Institut übersteht nicht nur den Krieg, auch in der unmittelbaren Nachkriegszeit kann der Betrieb aufrechterhalten werden. Immerhin sind im September 1949 noch 16 Mitarbeiter in Neustadt beschäftigt, wie der verpflichtende Bericht laut Gesetz Nr. 25 des Kontrollrates über die „Überwachung der wissenschaftlichen Forschung“ ausweist. Dieser Personalstand

ist aber nicht mehr lange zu halten, denn das Institut gerät zunehmend in budgetäre Not, wie Oskar 1949 in einem Hilferuf zusammenfasst: „Die zuletzt bezahlten Gelder an die Mitarbeiter gehen aus der Angestelltenliste hervor. Dazu kommen Gehälter an die unteren Angestellten, Kosten für Unterhaltung, Heizung, Beleuchtung etc. und für das Laboratorium. Die Ausgaben vor der Finanzreform betrugen ca. RM 70.000.- jährlich. Dabei war der Betrieb während des Krieges bereits eingeschränkt", heißt es in einer Sachverhaltsdarstellung für Friedrich Schmidt-Ott. Dieser ist Ehrenpräsident der soeben neu gegründeten Deutschen Forschungsgemeinschaft. Aufgrund seiner vielfältigen früheren Funktionen – vom Kurzzeit-Kultusminister vor dem Ende des Kaiserreichs über die Präsidentschaft der Notgemeinschaft der Deutschen Wissenschaft bis zum Senator der Kaiser-Wilhelm-Gesellschaft – ist er mit der Arbeit von Cécile und Oskar vertraut und hat sich schon oft als zuverlässiger Unterstützer erwiesen. Von ihm erhoffen sich die Vogts in der schwierigen Lage Hilfe. Drei tüchtige Mitarbeiter hätten das Institut wegen nicht genügender Bezahlung bereits verlassen, schreibt Oskar. „Fertig gestellte umfangreiche Manuskripte konnten nicht gedruckt werden, weil die Verleger Zuschüsse forderten. Große Restbestände meiner Sammlungen konnten bisher wegen Mangels an Mitteln aus Berlin nicht hierher transportiert werden. Nach rechtwidriger Pensionierung durch die Nazis wird mir seit der Besetzung nur mehr ¼ meiner Pension ausgezahlt. Eine Beziehung zur Max-Planck-Gesellschaft habe ich aus antinazistischen Gründen abgelehnt. Ebenso folgte ich nicht einer gleich nach der Besatzung von der russischen Militärbehörde ergangenen Wiederberufung an das Bucher Institut. Für die nächsten Monate stehen mir als einzige Einnahme möglicherweise DM. 1600.- als monatlicher Zuschuss von Seiten der Badischen Regierung zur Verfügung. Das Institut verfügt über keine Barmittel mehr."

Nicht nur eine Zusammenarbeit mit der Max-Planck-Gesellschaft als De-facto-Nachfolgeorganisation der Kaiser-Wilhelm-Gesellschaft – eine formelle Rechtsnachfolge wird bestritten – lehnen die

Vogts ab. Generell sind sie erschüttert, an wie vielen Stellen sich Vertreter der nationalsozialistischen Eliten rasch wieder in attraktiven Positionen wiederfinden. Sie würden „keine Einladungen in Einrichtungen annehmen, in denen ehemalige NS-Unterstützer oder -Mittäter das Sagen haben", schreibt der Düsseldorfer Klaus Maase in einem Bericht. Maase hat während des Nationalsozialismus gemeinsam mit seiner Frau Doris dem kommunistischen Widerstand angehört, sie sind deshalb in die Konzentrationslager Buchenwald und Ravensbrück verschleppt worden. Jetzt fungiert Maase als Kontaktperson für DDR-Stellen zu westlichen Wissenschaftlern, so auch zu Cécile und Oskar – wie transparent er das macht, ist unklar.

„Er war ein Mann von seltenen moralischen Prinzipien", schreibt der 1984 verstorbene US-Pathologe Webb Haymaker in einem Nachruf auf Oskar. Er habe einmal einem Besucher in Neustadt, der gekommen war, um ihm zum Geburtstag zu gratulieren, brüsk geantwortet „Wäre das alles?", sich abgewendet und sei weggegangen. „Oskars Frau Cécile erklärte mir ein paar Minuten später, dass der Besucher, ein herausragender Wissenschaftler, einige Jahre zuvor zu viele Sympathien für die Nationalsozialisten gezeigt habe."

Als umfassende „Abrechnung mit dem Nationalsozialismus" ordnet der an der ETH Zürich tätige Wissenschaftshistoriker Michael Hagner verschiedene Aktionen ein, mit denen vor allem Oskar an die Öffentlichkeit geht, die aber auch von Cécile unterstützt werden. So wendet er sich etwa an das Internationale Nürnberger Kriegsverbrechertribunal, um an die Gehirne von führenden, in den Nürnberger Prozessen zum Tode verurteilten NS-Verbrecher zu kommen, die er untersuchen will. Dies könne zu „wissenschaftlich interessanten und auch für eine Bekämpfung des Nazismus wichtigen" Ergebnisse führen. Zur Analyse der NS-Verbrechergehirne durch die Vogts kommt es nie, die heikle Entscheidung will niemand treffen.

Zur Abrechnung passt auch Oskars Artikel in der Schweizer Kulturzeitschrift *DU* unter dem Titel „Der Nazismus vor dem Richterstuhl der Biologie", der am 11. November 1947 zwischen Inseraten für Orientteppiche, feine Anzugstoffe und französisches Eau de Toilette veröffentlicht wird. „Wir sahen, daß Hitler schon vor der Machtergreifung fünf brutale Mörder zu ihrer Tat telegrafisch beglückwünschte. Mit der Machtergreifung des Nazismus begann nicht nur die Aufhebung jeder Rechtsordnung, nicht nur die Zeit der von höchsten Naziführern angestifteten Morde und Mißhandlungen, sondern auch die Periode der Belohnung des Rechtsbrechens", schreibt Oskar. „Potentielle" seien zu „aktuellen" Verbrechern geworden, da „der deutsche Rechtsstaat durch einen Unrechtsstaat ersetzt wurde, der Verbrecher anwirbt und belohnt". Die Zahl dieser „prädisponierten Verbrecher" habe sich als viel größer als angenommen erwiesen und man fände sie unter Gebildeten ebenso wie unter Ungebildeten, so Oskar. Schließlich seien auch Ärzte beteiligt gewesen an der „Schaffung einer schiefen Ebene, an deren Ende das Experiment an Menschen stand"-

Vom Entsetzen Oskars über die im Namen des Nationalsozialismus begangenen medizinischen Verbrechen berichtet Benno Reifenberg: „Ich habe einmal Oskar Vogt sich mit allen Zeichen des Entsetzens von den Berichten abwenden gesehen, als die Ärzte abgeurteilt wurden, die unter dem totalitären Regime an Menschen zu experimentieren wagten, sogar, wenn die Versuche den Tod des Patienten verursachen mußten. Vogt verwarf diesen Frevel nicht allein als Arzt, der er ja von Beruf her war, sondern als der natürliche, sittlich unverdorbene Mitmensch jener Opfer. Ich war glücklich, diese Reaktion des Gelehrten zu erleben, nie stand er mir näher, und ich schäme mich heute noch, daß ich Vogt damals fragte, wo innerhalb der von der Naturwissenschaft gebrauchten Kategorien eine zu finden wäre, die einem Gelehrten verbieten sollte, ein mögliches Experiment mit vielleicht wichtigem Ergebnis zu unternehmen. Der greise Mann stand einen Augenblick verwirrt, bis er dann hervorbrachte:

‚Was reden Sie da, das sind doch keine Ärzte, die so etwas tun, das sind überhaupt keine Menschen.'"

Konfliktpotenzial: Die Vogts und der Kalte Krieg

Sobald das wieder möglich ist, wird das Forscherpaar zu internationalen Kongressen und Vorträgen eingeladen, um seine Arbeiten zu präsentieren. Die hohe Reputation, die Cécile und Oskar sowie ihre Forschungsergebnisse nach wie vor in aller Welt genießen, steht in einem krassen Widerspruch zur mangelnden Unterstützung, die sie im Nachkriegsdeutschland erfahren.

Aber auch wenn es an angemessener Förderung für das Institut oder gar einer Wiedergutmachung für den erlittenen Schaden fehlt, immerhin werden Cécile und Oskar in der akademischen Welt – oder zumindest in Teilen davon – 1950 zu ihrem 75. und 80. Geburtstag angemessen gefeiert. Die Universität Freiburg ernennt Cécile zum Ehrendoktor der Medizinischen und Oskar zum Ehrendoktor der Naturwissenschaftlichen Fakultät und die Medizinische Akademie Düsseldorf zeichnet Oskar als Ehrensenator aus. Auch die Neustädter Honoratioren erweisen den prominenten Bewohnern ihre Reverenz, wie lokale Zeitungen berichten. Der Kreisdelegierte der Besatzungsmacht, der Landrat, Dekane und Ordinarien, Assistenten und Schüler des Paares sind dabei, der Bürgermeister von Neustadt und sein Stellvertreter und „Neustädter Mädchen in Schwarzwälder Tracht überreichten dem Jubelpaar einen prächtigen Blumenkorb, wobei sie in launigen, von Ratschreiber Fortenbacher verfassten Mundartversen die Gratulation der Bevölkerung vortrugen".

Die prekäre wirtschaftliche Situation ändert sich durch derartige Ehrerbietungen allerdings nicht. 1950 werden auch noch die ohnehin nicht üppigen Förderungen des Landes Baden für das Hirnforschungsinstitut gekappt. Der Grund dafür ist ein politischer – die Vogts geraten zwischen die Fronten des Kalten Kriegs, der zu diesem Zeitpunkt längst herrscht.

Cécile und Oskar Vogt in den 1950er-Jahren in Neustadt im Schwarzwald

In ihrer Außerordentlichen Geschäftssitzung am 29. Juni 1950 wählt die Deutsche Akademie der Wissenschaften zu Berlin – also die DDR-Akademie – Cécile und Oskar zu Ehrenmitgliedern. Im selben Jahr verleiht ihnen die DDR auch den mit 100.000 Mark dotierten Nationalpreis – ein Umstand, der vor allem in der DDR-Presse ausführlich gewürdigt wird.

Der großzügige Geldpreis löst die finanziellen Probleme des Hirnforschungsinstituts nicht – im Gegenteil: Die Wertschätzung aus der DDR und vor allem die Annahme der Auszeichnungen durch die Vogts kommen bei der westdeutschen Politik gar nicht gut an, besonders beim badischen Kultusministerium, das die Subventionen einstellt. „Wir haben in den Augen des Ministeriums für Kultus in Freiburg ein furchtbares Verbrechen begangen", schreibt Cécile im Oktober 1950 an eine Freundin. Sie hätten „die Frechheit besessen", Nationalpreis und Ehrenmitgliedschaft anzunehmen.

„Wir nehmen Bezug auf eine Unterhaltung, die Sie in der vergangenen Woche mit einem Vertreter unseres Ministeriums geführt haben", schreibt am 27. September 1950 die Behörde an die Vogts. „Sie werden verstehen, dass wir in der heutigen Zeit eine klare und entschiedene Haltung einnehmen müssen. Gerade weil die Wissenschaft Dienerin des Staates ist und auch immer sein will, müssen wir Sie bitten, Ihre letzte und grundsätzliche Entscheidung, die Sie fällen und weiterleiten werden, uns umgehend mitzuteilen."

Die Antwort an das Ministerium wird nicht gerade zur Deeskalation beigetragen haben: „Aus Ihrem Schreiben vom 27. IX. 50 geht nicht hervor, welche letzte und grundsätzliche Entscheidung Sie von mir erwarten", schreibt Oskar. „Ich nehme an, dass es sich um die Einladung der ostzonalen Regierung zur Preisverteilung handelt. Ich habe bereits Herrn Ministerialrat Direktor Fleig erklärt, dass ich diese abgelehnt habe." Dieser Ton wird nicht gut aufgenommen, wie der pensionierte Ministerialrat Klingenhöfer an Cécile schreibt: „Nun scheint nach dem gewesenen Schriftwechsel das Ministerium (sprich Herr Munier) über den langen Antwortbrief Ihres Mannes etwas verschnupft zu sein." Man habe in Freiburg eine klare Absage in Bezug auf den Nationalpreis erwartet.

Dass die Annahme der „Ost"-Auszeichnungen ein unakzeptables Verhalten wäre, sehen nicht alle in Westdeutschland so. „Zu der Frage der Annahme des ostzonalen Nationalpreises hat übrigens Schmitt-Ott von sich aus sofort erklärt", schreibt Hermann Fellinger, Aufsichtsratsvorsitzender der Rudolph Karstadt Aktiengesellschaft, an einen Mitarbeiter des Neustädter Instituts, „dass daraus doch kein Vorwurf gemacht werden könne unter der Voraussetzung, dass Vogt nicht irgendwelche Verpflichtungen übernommen habe, letzteres erscheint ja denkbar unwahrscheinlich“. Gemeint ist wohl Friedrich Schmidt-Ott, Ehrenpräsident der neu gegründeten Deutschen Forschungsgemeinschaft und früher langjähriger Senator der Kaiser-Wilhelm-Gesellschaft.

In Bezug auf die finanziellen Probleme ihres Forschungsinstituts sind Cécile und Oskar jetzt doppelt in der Bredouille. Die gestrichenen Förderungen auf westdeutscher Seite können sie mit den DDR-Preisgeldern nicht kompensieren, denn auf diese haben sie keinen Zugriff. Zwar schreiben sie im März 1951 an die Deutsche Notenbank, man möge ihnen ehestmöglich die Preisgelder überweisen, weil wegen der Annahme der Preise öffentliche Zuschüsse eingestellt worden seien. „Es bleibt uns somit nur übrig, zur Fortführung unserer Lebensarbeit auf den Nationalpreis zurückzugreifen.“

Doch zur Ausschüttung kommt es nicht, obwohl das Problem an höchster Stelle thematisiert wird. Im Juli 1953 schreibt der Minister für Volksbildung Paul Wandel an DDR-Ministerpräsident Otto Grotewohl, „dass mit Prof. Vogt in nächster Zeit ein Gespräch stattfindet, bei dem geklärt wird, ob er finanzielle Hilfe braucht und in welcher Form er wünscht, dass die noch vorhandene Summe für den Nationalpreis für ihn persönlich nutzbar gemacht wird“. Zuvor hat Wilhelm Kling, Mitarbeiter im Zentralkomitee der SED und später im Deutschen Wirtschaftsinstitut der DDR, wiederholt interveniert: Westliche Nationalpreisträger wie die Vogts seien „desavouiert worden“, beklagt er, der Förderausschuss verschleppe gewünschte Anschaffungen und Genehmigungen.

Dass die Anliegen von Akademie-Mitgliedern und Nationalpreisträgerinnen aus dem Westen nicht zuvorkommender behandelt werden, verwundert. Immerhin sind sie aus DDR-Sicht wichtige Imageträger, die sich propagandistisch nutzen lassen. In dieser Hinsicht hat die DDR-Führung auch ein Auge auf Cécile und Oskar Vogt geworfen. Diese wiederum ziehen geschickt einen gewissen Nutzen aus den Beziehungen, ohne sich instrumentalisieren zu lassen.

Im Oktober 1950 überbringen DDR-Kontaktpersonen den Vogts „im Namen des Komitees der Weltfriedensbewegung" eine Einladung von Fréderic Joliot-Curie zum Weltfriedenskongress, der im November in Sheffield stattfinden soll. Der Schwiegersohn Marie Curies, ebenfalls Mitglied der Deutschen Akademie der Wissenschaften, hat gerade die Präsidentschaft des neu gegründeten Weltfriedensrates übernommen. Im Westen gilt die Organisation als von der Sowjetunion instrumentalisiert, die sozialistischen Länder ziehen, wie dieses Beispiel zeigt, auch tatsächlich im Hintergrund die Fäden. Die Vogts sagen eine offizielle Beteiligung am Kongress ab, laut Akten der Akademie mit der Begründung, wegen der Annahme des DDR-Nationalpreises schon mehr als genug Probleme mit den westdeutschen Behörden zu haben. Ein informelles Treffen Céciles mit Fréderic Joliot-Curie in Oxford wird anvisiert, da sie sich etwa zum Zeitpunkt des Kongresses dort für Vorträge aufhalten wird.

Die DDR bzw. deren Akademie der Wissenschaften kommen Cécile und Oskar bei der Rettung ihrer traditionsreichen Zeitschrift zu Hilfe, nachdem in der BRD keine Unterstützung dafür mobilisierbar ist. Während seiner gesamten Karriere publiziert das Forscherpaar seine wissenschaftlichen Ergebnisse und die der jeweiligen Institutsmitarbeiter vor allem im „hauseigenen" Journal. Bis 1901 war das die *Zeitschrift für Hypnotismus, Psychotherapie sowie andere psychophysiologische und psychopathologische Forschungen*, die zunächst von August Forel und Oskar Vogt herausgegeben und 1902 in *Journal für Psychologie und Neurologie* umbenannt wird, herausgegeben von Oskar und Korbinian Brodmann. 1920 wird Cécile Mitherausgeberin. 1942 muss das Journal eingestellt werden.

Am 29. Juli 1953 notiert der Direktor der Deutschen Akademie der Wissenschaften in einem Aktenvermerk: „In einer Besprechung mit Prof. Zetkin gab dieser sein Einverständnis, daß das ‚Journal' zweckmäßigerweise im Akademie-Verlag erscheinen sollte, schon im Hinblick darauf, da das Ehepaar Vogt Mitglied der Akademie

ist." Der Entscheidung ist die Involvierung höchster Stellen in der DDR-Führung vorausgegangen.
Der westdeutsche Kontaktmann der DDR-Behörden Klaus Maase berichtet nach einem Gespräch mit dem Ehepaar Vogt im März 1953 nach Berlin, man habe das Angebot, dass das DDR-Ministerium für Gesundheit die Herausgabe des Journals finanzieren werde, gern angenommen, es sei aber Vorsicht angesagt, glaubt Maase. Um nicht wieder westdeutsche Subventionen gekürzt zu bekommen, werde es wohl kein offizielles Dankesschreiben der Vogts aus Neustadt geben, zumal mit der Überwachung ihrer Post zu rechnen sei. Ab 1954 erscheint die Zeitschrift unter dem Titel *Journal für Hirnforschung – Organ des Instituts für Hirnforschung und Allgemeine Biologie in Neustadt/Schwarzwald* im Akademie-Verlag, als *Journal of Brain Research/Journal* für Hirnforschung erscheint es noch bis in die 1990er-Jahre.

Schwierige Lage, unfreundliche Stimmung

Mit Lobbying für ihre Anliegen und Forschungsinstitute und der Mobilisierung von Unterstützung haben Cécile und Oskar über die Jahre jede Menge Erfahrung gesammelt. Als sich die wirtschaftliche Lage des Hirnforschungsinstituts 1951 immer mehr zuspitzt, müssen diese Fähigkeiten wieder einmal eingesetzt werden.
Wobei die Vogts wieder einflussreiche Unterstützer finden. Einer davon ist der Wissenschaftsorganisator Friedrich Schmidt-Ott, den sie seit Berliner Zeiten gut kennen. Er ist Ehrenpräsident der 1951 neu gegründeten Deutschen Forschungsgemeinschaft, der Nachfolgeorganisation der Notgemeinschaft der Deutschen Wissenschaft. Im Rahmen dieser Organisation der Wissenschaftsförderung und ihres industrieunterstützten Stifterverbandes engagiert sich auch der Chemieindustrielle Otto Hösch für das Hirnforschungsinstitut. Er ersucht deutsche und internationale Neurowissenschaftler um Stellungnahmen zum Institut und zur Arbeit von Cécile und Oskar – wohl um Argumente für eine

öffentliche Förderung zu unterstützen. Er bekommt eine Reihe von Rückmeldungen, die höchste Anerkennung ausdrücken. Der Pariser Neurophysiologe Alfred Fessard betont, das Werk der Vogts dürfe keineswegs verloren gehen und man müsse unter allen Umständen Unterstützung mobilisieren. Der Düsseldorfer Pathologe Hubert Meessen schreibt: „Das Neustädter Institut ist schlechthin weltbekannt", auch aus Freiburg kommt Unterstützung: „Prof. Vogt zählt ebenso wie seine Frau zu den bedeutendsten lebenden Gelehrten, deren Ruf im Inland wie im Ausland weit über die Grenzen ihres eigenen Fachgebietes, der Hirnforschung, hinausreicht."

Otto Hösch wendet sich angesichts derartiger Stellungnahmen an Bundespräsident Theodor Heuss „in einer dringenden Angelegenheit von allgemeiner Bedeutung": Dem Institut müsse unbedingt geholfen werden, nicht zuletzt, weil es Angebote aus den USA gebe, die einzigartige Hirnsammlung und das Institut zu übernehmen. Eine Antwort bekommt er weder vom Bundespräsidenten noch von dessen Kanzlei, sondern aus der Verwaltung der Max-Planck-Gesellschaft. Mehr Hilfe seitens der Gesellschaft sei nicht möglich, heißt es da, die Bundesländer oder die Industrie müssten entsprechende Mittel aufbringen.

Allerdings sehen nicht alle innerhalb der Max-Planck-Gesellschaft das so. Boris Rajewsky, seit 1946 Vorsitzender des wissenschaftlichen Rates, schreibt 1951 an den Präsidenten Otto Hahn: „Wir haben jetzt eine viel wichtigere Aufgabe, an der, wie es mir scheint, das internationale Prestige der Max-Planck-Gesellschaft hängt, nämlich die Rettung des Instituts für Hirnforschung von Hr. Prof. Vogt." Es gehe nicht zuletzt darum, das „seinerzeit gemachte Unrecht wieder gut zu machen", man müsse aber auch dafür sorgen, „die einmalig in der Welt bestehende Sammlung der wissenschaftlichen Präparate in Deutschland zu behalten".

Otto Hahn befasst die Generalverwaltung nochmals mit dem Thema. Ausgerechnet das ehemalige NSDAP-Mitglied Ernst Telschow, der 1937 Friedrich Glum als Generaldirektor der Kaiser-Wilhelm-

Gesellschaft abgelöst hat und federführend an der Demontage von Cécile und Oskar beteiligt gewesen ist, soll sich mit der „Akte Vogt" befassen. Er delegiert die unangenehme Aufgabe und schreibt im Juli 1951 an Bernhard Patzig, den ehemaligen Abteilungsleiter am Kaiser-Wilhelm-Institut: „Ich wollte Sie nun, da Sie ja einer der wenigen Menschen sind, die das persönliche Vertrauen von Hr. Prof. Vogt genießen, bitten, ihn einmal zu besuchen und festzustellen, wie die tatsächliche Lage ist." Nötig wäre die Fact-Finding-Mission nicht gewesen, die prekäre Situation des Instituts ist in der Max-Planck-Gesellschaft hinlänglich bekannt.

Währenddessen laufen weiter Interventionen, mobilisiert wird auch in den Bundesländern. Am 3. August 1951 befasst sich der Verwaltungsrat der Max-Planck-Gesellschaft erneut mit der Frage und ein politischer Kompromiss wird präsentiert. 1951 wird die Finanzierung des Neustädter Hirnforschungsinstituts über die Notgemeinschaft der Deutschen Wissenschaft sichergestellt, im Budgetjahr 1952–1953 soll der Etat über die Ländergemeinschaft gesichert werden. Die Länder machen eine Stellungnahme des wissenschaftlichen Rates der Max-Planck-Gesellschaft zur Voraussetzung für eine fixe Zusage. Sie wollen sicherstellen, dass es keine Doppelgleisigkeiten zwischen Neustadt und dem Max-Planck-Institut für Hirnforschung in Frankfurt gibt – so lautet zumindest das offizielle Argument.

Hugo Spatz ist es trotz seiner problematischen Rolle als Direktor des Kaiser-Wilhelm-Instituts für Hirnforschung zwischen 1937 und 1945 gelungen, ab 1948 das Max-Planck-Institut für Hirnforschung zu leiten. Er schreibt im August 1951 an die Generalverwaltung der Max-Planck-Gesellschaft, er rate „dringend davon ab", das Vogt-Institut in Neustadt in die Gesellschaft zu integrieren. Genau die Seilschaften, die Cécile und Oskar vertrieben oder von ihrer Entfernung aus Berlin profitiert haben, sind jetzt wieder aktiv.

Es ist nicht nur innerhalb der Max-Planck-Gesellschaft so, dass alte NS-Seilschaften wieder in Schlüsselpositionen sitzen und einander unterstützen. In der gesamten deutschen Nachkriegs-Neurologie und -Neurowissenschaft ist dieses Phänomen zu beobachten. Unter den sieben „Neugründern" der Deutschen Gesellschaft für Neurologie (DGN) – zuvor Gesellschaft Deutscher Nervenärzte – finden sich gleich sechs ehemalige NSDAP-Mitglieder, schreiben die Wissenschaftshistoriker Axel Karenberg, Michael Martin und Heiner Fangerau 2020 in einem Schwerpunktheft der DGN-Zeitschrift *Der Nervenarzt*. 10 von 13 Präsidenten der DGN zwischen 1950 und 1976 waren Mitglieder der NSDAP, der SA oder der SS. „Die Gründung der DGN 1950 war aus heutiger Sicht kein Neuanfang." Das verdeutliche, sagen die Autoren, für die Neurologie eindrucksvoll den „Fortbestand der Eliten" und die weit verbreitete „Schlussstrichmentalität".

Im September 1951 legt sich der Senat der Max-Planck-Gesellschaft fest, dass nicht an eine Aufnahme des Neustädter Instituts gedacht ist und dass man auf eine Lösung der finanziellen Probleme durch die Länder setze. Der Wissenschaftliche Rat der Gesellschaft verabschiedet die Anregung, dass Oskar Vogt geehrt werden soll, zum Beispiel als Ehrenvorsitzender des neuen Kuratoriums des Max-Planck-Instituts für Hirnforschung. Das allerdings würde Oskar wohl eher als Provokation denn als Ehre verstehen.

Ganz in Sinne der Linie von Ernst Telschow und Hugo Spatz schreibt im Januar 1952 der Strahlenforscher Boris Rajewsky, Vorsitzender des Wissenschaftlichen Rates der Max-Planck-Gesellschaft, in einem Gutachten, er sei „gegen den vollen Einbau des Neustädter Instituts im Rahmen und in den Etat des Max-Planck-Instituts für Hirnforschung, wegen unüberwindbarer formeller und organisatorischer Schwierigkeiten".

Im März 1952 kommt endlich die erhoffte Botschaft aus dem Badischen Ministerium für Kultus und Unterricht: Im Zuge der langen Verhandlungen sei das Institut in Neustadt in das „Staatsabkommen" aufgenommen worden, werde also von den Bundesländern gemeinsam 80.000 DM an Unterstützung bekommen. Trotz dieser Zusage fließt das Geld nicht, obwohl es dringend benötigt wird, um Gehälter und Rechnungen bezahlen zu können. Am 25. April

1952 lässt die Generalverwaltung der Max-Planck-Gesellschaft das Neustädter Institut wissen, dass sie einen Vorschuss von 5000 DM anweisen würden, weil sich die Auszahlung durch die Kultus- und Finanzministerkonferenz der Bundesländer verzögere.
Anfang Mai 1952 schreibt der Freiburger Botanik-Ordinarius Friedrich Oehlkers an die Generalverwaltung der Max-Planck-Gesellschaft, „dass die Hilfe wieder einmal im letzten Moment gekommen ist, als der alte Herr bereits wieder einmal der Verzweiflung nahe war. Er hätte am 1. Mai sein gesamtes Personal entweder entlassen oder seinen allerletzten persönlichen Spargroschen daran verwenden müssen."
„Besonders Oskar hat es abgelehnt, nach Ende der Nazi-Schreckensherrschaft mit bekannten Nationalsozialisten zusammenzuarbeiten, zu denen auch Ernst Telschow gehörte. Das hat die Verhandlungen nicht einfacher gemacht", sagt mir dazu die Wissenschaftshistorikerin Annette Vogt im Interview. „Und man muss die Stimmung der Nachkriegszeit sehen, eine Nazikrähe hackt der anderen kein Auge aus. Da waren die Vogts erneut ganz schnell wieder Außenseiter."
Der Direktor des Max-Planck-Instituts für medizinische Forschung Hans H. Weber schreibt im März 1955 an den Präsidenten der Max-Planck-Gesellschaft Otto Hahn, er sei zu den Feierlichkeiten zum 80. und 85. Geburtstag von Cécile und Oskar Vogt an das Neustädter Hirnforschungsinstitut eingeladen. „Ich weiß nicht, ob auch andere Mitglieder der Max-Planck-Gesellschaft zu dieser Ehrung der Vogts eingeladen sind. Wenn das nicht der Fall sein sollte, läge es nahe, daß ich einige Glückwunschworte im Namen der Gesellschaft sage. Denn die Vogts waren ja jahrelang Leiter und außerdem Schöpfer eines der bedeutendsten Kaiser-Wilhelm-Institute, das gerade zu ihrer Zeit die berühmteste Hirnforschungsstätte der Welt war." Gleichzeitig wundert sich Weber in dem Schreiben, warum das Neustädter Institut nicht in die Max-Planck-Gesellschaft einbezogen wurde, „obwohl die Eheleute Vogt immer noch die bedeutendsten Vertreter der Hirnforschung in Deutschland waren und noch immer zur ersten Weltklasse auf ihrem Gebiet gehören".

Eine Antwort bekommt er nicht vom Präsidenten, sondern vom Mitarbeiter in der Generalverwaltung Otto Benecke. Aus dieser spricht wenig Wertschätzung: „Unser Präsident ist zu seinem Bedauern nicht mehr dazu gekommen, Ihren Brief wegen der Geburtstagsfeier von Oskar und Cécile Voigt (sic!) zu beantworten. Herr Professor Hahn wird persönlich telegrafisch gratulieren. Auf eine offizielle Teilnahme der Max-Planck-Gesellschaft an der Feier wird Herr Voigt (sic!) sicherlich keinen Wert legen, weil er aus alten Gründen auf uns böse ist. Es ist sehr nett von Ihnen, daß sie Ihrerseits teilnehmen wollen. Unter diesen Umständen wäre es wohl richtig, wenn Sie nur für Ihre Person gratulieren." Wenn das nicht bezeichnend ist – der Verwaltungsmitarbeiter macht sich nicht einmal die Mühe, den Namen der Vogts korrekt zu schreiben, und reduziert ihre ideologisch motivierte Demontage auf ein verharmlosendes „aus alten Gründen auf uns böse ist".

Alltag im „Gehirnschloss"

Trotz der eingeschränkten Möglichkeiten und des reduzierten Budgets geht es auch in den letzten Jahren von Cécile und Oskar geschäftig zu am Neustädter Institut. „Wir haben so viel zu tun", schreibt Cécile im Oktober 1957 in einem ihrer gemeinschaftlichen Briefe an die Töchter Marthe und Marguerite. „Und wir haben nur noch die beiden Dr. phil., die auch einmal Ferien machen möchten."

1957 und 1958 berichtet Cécile ihren Töchtern Marthe und Marguerite mit höchster Regelmäßigkeit und Genauigkeit über die Vorkommnisse in Neustadt, den Lebensalltag, die Arbeit – und ganz besonders über die unzähligen Gastforscher und Besucher aus aller Welt, darunter viele ehemalige Mitarbeiter, die internationale Karrieren gemacht haben.
Im Juni 1957 gibt es erfreuliche Aufregung im Schwarzwald: Das 20-jährige Jubiläum des Neustädter Hirnforschungsinstituts soll groß gefeiert werden, mit Unterstützung einiger Proponenten der

Universität Freiburg wie dem Botaniker Friedrich Oehlkers und dem Pathologen Franz Büchner wird ein mehrtätiger Kongress geplant. „Das Jubiläum wird acht Tage dauern", schreibt Cécile. „Sie haben die ganze Welt eingeladen."

Cécile Vogt mit ihrem Spaniel in den 1950er-Jahren in Neustadt im Schwarzwald

ABSCHIED VON DER WELT: DIE LETZTEN JAHRE

Ab 1957 macht sich Cécile zunehmend Sorgen um Oskar, seine Gesundheit ist sehr mitgenommen. „Papa hat heute Nacht ohne Pulver geschlafen; trotz dieser guten Nacht ist er am Morgen sehr müde", schreibt Cécile im August 1957 in einem ihrer „Rundbriefe", die gleichlautend an ihre Töchter Marthe und Marguerite gehen. Oskar hat mehrere Lungenentzündungen überstanden und er erholt sich langsam. Das alles nimmt Cécile sehr mit. „Das ist ja ganz abscheulich, dass Vater wieder krank war, und ich hoffe sehr, er fühlt sich wieder besser", schreibt Marthe im Februar 1958 nach Neustadt.

Schmerzvoller Abschied von Oskar

Am 31. Juli 1959 stirbt Oskar 90-jährig in einer Freiburger Klinik. Es ist nicht nur eine allgemeine Schwäche, die ihm zusetzt. Einiges spricht dafür, dass er schon länger an einer Krebserkrankung im Bauchraum gelitten hat.

Die Todesanzeige, die Anfang August 1959 an zahlreiche Freunde, Bekannte, Kollegen und Würdenträger versendet wird, ist von Cécile, Marthe und Marguerite unterzeichnet. Die älteste Tochter Claire fehlt. Der Kontakt zwischen Cécile, den Schwestern und Claire ist Ende der 1930er-Jahre abgerissen, über die Gründe erzählt uns die erhaltene private Korrespondenz der Familie nichts.

Beileidsschreiben an Cécile zu ihrem schweren Verlust kommen aus aller Welt: nicht nur aus beiden deutschen Staaten, sondern auch aus den USA, aus Frankreich und Portugal, aus der Schweiz und Monaco, aus Holland und Belgien, aus England und Italien, aus Israel und Südafrika, aus Mexiko und Brasilien. Aus der DDR kondolieren Ministerpräsident und Präsident. In ihrer systema-

tischen und gut organisierten Weise hilft Marthe ihrer Mutter, die Fülle an Trauerkorrespondenz zu bewältigen.
Rund um den außerordentlich schmerzlichen Tod Oskars erlebt Cécile allerdings nicht nur wohltuendes aufrichtiges Mitgefühl, sie muss auch einiges an Heuchelei ertragen. Zum Beispiel wenn ausgerechnet Hugo Spatz in seiner Funktion als Direktor des Max-Planck-Instituts für Hirnforschung bei der Trauerfeier in der ersten Reihe der prominenten Trauergäste steht und einen Kranz niederlegt. Oder wenn gerade das Badische Regierungspräsidium, das dem Institut Subventionen gestrichen und auch sonst oft das Leben schwergemacht hat, von der „ungeteilten Bewunderung" schreibt, die man „diesem weltbekannten Hirnforscher entgegengebracht" habe. Der Max-Planck-Präsident Otto Hahn gedenkt zwar in einem Telegramm „des großen Gelehrten", lässt sich bei der Beisetzung aber vertreten.

Céciles Rückzug nach Cambridge

Oskars Tod nimmt Cécile emotional sehr mit, sie verliert das Interesse an der wissenschaftlichen Arbeit. Sie nimmt gern den Vorschlag ihrer Tochter Marthe an, zu ihr nach Cambridge zu ziehen, wo Cécile sehr zurückgezogen lebt. Nach Berlin reist sie nur noch einmal: 1960, als sie aus Anlass ihres 85. Geburtstags die Ehrendoktorwürde der Humboldt-Universität entgegennimmt und noch einmal die Stätte ihres früheren Wirkens in Berlin-Buch besucht.
Sonst ist über die letzten knapp drei Jahre, die Cécile nach Oskars Tod in Cambridge verbringt, nicht viel bekannt. Abgesehen von der anhaltenden Trauer um ihren Lebenspartner, mit dem sie 60 Jahre verbracht und fast symbiotisch gelebt hat, geht es ihr auch körperlich immer schlechter. Besonders der Verdauungsapparat, der ihr Leben lang eine gesundheitliche Schwachstelle war, macht ihr zu schaffen. Am 4. Mai 1962 stirbt Cécile in Cambridge.
„Das war ein Jammer, dass diese rege und aktive Persönlichkeit durch Siechtum und Krankheit so mitgenommen wurde, dass sie

keine Freunde am Leben mehr gehabt hat", schreibt Marthe nach dem Tod ihrer Mutter an Freunde der Familie, den Pathologie-Ordinarius an der Universität Düsseldorf Hubert Meessen und seine Frau. Und ihre Schwester Marguerite schreibt im Mai 1962 ebenfalls an die Meessens: „Für Mutter war der Tod eine Erlösung, sie quälte sich sehr in letzter Zeit (Magenkrebs?) und war ja auch nie über Vaters Tod hinweggekommen. Meine Schwester hat ja rührend versucht, alles für Mutter leichter zu machen, aber es war, glaube ich, wenig erfolgreich. Mutters Lebensinhalt war eben mit Vaters Tod zu Ende."

Späte Botschaften, letzter Respekt

Die Botschaft von Adolf Butenandt, der seit 1960 Präsident der Max-Planck-Gesellschaft ist, an Marthe zum Tod von Cécile legt eine ausgeprägte Würdigung und Anerkennung an den Tag, die in den vergangenen Jahren im Verhalten der Gesellschaft gegenüber den Vogts nicht erkennbar gewesen ist. „Mit Ihrer Mutter ist eine überzeugende, hochbedeutende Forscherpersönlichkeit dahingegangen, der an der Seite ihres Gatten ein reiches Leben im Dienste der Wissenschaft beschieden war. Die fruchtbaren Jahre erfolgreicher forscherischer Arbeit von 1919–1937 im Kaiser-Wilhelm-Institut für Hirnforschung in Berlin-Buch sind in unserer Gesellschaft immer Anlass zu dankbarer Rückschau."

So groß das öffentliche Interesse am Ehepaar Vogt zu Lebzeiten gewesen ist, so wenig Widerhall findet Céciles Ableben in den Medien. Ist sie in den wenigen Jahren nach Oskars Tod so schnell in Vergessenheit geraten?

Die sozialliberale Schweizer Wochenzeitung *Die Tat* vermeldet am 16. Juni 1962 knapp den „Tod einer bekannten Hirnforscherin" und gibt in einigen Zeilen einen Abriss ihres Lebens. Dies nicht ohne zu betonen, dass sie ihrem Fachgebiet „zahlreiche – vielfach mit ihrem Gatten veröffentlichte – Arbeiten" gewidmet habe. „Cécile Vogt war doppelter Ehrendoktor und gehörte als Mitglied und Ehrenmitglied

vielen Akademien und wissenschaftlichen Gesellschaften an."
Die Deutsche Akademie der Wissenschaften publiziert im Mai eine Sterbeparte über ihr Ehrenmitglied und die Nationalpreisträgerin. „Cécile Vogt hat in engster Gemeinsamkeit mit ihrem 1959 verstorbenen Gatten, Oskar Vogt, ein in seiner Fülle einzig dastehendes Lebenswerk hinterlassen", heißt es. „Der Name von Cécile Vogt ist für immer mit der Hirnforschung verknüpft, denn sie hat in unermüdlicher und vorbildlicher gemeinsamer Arbeit mit Oskar Vogt das naturwissenschaftliche Fundament der Hirnforschung gelegt, erweitert und tragfest für die Zukunft gestaltet."
Die Nachrufe auf Cécile gehen – ähnlich wie jene, die nach Oskars Tod in Zeitungen erschienen sind – zwar auf ihre wissenschaftlichen Leistungen und ihre Rolle bei der Gründung der verschiedenen Institute ein, doch die politische Dimension, die Rolle der Vogts im Nationalsozialismus oder die Konflikte im Nachkriegsdeutschland bleiben völlig ausgeblendet.
Was uns die Nachrufe aber liefern, ist ein von Zeitzeugen gezeichnetes Bild von Cécile, zumindest was den Lebensabschnitt im Schwarzwald betrifft. „Mein Gedenken wäre unvollständig, würde ich nicht die tiefe Menschlichkeit erwähnen, die von Cécile Vogt ausging, wie wir sie noch in den letzten Jahren im engeren Mitarbeiterkreis des Neustädter Hirnforschungsinstituts erleben durften", schreibt der Berliner Neurologe Heinz Schulze. „Wir bewunderten ihre erstaunliche Leistungsfähigkeit, wenn sie unermüdlich treppauf treppab durch das Institut ging und nach dem Rechten sah, und ihren bis ins hohe Alter bewahrten Charme und Esprit, wenn sie im persönlichen Gespräch aus ihrem Leben berichtete, oder in selbständiger, progressiver Haltung am Zeitgeschehen Anteil nahm."
Adolf Hopf, ein ehemaliger Mitarbeiter und späterer Direktor des Hirnforschungsinstituts, schreibt im Journal für Hirnforschung: „Ihrer großen Erfahrung und ihrem kritischen Sinn verdanken besonders die jüngeren Mitarbeiter manchen wertvollen Rat. Ihr weitreichendes Interesse und ihr französischer Charme, der sie bis

ins hohe Alter auszeichnete, wie die Klarheit ihres Denkens und die Unbestechlichkeit ihres Urteils machten sie zu einer anregenden und angenehmen, aber auch anspruchsvollen Gesprächspartnerin."

Die komplizierte Verwaltung des Erbes

Bereits als es Oskar immer schlechter geht, beschäftigt man sich in der Max-Planck-Gesellschaft mit der Zukunft des Instituts. Es werde nach einer neuen Direktion gesucht, heißt es in einem internen Aktenvermerk im Mai 1959. Es sei „eigentlich ein Direktorenkollegium, nämlich Prof. Jung, Prof. Hassler, Prof. Riechert". Es sei außerdem der Gedanke aufgetaucht, etwa aus Anlass des 90. Geburtstags von Prof. Vogt das Institut unter dieser neuen Führung in die Max-Planck-Gesellschaft zu übernehmen. Die Universität Freiburg stehe in Gesprächen über eine mögliche Übernahme der Hirnsammlung. „Falls es zu solchen Kaufverhandlungen komme, sollte man natürlich auch einmal die Frage überlegen, wieweit die Sammlung überhaupt zum Vermögen der Familien-GmbH, die das Institut zur Zeit betreibt, gehören kann."
Nach Oskars Tod führen Vertreter der Max-Planck-Gesellschaft Verhandlungen mit Cécile über die Zukunft des Instituts, wobei sich das Interesse vor allem auf die Hirnsammlung richtet. In einem Aktenvermerk vom Juni 1960 werden die Gespräche so zusammengefasst: „Frau Cécile Vogt erklärte dazu, daß ihr Mann ursprünglich gegen eine Übernahme in die Max-Planck-Gesellschaft gestanden habe, daß sich aber diese seine Einstellung in den späteren Lebensjahren gewandelt habe.
Bis zu seinem Tod sei er aber der Meinung geblieben, daß die Sammlung mit allen Arbeitsmöglichkeiten in Neustadt im Schwarzwald würde bleiben müssen. Sie müsse sich daher gegen eine Überführung der Sammlung nach Frankfurt erklären und wisse sich dabei einig mit den Mitgliedern des Kuratoriums, die gegenwärtig das Institut verwaltungsmäßig betreuen." Die Diskussionen gestalten sich

mühsam. Im April 1960 beschließt die Max-Planck-Gesellschaft, das Institut als solches nicht zu übernehmen, jedoch die Übernahme der wissenschaftlichen Sammlung durch das Max-Planck-Institut für Hirnforschung in Frankfurt „unter Wahrung der wirtschaftlichen Interessen der Familie Vogt" voranzutreiben. In einer Senatssitzung der Max-Planck-Gesellschaft am 24. Februar 1961 berichtet der Präsident: „Herr Weber, der Direktor des Instituts für Physiologie am Max-Planck-Institut für Medizinische Forschung in Heidelberg, der mit der Familie Vogt befreundet ist, hat daraufhin mit Frau Cécile Vogt und Frau Marthe Vogt eine Korrespondenz geführt, die den Eindruck bestätigt hat, daß die Übernahme des Instituts in Neustadt im Schwarzwald durch uns nicht möglich sein wird. Es scheint so zu sein, daß die Familienangehörigen Vogt, also Frau Cécile Vogt und Frau Marthe Vogt, de facto auf alle Rechte an dem Institut verzichtet und die weitere Erledigung dem Kuratorium nach dessen Ermessen überlassen haben. Wir wissen, dass Herr Professor Büchner in Freiburg z. Zt. mit dem Land Baden-Württemberg verhandelt mit dem Ziel, das Institut zu einem Universitäts-Institut umzuwandeln."

Nach Céciles Tod ist es Marthe, die seitens der Familie die Gespräche führt. Besorgt schreibt sie im Frühjahr 1962 an Hubert Meessen, eine Entscheidung müsse „wegen der Befristung des Überbrückungsetats jetzt sehr bald fallen". Sie sehe in der vorgeschlagenen „Angliederung an Frankfurt die einzige realisierbare Lösung". Umgesetzt wird eine ganz andere Variante. Und auch das nicht, wie von Marthe gewünscht, „sehr bald", sondern erst einige Jahre später.

1964 nimmt die Max-Planck-Gesellschaft endgültig zur Kenntnis, dass es nicht mehr zur Übernahme der Sammlung kommen wird. In einem Protokoll des Wissenschaftlichen Rates vom Juni 1964 heißt es: „Nachdem das von Oskar Vogt 1937 gegründete Institut für Hirnforschung und allgemeine Neurobiologie in Neustadt/Schwarzwald vor einigen Jahren verwaist war, hat sich die Max-Planck-Gesellschaft erboten, es zu übernehmen, die wertvolle Hirnschnittsammlungen in unser Frankfurter Institut für Hirnforschung zu überführen, und auch den in Neustadt tätigen Wissenschaftlern angemessene Forschungsmöglichkeiten in Frankfurt zu bieten. Wir waren aber nicht bereit, wie es gewünscht wurde, das Institut in Neustadt weiterzuführen, da wir gerade dabei waren, die verschiedenen verstreuten Abteilungen unseres Hirnforschungsinstituts wieder zusammenzuführen. Das Institut hat unser Angebot nicht angenommen, es hat nach einer anderen Lösung gesucht und diese jetzt auch gefunden. Die Fritz-Thyssen-Stiftung hat ein Darlehen gegeben, mit dem das Institut für die Medizinische Akademie in Düsseldorf erworben werden kann, die es weiterbetreiben will. Uns ist damit die wertvolle Sammlung verloren gegangen, und es bestehen berechtigte Zweifel, dass sie anderswo besser oder auch nur in gleichem Maße wie in unserem Frankfurter Institut ausgenutzt werden kann. Die mit dem Erwerb verbundenen Bedingungen waren für uns aber wissenschaftlich nicht vertretbar. Nun mögen andere die Verantwortung tragen."

1970 übersiedelt das Institut, inzwischen nach den Vogts benannt, nach Düsseldorf, nachdem die Trägergesellschaft von der Gesellschaft von Freunden und Förderern der Universität Düsseldorf übernommen wurde. Die Universität Düsseldorf errichtet den nach eigenen Angaben ersten Lehrstuhl für Hirnforschung. Auch die Hirnschnittsammlung sowie das Cécile und Oskar Vogt-Archiv sind bis heute dort angesiedelt.

In Neustadt findet zum Abschied vom langjährigen Standort ein großes internationales Symposium statt, zu dem auch Marthe aus Cambridge anreist und ein Referat über die „Überträgerstoffe der Neuronen des Striatum" hält. Das Striatum oder striäre System ist eines jener Themen, zu denen sich ihre Mutter Cécile höchste wissenschaftliche Anerkennung erworben hat.

DAS LEBENSWERK: WAS VON CÉCILE BLEIBT

Büsten, Bauten, Briefmarken: Was heute an Cécile erinnert

Wie bleibt eine neurowissenschaftliche Pionierin, die zu Lebzeiten als eine der wichtigsten Hirnforscherinnen gilt, 13-mal für den Nobelpreis nominiert wird, in zwei nationale Akademien gewählt und mit Ehrendoktoraten ausgezeichnet wird, bis heute in Erinnerung? Natürlich über ihre Arbeit – und über Entdeckungen, die auch Jahrzehnte später noch wissenschaftliche Relevanz haben.

Darüber hinaus gibt es eine Reihe von Erinnerungsorten und Gedenkstätten wie Bauten, Büsten oder Straßen und ein Forschungsprogramm für junge Wissenschaftlerinnen, die nach Cécile benannt sind.

Das wohl kleinste Andenken wurde am 10. August 1989 aufgelegt: Eine Dauermarke der Deutschen Bundespost im Rahmen der Freimarkenserie „Frauen der deutschen Geschichte“ im Wert von 140 Pfennig zeigt ein Porträt von Cécile Vogt nach einem Entwurf des deutschen Grafikers und Briefmarkengestalters Gerd Aretz.

Zudem gibt es eine Reihe von Einrichtungen, die nach beiden Vogts oder nach Cécile allein benannt sind. Zu nennen ist das Cécile und Oskar Vogt-Institut für Hirnforschung, wie das in die Universität Düsseldorf integrierte frühere Neustädter Institut heißt. In der Tradition der Gründer und Namensgeber wird hier auch heute die Frage „nach den grundlegenden Organisationsprinzipien und -funktionen des menschlichen Gehirns, insbesondere der Hirnrinde“ untersucht, wie es in der Selbstdarstellung heißt. Dies allerdings mit ganz anderen Methoden, als es dem namensgebenden Forscherpaar möglich war: Zum Einsatz kommt unter anderem das in Düsseldorf speziell entwickelte „Polarized Light Imaging“ (PLI), das hochaufgelöst die Strukturen im Gehirn abbilden kann. Teil des Düsseldorfer Instituts ist auch das Cécile und Oskar Vogt-Archiv, das nicht nur

Sondermarke Cécile Vogt, 1989, aus der Serie „Frauen der deutschen Geschichte"

die berühmte Vogtsche Hirnschnittsammlung beherbergt, sondern auch Publikationen, Korrespondenz, Fotos und weitere Materialien. Das ehemalige „Gehirnschloss" in Neustadt im Schwarzwald heißt heute Klinik Haus Vogt und ist eine Facheinrichtung für Kinder- und Jugendpsychiatrie.

In Berlin-Buch, einer anderen wichtigen Wirkungsstätte von Cécile und Oskar, wird zwar seit 1945 keine Hirnforschung mehr betrieben, es gibt dort aber vielfältige andere wissenschaftliche Aktivitä-

ten. In Vergessenheit geraten sind die Vogts auf dem heute dort beheimateten Forschungscampus keineswegs. Das Gebäude B55 des Innovations- und Gründerzentrums für Biotechnologiefirmen heißt nach dem Forscherpaar Oskar-und-Cécile-Vogt-Haus. Wahrscheinlich recht passend – vielleicht wären die Vogts heute ihrem Naturell nach auch eher Gründer und Start-up-Unternehmer als beamtete Forscher? An der Fassade des Gebäudes erinnert eine 1965 zum 20. Jahrestag der Befreiung angebrachte Gedenktafel an Cécile und Oskar, vor dem Gebäude tun dies zwei 2002 vom Berliner Bildhauer und Grafiker Hans Scheib geschaffene Bronzebüsten.
Eines der wissenschaftlichen Flaggschiffe am Campus Berlin-Buch ist heute das Max-Delbrück-Centrum für Molekulare Medizin in der Helmholtz-Gemeinschaft (MDC). Hier gibt es ein nach Cécile benanntes Frauenförderungsprogramm. Das Cécile-Vogt-Programm soll „die wissenschaftliche Karriere von Frauen fördern und so dazu beitragen, den Anteil erfolgreicher Kandidatinnen für Führungspositionen in der Wissenschaft zu erhöhen". Die Leistungen von Forscherinnen sollen sichtbarer gemacht werden.
Geehrt wird die Pionierin der Hirnforschung auch durch eine Cécile-Vogt-Straße in Mülheim an der Ruhr in Nordrhein-Westfalen und durch einen nach ihr benannten Weg im bayrischen Regensburg. Einen weiteren Cécile-Vogt-Weg gibt es in Spaichingen im Bundesland Baden-Württemberg, eine Rue Cécile Vogt-Mugnier findet sich in Céciles Heimatstadt Annecy.

Das wissenschaftliche Werk: Was bleibt relevant?

„Ihre großen Leistungen in der Hirnforschung und theoretischen Psychiatrie werden bestehen bleiben", schreibt Rolf Hassler, der ehemalige Mitarbeiter der Vogts, Thalamus-Experte und ab 1959 Leiter der Neuroanatomischen Abteilung des Max-Planck-Instituts für Hirnforschung in der Enzyklopädie *Große Nervenärzte.*
Was genau waren die Vogts, die mehrere Tausend Seiten an wissenschaftlichen Arbeiten publiziert haben, eigentlich in heutigen

Kategorien gedacht: Neurologen? Psychiater? Hirnforscher? „Ein bisschen von allem. Die Trennung der Spezialisierungen war noch nicht so strikt. In erster Linie waren sie jedenfalls große Köpfe der Hirnforschung – also auf dem Gebiet, das man heute als Neurowissenschaften oder Neuroscience bezeichnet. Das ist ein übergreifender Ansatz, der die verschiedenen Disziplinen wieder enger zusammenrücken lässt", sagt mir dazu im Interview Helmut Kettenmann, Leiter der Forschungsgruppe „Zelluläre Neurowissenschaften" am Max-Delbrück-Centrum für Molekulare Medizin in der Helmholtz-Gemeinschaft in Berlin-Buch.

Cécile bleibt mit einigen der von ihr allein oder gemeinsam mit Oskar bearbeiteten Themen in Erinnerung, nicht alle haben bis heute medizinisch-wissenschaftliche Relevanz.

Psychologie und Neurosenlehre waren für Cécile immer von großem Interesse, ein besonderes Anliegen war ihr das Phänomen der Dysamnesie, also des Nicht-vergessen-Könnens, das ihrer Meinung nach angesichts der allgemeinen Begeisterung für das durch Freud bekannt gewordene Konzept der Verdrängung viel zu wenig Beachtung fand. Das Phänomen spielt heute zum Beispiel im Zusammenhang mit posttraumatischen Belastungsstörungen in der Psychotherapie weiter eine Rolle.

Eines der großen Forschungsthemen Céciles hat sich in einem Eponym niedergeschlagen und ist nach wie vor in neurologischen Lehrbüchern und der ICD-11 nachzulesen, der aktuellen Diagnoseklassifikation der WHO, die am 1. Januar 2022 in Kraft getreten ist. Die Erkrankung, die Céciles Namen trägt, findet sich im Kapitel 8 (Erkrankungen des Zentralen Nervensystems) unter den Zerebralparesen und hat die Diagnosenummer 8D21: Die dyskinetische Zerebralparese, auch Cécile-Vogt-Syndrom, Vogt-Krankheit, Athetotische Zerebralparese oder Athétose double beschreibt eine seltene neurologische Bewegungsstörung, die auf eine Schädigung der zum Großhirn gehörenden Basalganglien zurückgeht. Cécile entschlüsselte die Ursache in dem Teil der Basalganglien, den sie als Striatum oder striäres System beschreibt. Bei betroffenen Kindern treten Störungen der Haltung und der Motorik auf, eine Rigidität und Verkrampfung der Muskeln und eine fortschreitende Athethose, das sind anhaltende ungewollte, unkontrollierbare Bewegungen des Rumpfes und der Gliedmaßen, die zu einer verkrampften Haltung wie etwa dem „Schiefhals" führen können. „Ihre Verdienste auf diesem Gebiet sind nicht hoch genug einzuschätzen", sagt mir der Berliner Neurologe und Experte für Neurologie-Geschichte Bernd Holdorff im Gespräch.

Nach der ersten wichtigen Veröffentlichung 1911 publiziert Cécile, zum Teil gemeinsam mit Oskar, auch 1919 und 1920 weitere wichtige Arbeiten über verschiedene Bewegungsstörungen, die mit Veränderungen im Striatum einhergehen. Eine wichtige Rolle spielt das Striatum dabei, Bewegungsabläufe zu hemmen. Ist es beeinträchtigt, kommt es zu Störungen, etwa zu plötzlichen unwillkürlichen Bewegungen wie bei Chorea Huntington. Im Wesentlichen setzte Cécile bestimmte Veränderungen in der Region des Striatum mit bestimmten Bewegungsstörungen in Beziehung – „Status marmoratus", „Status fibrosus progressivus" oder „Status dysmyelinisatus" sind Bezeichnungen, die sie für diese Veränderungen schuf. „Das Striatum spielt in vielen Regulationsprozessen eine große Rolle. Cécile und Oskar Vogt haben hier fundamentale anatomische Beschreibungen geliefert, ihre morphologischen Analysen waren hervorragend", beurteilt der Leiter der Forschungsgruppe „Zelluläre Neurowissenschaften" am Max-Delbrück-Centrum für Molekulare Medizin in Berlin-Buch. „Darauf bauen viele spätere Entdeckungen zum Striatum auf. Natürlich können wir all das heute viel genauer auf der Zellebene analysieren und kategorisieren, das war für die Vogts und ihre Mitarbeiter noch nicht möglich."

Cécile selbst soll auf die Frage, welche ihre beste Arbeit sei, einmal geantwortet haben: „Die Studie über den Thalamus von 1909; ich denke aber auch an die Arbeit über den Status marmoratus aus 1911, auch wenn das einfacher war; oh – es ist eigentlich unmöglich, eine solche Frage zu beantworten." Das berichtet der US-Neuropathologe Webb Haymaker in seinen Erinnerungen an das Forscherpaar.

Mit der „Studie über den Thalamus“ spricht Cécile ihre 1909 veröffentlichte Monografie an, die sie dem Schweizer Gehirnforscher und engen Freund der Familie Auguste Forel zu seinem 60. Geburtstag gewidmet hat. Mit dieser Arbeit legt sie eine Basis für die moderne Erforschung des Thalamus, einem auch Sehhügel genannten großen und wichtigen Teil des Zwischenhirns.

Das wissenschaftliche Interesse am Gehirn liegt zu Beginn des 20. Jahrhunderts im Zeitgeist. Nicht verbreitet ist aber die Herangehensweise, wie Cécile und Oskar sich an der Schnittstelle zwischen Psychiatrie, Neurologie, Genetik, Pathologie und Anatomie bewegen und die verschiedenen Disziplinen zu integrieren versuchen. Damit erwecken sie zu einem Zeitpunkt, zu dem sich gerade zunehmend medizinische Spezialfächer herausbilden, durchaus auch das Misstrauen akademischer Eliten in den jeweiligen Fächern. Und doch gehört gerade das zu ihren besonderen Verdiensten – diese Einschätzung gilt Cécile und Oskar gemeinsam: nämlich bereits vor 120 Jahren Hirnforschung offen, breit und interdisziplinär gedacht und damit einen höchst modernen Zugang etabliert zu haben, der heute an Hirnforschungsinstituten in aller Welt im Sinne der aktuellen Neurowissenschaften selbstverständlich ist. „Die Interdisziplinarität und Interprofessionalität sind sehr wichtige und auch moderne Konzepte in der Erforschung von Gehirn und Zentralnervensystem“, sagt dazu Wolfgang Grisold, der Präsident der Weltföderation für Neurologie, im Interview.

Ein fächerübergreifender Zugang war wohl schon deshalb erforderlich, weil es ehrgeizige Ziele sind, die Cécile und Oskar Vogt gemeinsam ihr Forscherleben lang antreiben: Schließlich geht es ihnen einerseits darum, den Aufbau des Gehirns, und insbesondere der Hirnrinde, genau zu beschreiben, in präzise, voneinander abgegrenzte Areale einzuteilen und diesen Arealen Funktionen zuzuordnen. Andererseits streben sie an, die organischen, strukturellen Grundlagen von psychologischen Phänomenen, geistigen Fähigkeiten und Talenten oder Defiziten sowie psychischen Erkrankungen zu entschlüsseln. Sie interessierten sich besonders, wie Cécile und

Oskar in einem gemeinsamen Artikel im *Journal für Psychologie und Neurologie* 1902 schreiben, für „die Phänomene des Bewusstseins" und die Korrelation dieser Phänomene mit materiellen Prozessen im Gehirn. In ihrer 1933 veröffentlichen Arbeit „Warum stellen wir die Hirnanatomie in den Mittelpunkt unserer Forschung?" fasst Cécile anschaulich die programmatische Ausrichtung dieses Ansatzes zusammen. Weder das Konzept der Persönlichkeitstypen noch jenes der Charakterologien noch die sogenannte Psychotechnik hätten es geschafft, zu einer Analyse der gesamten Persönlichkeit zu kommen. Daher sei es so wichtig gewesen, andere Wege zu beschreiten – ausgehend von der Kernthese, dass „eine gesetzmäßige Beziehung zwischen seelischen und Hirnprozessen" besteht und dass es eine „stetige Abhängigkeit des Seelenlebens von Vererbung und rein materiellen Einwirkungen" gibt.

Die Bedeutung der hirnarchitektonischen Forschungen, die Lokalisierung von Erkrankungen im Gehirn und die Vorstellung, aus hirnanatomischen Einsichten Rückschlüsse auf eine Persönlichkeit ziehen zu können, sind über die Jahre unterschiedlich relevant geblieben.

Die Hirnarchitektonik, die Erforschung von Organisationsprinzipien und -funktionen und die Architektur der Verbindungen zwischen einzelnen Regionen des Gehirns, all das hat nichts an Aktualität verloren. Was dieser spezielle Zweig der morphologischen Hirnforschung zeigen wollte und auch konnte, ist, dass die Großhirnrinde kein einheitliches Organ ist, sondern sich in zahlreiche Felder gliedert, die sich durch die Anordnung und Struktur der Nervenzellen („Zytoarchitektonik") und durch die Anordnung und Struktur der markhaltigen Nervenfasern („Myeloarchitektur") voneinander abgrenzen lassen. Was die Ansätze betrifft, bestimmte Funktionen bestimmten Arealen im Gehirn zuzuordnen, ist für Webb Haymaker in den 1950er-Jahren die Beurteilung der Aktualität von Cécile und Oskar klar: „Die Ideen und Theorien der Vogts, deren Richtigkeit sich mit den modernen molekularbiologischen Ansätzen belegen lässt, öffnen neue Horizonte für das Verständnis der normalen

Funktionen und der Pathologie des menschlichen Gehirns in den Neurowissenschaften."

Natürlich hat sich das Wissen weiterentwickelt, unter anderem durch immer bessere Möglichkeiten der Bildgebung. Die Kartografie der Hirnrinde bei Menschen und Tieren sowie die Einteilung der Areale, die Cécile und Oskar Vogt gemeinsam mit Korbinian Brodmann geschaffen haben, sind nicht überholt. Während im Neuro-Biologischen Labor und dem Kaiser-Wilhelm-Institut für Hirnforschung aber Zeichnungen und Fotografien der Hirnschnitte die Erkenntnisse dokumentierten, gibt es heute dreidimensionale Hirnmodelle wie das „Big Brain Project".

„Die Lokalisation und die Kartierung des Gehirns, die Cécile und Oskar Vogt gemeinsam mit Korbinian Brodmann geschaffen haben, haben letztlich noch immer Bestand. Auch die modernen Darstellungen basieren auf dem berühmten Brodmann Index", sagt mir im Interview Helmut Kettenmann. „Ein ganzer moderner Forschungszweig beschäftigt sich auch heute unter Zuhilfenahme der modernen Bildgebung wie funktioneller Kernspintomografie damit, bestimmte Funktionen zu lokalisieren."

Wobei dabei immer wieder neue Einsichten zutage gefördert werden, wie mir Wolfgang Grisold sagt: „Heute wissen wir zum Beispiel aus dem noch recht jungen Forschungsgebiet der Neuroplastizität, dass Hirnareale, die an sich für ganz andere Funktionen zuständig sind, Aufgaben von ge- oder zerstörten Arealen übernehmen können. Die funktionelle Zuordnung ist also nicht statisch, sondern kann sich verändern."

Auch der niederländische Neuroanatom Rudolf Nieuwenhuys, der vor seiner Emeritierung an der Katholischen Universität Nijmegen tätig war, weist in mehreren Publikationen auf die noch aktuelle Bedeutung der myeloarchitektonischen und cytoarchitektonischen Studien der, wie er sie nennt, „Vogt-Vogt-Schule" hin. Diese Arbeiten lieferten, so Rudolf Nieuwenhuys, „eine wichtige Grundlage für die Interpretation von Daten, die uns heute die moderne funktionelle Neuro-Bildgebung liefert".

Wie aktuell eine genaue Kartierung des Kortex ist, zeigen die Arbeiten des BRAIN Initiative Cell Census Network (BICCN). Dieses seit 2017 bestehende Konsortium von mehr als 400 Forscherinnen und Forschern hat im Oktober 2021 im Journal Nature eine Serie von 16 Arbeiten veröffentlicht, die gemeinsam mit zuvor publizierten Studien die Basis für einen neuen Atlas des Motorkortex – einen Teil der Großhirnrinde – bilden. Die Fachzeitschrift Science bezeichnete diese Ergebnisse als „Stein von Rosette der Neurowissenschaften": Wie der berühmte Stein im Britischen Museum entscheidend zur Entschlüsselung der ägyptischen Hieroglyphen beigetragen hat, so würden die detaillierte Klassifikation der Zelltypen im Motorkortex nach molekularen, räumlichen und funktionellen Eigenschaften und die Beschreibung ihrer Verbindungen sowie ihrer hierarchischen Anordnung wichtig für die Entschlüsselung von Erkrankungen des Gehirns und deren Therapie sein. Eine Zielsetzung, die sich ganz mit jener deckt, mit der auch Cécile und Oskar Vogt ihre hirnarchitektonische Forschung verbanden.
Auch das Verständnis von psychischen Erkrankungen als Erkrankungen des Gehirns und die Vorstellung, für eine Therapie direkt im Hirn zu intervenieren, ist nicht überholt. Im Gegenteil, durch die zahlreichen in den vergangenen Jahrzehnten entwickelten Optionen pharmakologischer Interventionen, mit denen Botenstoffe oder deren Andockstellen beeinflusst werden, ist dies heute selbstverständlich. Und moderne neurochirurgische Eingriffe oder Stimulationsimplantate, etwa bei Parkinson oder Epilepsien, setzen ebenfalls direkt an Störungen bestimmter Areale im Gehirn an.
Schwer vorstellbar ist hingegen, dass ein Hirnforscher oder eine Neurowissenschaftlerin heute von einer bestimmten Beschaffenheit der Zellen in der dritten Hirnrindenschicht auf eine besonders hohe Assoziationsfähigkeit schließen würde, wie Oskar das in seiner viel zitierten und berühmt gewordenen Einschätzung von Lenins Hirn gemacht hat. Es gibt zwar auch in jüngerer Zeit immer wieder Publikationen, die zum Beispiel in der Hirnstruktur und -funktion von Psychopathen Besonderheiten beschreiben, wie etwa

James Blair vom University College London. António Damásio von der Universität Iowa zeigte, dass Menschen mit kindlichen Schäden am orbifrontalen Cortex, einem Teil des Vorderhirnlappens, später Aggressionen und Verhaltensstörungen zeigen. Aber die Suche nach dem Genie- oder Verbrecherhirn liegt heute klar außerhalb des Mainstreams.

Von den von Cécile gemeinsam mit Oskar erarbeiteten Ergebnissen hat nach Einschätzung von Experten die Lehre von der sogenannten „Pathoklise" die Zeit überdauert. Es geht dabei um die Entdeckung, dass bestimmte Hirnstrukturen von spezieller Verletzlichkeit und Anfälligkeit für Schädigungen sind. „Unter Pathoklisis verstehen wir die Erscheinung, daß auf eine diffus wirkende Schädigung nur ein Teil des Organismus mit einer pathologischen Veränderung reagiert", schreiben Cécile und Oskar 1922 in einer dem Schweizer Neuropsychiater Otto Binswanger gewidmeten Monografie. Später greifen sie das Konzept in ihrer Publikation „Sitz und Wesen der Krankheiten" auf. Verschiedene Gehirnareale – in der Vogtschen Sprache „topistische Einheiten" – reagieren also auf schädliche Einflüsse in unterschiedlicher Weise oder sind unterschiedlich empfänglich dafür („selektive Vulnerabilität)", woraus abzuleiten wäre, dass diese Areale unterschiedliche physiochemische Eigenschaften haben.

„Ihre Pathoklisenlehre", schreibt Rolf Hassler in einer Würdigung des Forscherpaares 1950, „hat sich gegen heftigste Widerstände von Seiten der meisten Neuropathologen jetzt weitgehend durchgesetzt und die allgemeine Pathologie befruchtet." Es sei aktuelles Lehrbuchwissen, erklärt der Wiener Neurologe Wolfgang Grisold, „dass es spezielle Areale des Gehirns gibt, die auf Noxen besonders empfindlich reagieren. Zum Beispiel geht bei einer Kohlenmonoxidvergiftung das Pallium zugrunde, der Hirnmantel am äußeren Rand des Groß- und Kleinhirns. Oder, ein anderes Beispiel, von den Folgen eines Sauerstoffmangels sind besonders das Kleinhirn und das Ammonshorn geschädigt."

Cécile und Oskar sind selbst schon in ihren 70ern, als sie 1947 im Fachjournal Nature ihre aktuellen Einsichten zum Thema Alterungsprozesse publizierten. Ein attraktives Medienthema offenbar, denn es wird damals in zahlreichen Tages- und Wochenzeitungen in aller Welt aufgegriffen, von der Londoner Sunday Times über The World News in Sydney bis zum französischen L'Impartiel. Zur Beschleunigung des Alterungsprozesses, so die Beobachtung, würden etwa Arteriosklerose, temporärer Sauerstoffmangel, Vergiftungen oder Infektionen beitragen, die das Gehirn beeinträchtigen. Auf der anderen Seite könne der Alterungsprozess auch durch besondere Aktivität von Nervenzellen verzögert werden. Wer nicht geistig rege ist, so kurz gefasst die Grundthese, kann auch nicht alt werden. Die menschliche Lebensspanne sei auch durch den Zustand unserer Hirnzellen determiniert, das Geheimnis des langen Lebens liege darin, Gehirnzellen durch viel Betätigung aktiv zu halten.

Moderne Hirnforscherinnen und Hirnforscher haben viele neue Einsichten zum Alterungsprozess und diese treffen sich nicht immer mit diesen frühen Thesen von Cécile und Oskar. Während schon länger klar ist, dass körperliche und geistige Aktivität und Sozialkontakte bestimmten nichterblichen Formen der Demenz vorbeugen, also gewissermaßen das Gehirn jung halten, gibt es auch Publikationen, die einen Zusammenhang zwischen geistiger Aktivität und Langlebigkeit herstellen, allerdings in umgekehrter Weise. In Nature, wo die Vogtschen Thesen zum Thema schon vor 75 Jahren erschienen sind, veröffentlicht 2019 der Harvard-Forscher Bruce Yankner mit Kolleginnen und Kollegen Erkenntnisse, wonach sehr starke neuronale Aktivität eher zu einem kürzeren Leben führt. Eine Rolle spielt dabei das Protein REST, das starke Hirnaktivitäten unterdrücken kann. Fehlt es, kann es zu exzessiven neuronalen Aktivitäten kommen, die wohl ungünstig für uns sind.

Die wissenschaftlichen Spuren von Cécile Vogt sind also bis heute sichtbar, viele noch aktuelle Prinzipien und Erkenntnisse bauen auf ihren Arbeiten und denen, die sie mit Oskar gemeinsam publiziert hat, auf. In jedem Fall präsent bleibt sie als brillante Forscherin, Pionierin und mutige Frau, die Widerstände hartnäckig überwunden hat. Wie passend wäre es doch, wenn neurologische oder neurowissenschaftliche Fachgesellschaften, zum Beispiel in Deutschland, Frankreich oder auf internationaler Ebene, junge Hirnforscherinnen mit einem nach Cécile benannten Preis oder Stipendium fördern würden – so wie es etwa auch einen Lise-Meitner-Preis der Europäischen Physikalischen Gesellschaft oder einen Marie-Curie-Preis der EU gibt. Das würde Céciles Andenken und Vorreiterrolle gerecht – und jungen Forscherinnen neue Türen öffnen.

DANKSAGUNGEN

Ohne die Unterstützung vieler Menschen wäre es nicht möglich gewesen, dieses Buch zu schreiben. Bei allen, die mir so freundlich zur Seite standen, bedanke ich mich, insbesondere
- bei meinem Mann Roland Bettschart für seine wie immer zugewandte Begleitung und Unterstützung,
- bei Dr. Vera Enke und dem Team des Archivs der Berlin-Brandenburgischen Akademie der Wissenschaften,
- beim Team des Archivs der Max-Planck-Gesellschaft und besonders Florian Spillert für die Betreuung,
- beim Cécile und Oskar Vogt-Archiv Düsseldorf und insbesondere Ulrich Opfermann-Emmerich für seine Hilfe,
- bei Annett Krause M. A., Leiterin der Öffentlichkeitsarbeit Campus Berlin-Buch, für den freundlichen und lehrreichen Empfang in Buch,
- bei Katharina Losbichler, BA, für ihre Unterstützung bei Literaturbeschaffung und Recherchen,
- bei Prof. Dr. Annette Vogt, Prof. Dr. Herwig Czech, Prof. Dr. Wolfgang Grisold, Prof. Dr. Bernd Holdorff, Prof. Dr. Helmut Kettenmann sowie Prof. Dr. Jacques und Patricia Poirier für ihre Zeit, die Interviews und die vielen hilfreichen Hinweise
- und schließlich bei Marina Hofinger für das umsichtige Lektorat und der Verlagsleiterin Birgit Francan vom Ueberreuter Verlag für die großartige Zusammenarbeit.

QUELLEN UND LITERATUR

Archivquellen

Nobel Prize Nomination Archive
Nobel Prize Outreach AB 2021. Tue. 27 Jul 2021. https://www.nobelprize.org/nomination/archive/show_people.php?id=9688

France Archives – Portail National des Archives
Haute Savoie – Archives Départementales: Ville d'Annecy, Naissances 1875, Nr. 58
Archives de Paris – Naissances 1e Arrondissement 1875, Nr. 493

ABBAW – Archiv der Berlin-Brandenburgischen Akademie der Wissenschaften

ABBAW: AKL (1945–1968), Nr. 405
Schreiben der Deutschen Akademie der Wissenschaften an die Deutsche Verwaltung für Volksbildung, 18. Oktober 1948

ABBAW: AKL (1945–1968) Pers, Nr. A 473
65–66: Antrag der Medizinischen Klasse zur Ernennung von Cécile und Oskar Vogt zu Ehrenmitgliedern anlässlich der Feier des 250-jährigen Bestehens der Akademie
67: Brief der Akademie an Cécile Vogt, 9. Juli 1950
68: Aktenvermerk von Dr. Wittbrodt, 29. Juli 1953
71: Brief des Akademiepräsidenten an Cécile Vogt, 15. Februar 1955
73–75: Beileidsschreiben und Faire Parte der Akademie zum Tode Cécile Vogts, Mai 1962

ABBAW: AKL (1945–1968), Nr. 475
76: Brief von Cécile und Oskar Vogt an die Deutsche Akademie der Wissenschaften, 16. September 1950
80: Undatierter Zeitungsausschnitt ohne Quellenangabe, „Ein großer Tag im Hirnforschungsinstitut"

ABBAW: NL Vogt, Nr. 40
Einladung zur Gedenkveranstaltung zum 100. Geburtstag von Oskar Vogt am 4. April 1970

ABBAW: NL Vogt, Nr. 78
437: Brief von Anna Hamburger an Cécile Vogt, ohne Datum
438, 440: Briefe von Otto Hamburger an Cécile Vogt, 5. März 1934 und 7. März 1934

ABBAW: NL Vogt, Nr. 80

766, 768, 778, 779: Korrespondenz zwischen Cécile Vogt und Salomon Eberhard Henschen, Februar und März 1929

ABBAW: NL Vogt, Nr. 94
528: Brief von Margarethe Krupp an Oskar, März 1913

ABBAW: NL Vogt, Nr. 106
Arbeitsbestätigung für Annelies Rose, Juni 1939

ABBAW: NL Vogt, Nr. 121
411–416: Anzeigen des Deutschen Tierschutzvereins gegen Oskar Vogt vom Juli 1902; Stellungnahmen von Oskar Vogt vom März und August 1902
610–611: Brief von Cécile Vogt an Oskar Vogt, 6. September 1925
612–613: Brief von Cécile Vogt an Oskar Vogt, 10. September 1925
614–615: Brief von Cécile Vogt an Oskar Vogt, 7. September 1925
616–617: Brief von Cécile Vogt an Oskar Vogt, 9. September 1925
618–619: Brief von Cécile Vogt an Oskar Vogt, 2. September 1925
620–621: Brief von Cécile Vogt an Oskar Vogt, 8. September 1925
626–627: Brief von Cécile Vogt an Oskar Vogt, 31. August 1925
628-629: Brief von Cécile Vogt an Oskar Vogt, 14. September 1925
630–631: Brief von Cécile Vogt an Oskar Vogt, 21. September 1925
634–635: Brief von Cécile Vogt an Oskar Vogt, 19. September 1925
639–640: Brief von Cécile Vogt an Oskar Vogt, 24. September 1924
641–644: Brief von Cécile Vogt an Oskar Vogt, 18. September 1924
645–646: Brief von Cécile Vogt an Oskar Vogt, 17. September 1924
656–657: Brief von Cécile Vogt an Oskar Vogt, 17. Juli 1927
658–659: Brief von Cécile Vogt an Oskar Vogt, 27. Juli 1927
665–666: Brief von Cécile Vogt an Oskar Vogt, 2. Juli 1926
667–668: Brief von Cécile Vogt an Oskar Vogt, 3. Juli 1926
682: Schreiben von Cécile und Oskar Vogt an die Schule von Marguerite, 19. April 1922

ABBAW: NL Vogt, Nr. 122
622: Brief von Marguerite und Marthe Vogt an Oskar Vogt
623: Brief von Marthe Vogt an Oskar Vogt, 10. September 1925
637: Brief von Marthe Vogt an Oskar Vogt, 23. September 1924

ABBAW: NL Vogt, Nr. 123
Brief von Marthe an Cécile und Oskar Vogt vom 10. Januar (ohne Jahresangabe)
Brief von Marguerite an Cécile und Oskar Vogt vom 17. Januar 1922
Brief von Marguerite an Cécile und Oskar Vogt vom 29. Januar 1922

ABBAW: NL Vogt, Nr. 193
61; 64–65: Telegramme von Oskar Vogt an Cécile Vogt, 25. Februar 1925

455–456: Brief von Oskar Vogt an Cécile Vogt, undatiert
457–458: Brief von Oskar Vogt an Cécile Vogt, undatiert
460: Brief von Oskar Vogt an Cécile Vogt, undatiert
462-463: Brief von Oskar Vogt an Cécile Vogt, 25. September 1924
651: Brief von Oskar Vogt an Cécile Vogt, 1. September 1927

ABBAW: NL Vogt, Nr. 205
648–650, 654–656: Briefwechsel Agnes von Zahn-Harnack mit Cécile Vogt, Januar 1927

ABBAW: NL Vogt, Nr. 207
Briefe des Bundes Neues Vaterland an Cécile Vogt, 1. Juni 1915 und 2. November 1916

ABBAW: NL Vogt, Nr. 209
643–646: Brief von Cécile Vogt an Agnes von Zahn-Harnack, 22. Januar 1927

ABBAW: NL Vogt, Nr. 212
43: Brief von Wissenschaftsminister Wandel an Ministerpräsident Grotewohl, 28. Juli 1954
60: Aktenvermerk von Klaus Maase über Gespräch mit Cécile und Oskar Vogt, 17. und 18. März 1953
86–87: Aktenvermerke von Klaus Maase über Gespräche mit Cécile und Oskar Vogt, 7. Februar 1953
92: Schreiben von Cécile und Oskar Vogt an die Deutsche Notenbank, Berlin, 8. März 1951
97: Bericht über ein Gespräch mit Cécile und Oskar Vogt vom 27. Oktober 1950

Archiv der Max-Planck-Gesellschaft Berlin (AMPG)

AMPG, I. Abteilung, Rep. 1A, Nr. 093
141–145: Niederschrift Verwaltungsausschuss Kaiser-Wilhelm-Gesellschaft, 15. Mai 1934
187–188: Niederschrift Verwaltungsausschuss Kaiser-Wilhelm-Gesellschaft, 9. April 1934

AMPG, I. Abteilung, Rep. 1A, Nr. 536
1–6: Bericht von Oskar Vogt an die Kaiser-Wilhelm-Gesellschaft, 21. März 1933
7–11: Stellungnahme Oskar Vogt, März 1933
12–23: Stellungnahme von Patzig, Tönnies und Zwirner, 23. März 1933
24: Gustav Krupp von Bohlen und Halbach an Friedrich Glum, 29. März 1933
29–31: Aktennotiz von Ernst Telschow, 22. April 1933
32: Brief von Friedrich Glum an Gustav Krupp von Bohlen und Halbach, 26. April 1933
33–37: Brief von Oskar Vogt an Friedrich Glum, 26. April 1933
39: Brief von Saalfeld an Ernst Telschow, 27. April 1933
40: Aktenvermerk von Friedrich Glum, 2. Mai 1933
43: Brief von Oskar Vogt an Max Planck, 25. Juni 1933

AMPG, I. Abteilung, Rep. 1A, Nr. 1221-1
153c: Gutachten von Oskar Vogt, 30. April 1911

AMPG, I. Abteilung, Rep. 1A, Nr. 1576
12: Vertrag zwischen der Kaiser-Wilhelm-Gesellschaft und Oskar Vogt, Februar 1920
15–16: Brief von Adolf von Harnack an Oskar Vogt, 10. März 1920
19–22: Satzung des Kaiser-Wilhelm-Instituts für Hirnforschung, 11. Mai 1920
23: Protokoll über die Sitzung des Senats der Kaiser-Wilhelm-Gesellschaft, 11. Mai 1920
47–50: Vertrag und Ausführungsbestimmungen zwischen der Kaiser-Wilhelm-Gesellschaft und der Stadt Berlin, Januar 1920 und Juli 1920
63: Protokoll der Sitzung des Kuratoriums des Kaiser-Wilhelm-Instituts für Hirnforschung, 15. November 1920
66: Protokoll des Senats der Kaiser-Wilhelm-Gesellschaft, 15. November 1920
70: Brief von Oskar Vogt an den Minister für Wissenschaft, Kunst und Volksbildung, 6. Juli 1920
105: Budgetentwurf des Kaiser-Wilhelm-Instituts für Hirnforschung für das Etatjahr 1921
126: Schreiben des Ministers für Wissenschaft, Kunst und Volksbildung an Oskar Vogt, 9. September 1921
136: Brief von Adolf von Harnack an den Minister für Wissenschaft, Kunst und Volksbildung, 12. November 1921
142: Brief von Oskar Vogt an Gustav Krupp von Bohlen und Halbach, 23. Januar 1923
144–145: Brief von Oskar Vogt an Gustav Krupp von Bohlen und Halbach, 30. Januar 1923
153: Protokoll der Sitzung des Kuratoriums des Kaiser-Wilhelm-Instituts für Hirnforschung, 23. März 1922
166: Brief von Oskar Vogt an Friedrich Glum, 8. Juni 1922
201: Brief von Oskar Vogt an das Ministerium für Wissenschaft, Kunst und Volksbildung, 29. Oktober 1922
225: Brief von Oskar Vogt an Friedrich Glum, 4. Oktober 1923
252: Protokoll der Sitzung des Kuratoriums des Kaiser-Wilhelm-Instituts für Hirnforschung

AMPG, I. Abteilung, Rep. 1A, Nr. 1577
1: Besprechungsprotokoll Kaiser-Wilhelm-Institut für Hirnforschung, 23. Mai 1925
6: Brief von Ministerialdirektor Wallroth an Oskar Hergt, 26. Mai 1925
12: Brief von Gustav Krupp von Bohlen und Halbach an Friedrich Glum, 11. Juni 1925
15: Brief von Friedrich Glum an Gustav Krupp von Bohlen und Halbach, 23. Juni 1925
25–27: Brief von Oskar Vogt an die Kaiser-Wilhelm-Gesellschaft mit Anlagen, 6. Juli 1925
38a: Protokoll des Senats der Kaiser-Wilhelm-Gesellschaft. 7. Juli 1925
53a: Protokoll des Senats der Kaiser-Wilhelm-Gesellschaft, 7. Dezember 1925
91: Mitteilung von Oskar Vogt an die Kaiser-Wilhelm-Gesellschaft, 28. Juni 1926
98–99: Brief von Gustav Krupp von Bohlen und Halbach an Adolf von Harnack, 17. Januar 1927
100–108: Brief von Oskar Vogt an Gustav Krupp von Bohlen und Halbach, 11. Januar 1927
120–123: Brief von Friedrich Glum an Gustav Krupp von Bohlen und Halbach, 4. April 1927

123a–123c: Personalunterlagen Stella Rose, 4. April 1927

AMPG, I. Abteilung, Rep. 1A, Nr. 1578
125: Protokoll der Sitzung des Preussischen Landtags, 19. März 1927
130–131: Korrespondenz zwischen der Atlantic Photo Agentur und der Kaiser-Wilhelm-Gesellschaft, Juli 1927
147–153: Vom Schaltwerk der Gedanken, Manuskript von Oskar Vogt, 25. April 1928
154–161: Beschreibung der Tätigkeiten des Kaiser-Wilhelm-Instituts für Hirnforschung, ohne Datum

AMPG, I. Abteilung, Rep. 1A, Nr. 1579
208–215: Stellungnahme von Oskar Vogt zur Gründung eines neurologischen Instituts, 10. Dezember 1928
223–239: Besprechungsprotokoll zum Neubau des Kaiser-Wilhelm-Instituts für Hirnforschung, 7. Januar 1929
251: Brief von Gustav Krupp von Bohlen und Halbach an Friedrich Glum, 3. August 1929
252: Brief von Friedrich Glum an Gustav Krupp von Bohlen und Halbach, 5. August 1929
287: Schreiben des Kaiser-Wilhelm-Instituts für Hirnforschung an die Kaiser-Wilhelm-Gesellschaft, 24. Februar 1930
303–306: Rundschreiben der Kaiser-Wilhelm-Gesellschaft an die Kaiser-Wilhelm-Institute, 10. November 1930
307–308: Brief von Oskar Vogt an das Kuratorium des Kaiser-Wilhelm-Instituts für Hirnforschung, 19. November 1930
314: Presseeinladung zur Besichtigung des Kaiser-Wilhelm-Instituts für Hirnforschung am 17.12., 3. Dezember 1930
317–320: Presseunterlage zur Besichtigung des Kaiser-Wilhelm-Instituts für Hirnforschung, Dezember 1930

AMPG, I. Abteilung, Rep. 1A, Nr. 1580
1d: Schreiben von Oskar Vogt an die Generalverwaltung der Kaiser-Wilhelm-Gesellschaft, 7. April 1931
2: Schreiben von Oskar Vogt an die Generalverwaltung der Kaiser-Wilhelm-Gesellschaft, 10. April 1931
11: Einladungskarte zur Einweihung des Kaiser-Wilhelm-Instituts für Hirnforschung in Berlin-Buch, 2. Juni 1931
15: Schreiben von Oskar Vogt an die Generalverwaltung der Kaiser-Wilhelm-Gesellschaft, 9. Mai 1931
19: Artikel im Berliner Tagblatt, 13. Mai 1931
26–27: Brief von Oskar Vogt an Max Lucas von Cranach, 21. Mai 1931
36–44: Zusammenfassung zu den Zielen des Hirnforschungsinstituts, 27. Mai 1931
63–64: Eröffnungsrede von Max Planck, 2. Juni 1931
83: Brief von Paul Krüger an Reichskommissar von Papen, 19. September 1932
84: Schreiben des Kaiser-Wilhelm-Instituts für Hirnforschung an die Kaiser-Wilhelm-Gesell-

schaft, 29. September 1932

AMPG, I. Abteilung, Rep. 1A, Nr. 1581
96: Einladung zu einem Vortrag von H. J. Muller am Kaiser-Wilhelm-Institut für Hirnforschung am 9. März 1933
100: Brief von Oskar Vogt an Max Planck, 28. Mai 1933
111: Brief von Max Planck an Ernst Rüdin, 28. Juni 1933
152: Brief von Gustav Krupp von Bohlen und Halbach an Max von Cranach, 24. Juli 1934
153: Brief von Max von Cranach an Gustav Krupp von Bohlen und Halbach, 28. Juli 1934
164: Aktenvermerk von de Crinis, 18. Februar 1936
194: Stellungnahme des Kaiser-Wilhelm-Instituts für Hirnforschung an dem Generaldirektor der Kaiser-Wilhelm-Gesellschaft in einer arbeitsrechtlichen Angelegenheit, 17. Dezember 1935
202: Brief von Gustav Krupp von Bohlen und Halbach an Ernst Telschow, 1. März 1936

AMPG, I. Abteilung, Rep. 1A, Nr. 1582
11–13, 18–21: Protokoll der Sitzung des Kuratoriums des Kaiser-Wilhelm-Instituts für Hirnforschung, 12. Mai 1936
29: Tätigkeitsbericht des Kaiser-Wilhelm-Instituts für Hirnforschung, ohne Datum
49: Brief von Oskar Vogt an Gustav Krupp von Bohlen und Halbach, 26. Juni 1936
51: Erklärung von Dr. Edith Gerhardt, 26. Juni 1936
76–89: Ansprache von Hugo Spatz anlässlich seines Amtsantritts als Direktor, 1. April 1937

AMPG, I. Abteilung, Rep. 21, Nr. 9
Gehaltsblätter

AMPG, II. Abteilung, Rep. 67, Nr. 1481, Mappe 17
- Brief von Prof. Hörlein an die Max-Planck-Gesellschaft, 13. Januar 1944
- Brief von Prof. Hörlein an die Max-Planck-Gesellschaft, 21. Februar 1944
- Bericht des Instituts für Hirnforschung laut Gesetz Nr. 25 des Kontrollrates über die Überwachung der wissenschaftlichen Forschung, 1949

AMPG, II. Abteilung, Rep. 67, Nr.1481, Mappe 21
- Brief von Prof. Fessard, Paris, an Otto Hösch, 23. Juni 1951
- Brief von Prof. Meesen an Otto Hösch, 9. Juli 1951
- Brief von Prof. Jung an Otto Hösch, 4. Juli 1951
- Brief von Prof. Keller an Otto Hösch vom 4. Juni 1951
- Brief von Otto Hösch an Bundespräsident Theodor Heuss, 29. Juni 1951
- Brief von Prof. Rajewski an Otto Hahn, 8. Juli 1951
- Brief von Ernst Telschow, Generalverwaltung der Max-Planck-Gesellschaft, an Bernhard Patzig, 13. Juli 1951
- Protokoll, Verwaltungsrat der Max-Planck-Gesellschaft, 3. August 1951
- Brief des Badischen Ministeriums für Kultus und Unterricht an Otto Hahn, 7.

August 1951
- Brief von Hugo Spatz an Seeliger, Max-Planck-Gesellschaft, 29. August 1951
- Protokoll, Senat der Max-Planck-Gesellschaft, 12. September 1951
- Brief von GehRat B. Fellinger an Ernst Telschow, Generalverwaltung der Max-Planck-Gesellschaft, 24. September 1951
- Brief von Oskar Vogt an die Generalverwaltung der Max-Planck-Gesellschaft, 7. April 1952
- Brief der Max-Planck-Gesellschaft an Oskar Vogt, 25. April 1952
- Brief von Friedrich Oehlkers an Otto Benecke, Max-Planck-Gesellschaft, 2. Mai 1952

AMPG, II. Abteilung, Rep. 67, Nr. 1481, Mappe 22
- Prof. Rajewsky, Vorsitzender des wissenschaftlichen Rates der MPG, schreibt in einem Gutachten am 3. Januar 1952
- Mitteilung des Badischen Ministeriums für Kultus und Unterricht an Otto Hahn vom 7. März 1952
- Brief von Friedrich Oehlkers an Otto Hahn, 19. März 1952
- Brief von Oskar Vogt an die Generalverwaltung der Max-Planck-Gesellschaft, 7. April 1952
- Brief der Generalverwaltung der Max-Planck-Gesellschaft an Oskar Vogt, 25. April 1952
- Brief von Friedrich Oehlkers an Otto Benecke, Generalverwaltung der Max-Planck- Gesellschaft

AMPG, II. Abteilung, Rep. 67, Nr. 1481, Mappe 27
- Aktenvermerk Dr. Ballreich, 12. Mai 1959
- Todesanzeige Oskar Vogt, 31. Juli 1959
- Telegramm von Otto Hahn an Cécile Vogt, 3. August 1959

AMPG, II. Abteilung, Rep. 67, Nr. 1481, Mappe 28
- Brief von Otto Hahn an Prof. Büchner, 4. Januar 1960
- Telegramm von Otto Hahn an Cécile Vogt, 26. März 1959
- Aktenvermerk Dr. Ballreich, 29. April 1969
- Protokoll der Sitzung des Senats der Max-Planck-Gesellschaft, 17. Mai 1960
- Aktenvermerk Dr. Ballreich, 20. Juni 1960
- Brief von Marthe Vogt an die Max-Planck-Gesellschaft, 22. Juni 1960
- Aktenvermerk Dr. Ballreich, 27. Juni 1960
- Protokoll der Sitzung des Senats der Max-Planck-Gesellschaft, 11. November 1960

AMPG, II. Abteilung, Rep. 67, Nr. 1481, Mappe 29
- Protokoll der Sitzung des Senats der Max-Planck-Gesellschaft, 24. Februar 1961
- Mitteilung über den Tod Cécile Vogts, 4. Mai 1962
- Brief von Adolf Butenandt an Marthe Vogt, 15. Mai 1962
- Protokoll der Sitzung des Wissenschaftlichen Rates der Max-Planck-Gesellschaft, 9. Juni 1964

AMPG, II. Abteilung, Rep. 67, Nr. 1481, Anhang
- Brief von Oskar Vogt an die Generalverwaltung der Kaiser-Wilhelm-Gesellschaft, 15. November 1919

- Mitteilung des Ministeriums für Wissenschaft, Kunst und Volksbildung, 20. April 1920
- Vertragszusatz zum Vertrag der Kaiser-Wilhelm-Gesellschaft mit Cécile Vogt, Juli 1922
- Mitteilung der Kaiser-Wilhelm-Gesellschaft an Cécile Vogt, 22. Dezember 1930
- Kündigungsschreiben von Cécile Vogt an die Kaiser-Wilhelm-Gesellschaft, 27. Dezember 1936
- Brief von Max Planck an Oskar Vogt vom 23. März 1937

AMPG, III. Abteilung, Rep. 115, Nr. 134-2
- Vortragsmanuskript Rolf Hassler, ohne Datum

AMPG, III. Abteilung, Rep. 115, Nr. 139-4
- Manuskript Rolf Hassler, 9. Februar 1960

AMPG, III. Abteilung, Rep. 115, Nr. 149-2
- Vortragsmanuskript Rolf Hassler, April 1970

AMPG, III. Abteilung, Rep. 115, Nr. 151-1
- Vortragsmanuskript Rolf Hassler, 21. Mai 1970

AMPG, III. Abteilung, Rep. 115, Nr. 159-5
- Vortragsmanuskript Rolf Hassler, 15. Januar 1980

Jahrbuch der Max-Planck-Gesellschaft 1961, Teil II, Geschichte des Max-Planck-Instituts für Hirnforschung

Cécile und Oskar Vogt-Archiv Düsseldorf (COVA)

COVA Band 16
1–116: Postkarten von Cécile und Oskar Vogt an Marthe und Marguerite Vogt, 1908–1928

COVA Band 17
01–14: Postkarten von Claire Vogt an Marthe Vogt, 1907–1914
15: Brief von Claire Vogt an Marthe Vogt, 27. August 1915
16–28: Postkarten von Marguerite Vogt an Marthe Vogt, 1928–1929

COVA Band 21
85: Protokoll der Kuratoriumssitzung des Kaiser-Wilhelm-Instituts für Hirnforschung, 2. Juni 1931
91: Protokoll der Sitzung des Wissenschaftlichen Rates der Kaiser-Wilhelm-Gesellschaft, 31. Mai 1931

COVA Band 29
14: Brief des Anatomisch-Biologischen Instituts der Universität Berlin an Oskar Vogt, 23. November 1931

21: Brief des Preußischen Ministeriums für Wissenschaft, Kunst und Volksbildung an Cécile Vogt, 2. April 1934
24: Protokoll der Hauptversammlung der Kaiser-Wilhelm-Gesellschaft, 1. Juni 1931
37: Brief von Lazar Minor an Oskar Vogt, 24. Januar 1931
51–53: Gehaltsabrechnungen Cécile Vogts, 1931
66: Gehaltsabrechnungen von Oskar und Cécile Vogt, 1931
117: Brief von Oskar Vogt an Max Planck, 7. November 1931
145–147: Unveröffentlichtes Exposé über das Kaiser-Wilhelm-Institut für Hirnforschung am Standort Berlin-Buch

COVA Band 34
10: Vertrag von Cécile Vogt mit einer Schweizer Agentur für Gouvernanten
69: Brief von Oskar Vogt an Gustav Krupp von Bohlen und Halbach, 23. November 1925
135: Brief von Oskar Vogt an Theodor Fontane, 24. Dezember 1925
169: Brief von Erich Gutkind an Oskar Vogt, 2. Mai 1926
186: Brief von Salomon Henschen an Cécile Vogt, 25. Juni 1926
218: Stellungnahme zur Entwicklung der Kaiser-Wilhelm-Gesellschaft zur Förderung der Wissenschaften, April 1926
227: Brief von Cécile und Oskar Vogt an Karl Kautsky, 14. Oktober 1925

COVA Band 43
80ff.: Korrespondenz zwischen Oskar Vogt und Hugo Spatz, 1943

COVA, Band 86
Brief von Oskar Vogt an Hugo Spatz, 12. Dezember 1921

COVA, Band 87
Brief von Oskar Vogt an Dr. Grünewald, 16. März 1922

COVA Band 94
56–57: Korrespondenz von Oskar und Cécile Vogt mit der American Neurological Association, März 1928
124–127: Korrespondenz zwischen Oskar Vogt und Carl Sattler, Sommer/Herbst 1927
171: Aktennotiz von Cécile Vogt, 14. November 1927

COVA Band 95
34: Korrespondenz von Oskar und Cécile Vogt mit Gustav und Bertha Krupp von Bohlen und Halbach, 21. April 1937
37: Brief von Oskar Vogt an Gustav Krupp von Bohlen und Halbach, 4. März 1937
88–90: Korrespondenz von Oskar Vogt mit der Direktion der Realschule Neustadt
161: Bericht über die Sitzung der Medizinischen Fachpresse, 18. März 1937

COVA Band 109

26: Brief von Otfrid Foerster an Oskar Vogt, 20. Juni 1903
49: Brief von Luise Kautsky an Cécile Vogt, 19. Oktober 1910
57–60: Zeitungsausschnitte zur „Affaire Krupp"
71: Brief von Mathilde und Marthe Vogt an Cécile Vogt, ohne Datum
72: Brief von Cécile Vogt an Martha Oppenheim, ohne Datum
84: Brief von Claire Vogt an Oskar und Cécile Vogt, ohne Datum

COVA Band 110
50: Telegramm von Folke Henschen an Cécile und Oskar Vogt, 4. Dezember 1030
69: Brief von Lina Stern an Cécile Vogt, 12. Juni 1930

COVA Band 114
15: Brief von Otto Hamburger an Cécile Vogt, 9. September 1917
30: Brief von Marguerite Brandt an Cécile Vogt, 12. August 1918
68: Brief von Oskar Vogts Tante Elisabeth an Cécile Vogt, August 1919
97: Brief von Gina Goetz-Levy an Cécile Vogt, 8. Mai 1919
101–107: Briefe von Pierre Marie an Cécile Vogt, Mai 1917 bis Januar 1919
120: Brief von Marthe und Marguerite Vogt an Cécile und Oskar Vogt, 12. Juli 1919
121: Brief von Marthe und Marguerite Vogt an Cécile und Oskar Vogt, 13. Juli 1919
157: Brief von Louise Valet an Cécile Vogt, 13. Februar 1919
160: Brief von Louise Valet an Cécile Vogt, 6. Juli 1917
164–175: Briefe von Marthe und Marguerite Vogt an Cécile und Oskar Vogt, Juli 1919

COVA Band 115
59: Brief von Cécile Vogt an Oskar Vogt, 15. November 1927
60: Brief von Oskar Vogt an Cécile Vogt, 20. September 1927
62: Brief von Oskar Vogt an Cécile Vogt, 5. November 1927
63: Brief von Oskar Vogt an Cécile Vogt, 1. November 1927
67: Brief von Oskar Vogt an Cécile Vogt, 21. September 1927
78: Brief von Cécile Vogt an Oskar Vogt, 19. Oktober 1930
86: Brief von Cécile Vogt an Oskar Vogt, 19. September 1930
89: Brief von Cécile Vogt an Oskar Vogt, 25. Februar 1929
91: Brief von Marguerite Vogt an Oskar Vogt, 20. Juli 1929
94: Brief von Cécile Vogt an Oskar Vogt, 22. Februar 1929
101: Brief von Cécile Vogt an Oskar Vogt, ohne Datum
104: Brief von Cécile Vogt an Oskar Vogt, undatiert
106: Brief Marguerite Vogt an Oskar Vogt, 30. Juli 1928
110: Brief von Cécile Vogt an Oskar Vogt, 2. Juli 1926
111: Brief von Cécile Vogt an Oskar Vogt, 3. Juli 1926
114: Brief von Cécile Vogt an Oskar Vogt, 21. September 1925
115: Brief von Cécile Vogt an Oskar Vogt, 19. September 1925
116: Brief von Cécile Vogt an Oskar Vogt, 18. September 1925
117: Brief von Cécile Vogt an Oskar Vogt, 17. September 1925

118: Brief von Marguerite Vogt an Oskar Vogt, 15. September 1925
119: Brief von Marguerite Vogt an Oskar Vogt, 14. September 1925
121: Brief Marthe Vogt an Oskar Vogt, 10. September 1928
122: Brief von Cécile Vogt an Oskar Vogt, 10. September 1925
123: Brief von Cécile Vogt an Oskar Vogt, 9. September 1925
124: Brief von Cécile Vogt an Oskar Vogt, 8. September 1925
125: Brief von Cécile Vogt an Oskar Vogt, 2. September 1925
126: Brief von Cécile Vogt an Oskar Vogt, 7. September 1925
132: Brief von Cécile Vogt an Oskar Vogt, 28. Juli 1927
135: Brief von Cécile Vogt an Oskar Vogt, 17. Juli 1927
137: Brief von Cécile Vogt an Oskar Vogt, 2. Juni 1925
140: Brief von Cécile Vogt an Oskar Vogt, 9. Januar 1925
142: Brief von Cécile Vogt an Oskar Vogt, 9. Januar 1925
143: Brief von Marthe Vogt an Oskar Vogt, 25. September 1924
144: Brief von Cécile Vogt an Oskar Vogt, 24. September 1924
145: Brief von Marthe Vogt an Oskar Vogt, 23. September 1924
146: Brief von Cécile Vogt an Oskar Vogt, 18. September 1924
147: Brief von Cécile Vogt an Oskar Vogt, 17. September 1924

COVA Band 116
27: Brief von M. Chaillocy an Cécile Vogt, 4. Januar 1924
64–76: Briefe von Marguerite Vogt an Cécile und Oskar Vogt, Juli und August 1924
85–86: Briefe von Pierre Marie an Cécile Vogt, April 1922
96, 99–101: Briefe von Marthe und Marguerite Vogt an Cécile und Oskar Vogt, Juli–August 1919
108: Brief von Oskar Vogt an Cécile Vogt, 25. September 1924
109: Brief von Oskar Vogt an Cécile Vogt, 11. September 1924

COVA Band 121
08: Brief von Otto Hamburger an Cécile Vogt, 7. März 1934
09: Brief von Otto Hamburger an Cécile Vogt, 5. März 1934
12–16: Briefe von Pierre Marie an Cécile Vogt, 1932-1934
17: Brief von Marthe Vogt an Cécile und Oskar Vogt, 15. Mai 1935
¬¬¬¬¬19: Brief von Marthe Vogt an Cécile und Oskar Vogt, 28. April 1935
21: Brief von Marthe Vogt an Cécile und Oskar Vogt, 4. April 1935
24: Brief von Marthe und Marguerite Vogt an Cécile und Oskar Vogt, 29. September 1933
28: Brief von Marthe Vogt an Cécile und Oskar Vogt, 15. Februar 1933
38: Brief von Maximilian Rose an Cécile Vogt, 21. März 1934
53: Brief von Oskar Vogt an Cécile Vogt, 12. August 1932
55: Brief von Marthe und Marguerite Vogt an Oskar Vogt, 12. August 1932

COVA Band 124

194: Brief von Claire Vogt an Cécile Vogt, 16. Januar 1933
195: Brief von Claire Vogt an Cécile Vogt, 26. Januar 1933
196: Brief von Claire Vogt an Cécile Vogt, 24. Februar 1933
197: Brief von Claire Vogt an Cécile Vogt, 4. April 1933
198: Brief von Claire Vogt an Cécile Vogt, 20. Februar 1933
199: Brief von Claire Vogt an Cécile Vogt, 15. April 1933
200: Brief von Claire Vogt an Cécile Vogt, 4. Mai 1933
201: Brief von Claire Vogt an Cécile Vogt, 18. Mai 1933
204: Brief von Claire Vogt an Cécile Vogt, 11. Juni 1933
205: Brief von Claire Vogt an Cécile Vogt, 2. Juli 1933
207: Brief von Claire Vogt an Cécile Vogt, 9. September 1933
209: Brief von Claire Vogt an Cécile Vogt, 31. Oktober 1933
210: Brief von Claire Vogt an Cécile Vogt, 25. Dezember 1934
211: Brief von Claire Vogt an Cécile Vogt, 4. Januar 1934
216: Brief von Claire Vogt an Cécile Vogt, 9. September 1934
217: Brief von Claire Vogt an Cécile Vogt, 14. Juni 1934
218: Brief von Claire Vogt an Cécile Vogt, 8. Juli 1934
219: Brief von Claire Vogt an Cécile Vogt, 20. Mai 1934
220: Brief von Claire Vogt an Cécile Vogt, 23. April (ohne Jahresangabe)
221: Brief von Claire Vogt an Cécile Vogt, 24. Januar 1935

COVA Band 132
01: Brief von Ursula Kaßpohl an Cécile Vogt, 10. Mai 1948
83: Notiz über den Welpen Moutchou, 21. November 1949
100–101: Unveröffentlichte biografische Notiz zu Oskar Vogt, ohne Datum
102: Unveröffentlichte biografische Notiz zu Cécile Vogt, ohne Datum
103: Brief von Cécile Vogt an Jerzy Olszewski, 18. März 1949
159: Stellungnahme der Deutschen Gesellschaft für Hirnforschung m.b.H. für Friedrich Schmidt-Ott, Deutsche Forschungsgemeinschaft, 20. September 1949
211: Brief von Oskar Vogt an den Staatspräsidenten Badens Leo Wohleb, 6. April 1949

COVA Band 134
14: Brief von Ministerialrat a. D. Klingenhöfer an Cécile Vogt, 22. November 1950
66: Abstammungsnachweis für einen Cockerspaniel, 16. Mai 1950
89: Brief von Jerzy Olszewski an Cécile und Oskar Vogt, 3. Dezember 1950
126: Brief von Hermann B. Fellinger an Wilhelm Höpker, 17. Oktober 1959

COVA Band 208
21: Mitteilung des Ministers der geistlichen und Unterrichtsangelegenheiten an Oskar Vogt, 18. März 1913
46: Aktennotiz von Cécile und Oskar Vogt, 1. Juni 1929
51–57: Korrespondenz zwischen Oskar Vogt und Gustav Krupp von Bohlen und Halbach, 1927

92-100: Korrespondenz zwischen Oskar Vogt, Friedrich Glum und Gustav Krupp von Bohlen und Halbach, 1927
101–106: Korrespondenz zwischen Oskar Vogt und Gustav Krupp von Bohlen und Halbach, 1927
152: Brief von Gustav Krupp von Bohlen und Halbach an Oskar Vogt, 22. März 1914
176: Aktennotiz von Cécile Vogt
187: Brief von Gustav Krupp von Bohlen und Halbach an Oskar Vogt, 18. Juni 1913
197: Brief von Gustav Krupp von Bohlen und Halbach an Oskar Vogt, 2. Juli 1910

COVA Band 214
6: Brief von Cécile an das Kinderheim Erlangen Oberfranken
102: Brief von Cécile Vogt an Fanny von Kurowsky, 31. Dezember 1944
133: Brief von Herbert Lüers an Cécile Vogt, 20. August 1943
137: Brief von Cécile Vogt an Marthe Vogt, 31. Dezember 1945
139: Brief von Cécile Vogt an Marthe Vogt, 2. Dezember 1945
169: Brief von Marthe Vogt an Cécile, Oskar und Marguerite Vogt, 28. August 1939
267: Schenkungsurkunde vom 30. August 1943 über die Übertragung aller Sammlungen und Gesellschaftsanteile von Cécile und Oskar Vogt an Marthe und Marguerite Vogt

COVA Band 215
94: Brief von Cécile Vogt an Oskar Vogt, 22. Februar 1929

COVA Band 217
127: Schreiben der Stadt Husum an Oskar Vogt, 13. Juni 1957

COVA Band 218
01: Brief von Doris Maase an Cécile und Oskar Vogt, 17. Oktober 1957
03: Brief von Klaus Maase an Cécile und Oskar Vogt, 3. April 1958
17–45: Briefe von Cécile Vogt an Marthe und Marguerite Vogt, 1957–1958
48–120: Briefe von Marguerite Vogt an Cécile und Oskar Vogt, 1957–1959
121–123: Briefe von Cécile Vogt an Marthe und Marguerite Vogt, 1957
140–205: Briefe von Marthe Voigt an Cécile und Oskar Vogt und an Marthe Vogt, 1957–1959

COVA Band 234
Brief von Oskar Vogt aus Paris an Auguste Forel, 28.1.1896

COVA Band 246
1: Protokoll einer Besprechung von Gustav Krupp von Bohlen und Halbach, Friedrich Schmidt-Ott, Cécile Vogt, Oskar Vogt, Hugo Spatz, Max Lucas von Cranach, 24. März 1937
3: Brief von Max Planck an Oskar Vogt, 12. Januar 1937
5: Brief von Gustav Krupp von Bohlen und Halbach an Oskar Vogt, 6. Juli 1938
6: Schnellbrief des Reichs- und Preußischen Ministeriums für Inneres an Oskar Vogt, 8. Januar 1938

COVA Band 256
02ff.: Kondolenzschreiben an Cécile Vogt

COVA, Band 276
Brief von Oskar Vogt an Auguste Forel, 17. Juni 1923

COVA Band 284
09: Testamentarische Verfügung von Oskar Vogt über sein Gehirn, 17. August 1955
30: Verzeichnis der wissenschaftlichen Veröffentlichungen von Cécile Vogt

COVA Band 286
04: Un grand nom de la neurologie, biografische Publikation über Cécile Vogt, ohne Datum

COVA Band 302
04: Tagebuchaufzeichnung von Cécile Vogt, 25. September 1910
05: Tagebuchaufzeichnung von Cécile Vogt, Oktober 1910
06: Tagebuchaufzeichnung von Cécile Vogt, 6. November 1910
07: Tagebuchaufzeichnung von Cécile Vogt, 21. August 1917
08: Tagebuchaufzeichnung von Cécile Vogt, 16. Januar 1918
09: Tagebuchaufzeichnung von Cécile Vogt, 3. Februar 1918
10: Tagebuchaufzeichnung von Cécile Vogt, 3. März 1918
11: Tagebuchaufzeichnung von Cécile Vogt, 22. August 1918
14: Tagebuchaufzeichnung von Cécile Vogt, 19. September 1918

COVA Band 303
Kondolenzschreiben an Cécile Vogt

COVA Band 304
Kondolenzschreiben an Cécile Vogt

COVA, Band 343
Brief von Oskar Vogt an E. Kraepelin, 29.3. 1915

COVA Band 370
01–15: Briefe von Irmgard Leux-Henschen und von Folke Helschen an Cécile Vogt, 1934
35–36: Gedächtnisprotokoll von Folke Henschen, ohne Datum

COVA Band 375
03–24: Briefe von Signe Henschen an Cécile und Oskar Vogt, 1935 und 1936
105–109: Briefe von Signe Henschen an Cécile und Oskar Vogt, 1935 und 1936
164–166: Briefe von Signe Henschen an Cécile und Oskar Vogt, 1935

COVA Band 654
01: Tagebucheintragung von Cécile Vogt, 30. November 1900
03–13: Tagebucheintragungen von Cécile Vogt, 13. Juli 1901

COVA Band 655
01: Agenda Cécile Vogt mit privaten Einnahmen-Ausgaben-Aufzeichnungen, 1919

COVA Band 656
019, 032, 048, 050, 056, 061, 065, 067, 074: private Rechnungen

COVA Band 657
15: Protokoll Gerichtsverhandlung Vogt gegen Treff, 23. April 1936
27: Schreiben des Reichsministers an Wissenschaft, Erziehung und Volksbildung, 22. September 1934
62: Brief von Gustav Krupp von Bohlen und Halbach an Oskar Vogt, 2. Januar 1936

COVA Band 811
01: Brief von Cécile Vogt an Oskar Vogt, 17. Februar 1903
02: Brief von Cécile Vogt an Oskar Vogt, 16. Februar 1903
03: Brief von Cécile Vogt an Oskar Vogt, 16. Februar 1903
04: Brief von Cécile Vogt an Oskar Vogt, 15. Februar 1903
06: Brief von Cécile Vogt an Oskar Vogt, 28. September 1902
07: Brief von Cécile Vogt an Oskar Vogt, ohne Datum
08: Brief von Cécile Vogt an Oskar Vogt, ohne Datum
010: Brief von Cécile Vogt an Oskar Vogt, 25. November 1902
011: Brief von Cécile Vogt an Oskar Vogt, 22. November 1902
012: Brief von Cécile Vogt an Oskar Vogt, 22. November 1902
015: Brief von Cécile Vogt an Oskar Vogt, ohne Datum
016: Brief von Cécile Vogt an Oskar Vogt, 13. September 1901
018: Brief von Cécile Vogt an Oskar Vogt, 11. September 1901
020: Brief von Cécile Vogt an Oskar Vogt, ohne Datum
021: Brief von Cécile Vogt an Oskar Vogt, ohne Datum
022: Brief von Cécile Vogt an Oskar Vogt, ohne Datum
023: Brief von Cécile Vogt an Oskar Vogt, ohne Datum
024: Brief von Cécile Vogt an Oskar Vogt, ohne Datum
025: Brief von Cécile Vogt an Oskar Vogt, ohne Datum
026: Brief von Cécile Vogt an Oskar Vogt, 29. Oktober 1900
027: Brief von Cécile Vogt an Oskar Vogt, ohne Datum
028: Brief von Cécile Vogt an Oskar Vogt, ohne Datum
029: Brieffragment von Cécile Vogt an Oskar Vogt, ohne Datum
030: Brief von Cécile Vogt an Oskar Vogt, ohne Datum

COVA Band 823

01–13: private Rechnungen, Cécile und Oskar Vogt, Januar bis März 1899

COVA Band 824
01–28: private Rechnungen, Cécile und Oskar Vogt, Januar bis März 1899

COVA Band 890
01: Zeitungsausschnitt Nachruf Cécile Vogt
02: Brief von Marthe Vogt an Hubert Meessen, 28. Mai 1962
03: Brief von Marthe Vogt an Hubert Meessen und Frau
04: Brief von Marguerite Vogt an Hubert Meessen und Frau, 20. Mai 1962

Publikationen von Cécile Vogt

Barany R., Vogt C., Vogt O. Zur reizphysiologischen Analyse der kortikalen Augenbewegungen. Journal für Psychologie und Neurologie 1924, 30:87–121
Freund C. S., Vogt C. Ein neuer Fall von État marbré des corpus striatum. Journal für Psychologie und Neurologie 1911, Ergänzungs-Heft 4, 18:489
Oppenheim H., Vogt C. Wesen und Localisation der kongenitalen und infantilen Pseudobulbärparalyse. Journal für Psychologie und Neurologie 1911, Ergänzungsheft 1, 18:293
Vogt C. Étude sur la myélinisation des hémispheres cérébraux. 1900 Steinheil Verlag, Paris
Vogt C., Vogt O. L'anatomie du cervau et la psychologie. Zeitschrift für Hypnotismus 1901, 10:181–189
Vogt C., Vogt O. Psychologie, Neurophysiologie und Neuroanatomie. Zur Einführung in die neue Folge unseres Journals. Journal für Psychologie und Neurologie 1902, 1:1
Vogt C., Vogt O. Zur Erforschung der Hirnfaserung. Mit 60 Lichtdrucktafeln und 25 Figuren im Text. Neurobiologische Arbeiten. Erste Serie: Beiträge zur Hirnfaserlehre. 1. Lieferung. 1902, Gustav Fischer Verlag Jena
Vogt C., Vogt O. Die Markreifung des Kindergehirns während der ersten vier Lebensmonate und ihre methodologische Bedeutung. Mit 115 Tafeln. Neurobiologische Arbeiten. Erste Serie: Beiträge zur Hirnfaserlehre. 2. Lieferung. 1904, Gustav Fischer Verlag Jena
Vogt C., Vogt O. Zur Kenntnis der elektrisch erregbaren Hirnrinden-Gebiete bei Säugetieren. Journal für Psychologie und Neurologie 1907, 8:277–456
Vogt C. La myéloarchitecture du thalamus du cercopithèque. Journal für Psychologie und Neurologie 1909, 12, Ergänzungsheft, 285–324
Vogt C., Vogt O. Nouvelle contribution à l'étude de la myeloarchitecture de l'écorce cerebrale (XXième Congres des Medicin alientistes et neurolgistes de France)
Vogt C., Vogt O. Erster Versuch einer pathologisch-anatomischen Einteilung striärer Mobilitätsstörungen nebst Bemerkungen über seine allgemeine wissenschaftliche Bedeutung. Journal für Psychologie und Neurologie 1918, 24:1
Vogt C., Vogt O. Allgemeinere Ergebnisse unserer Hirnforschung. Journal für Psychologie und Neurologie 1919, 25(1):277
Vogt C., Vogt O. Wissenschaftliche Forderungen an den modernen Staat. Nord und Süd 1919,

Januar bis März
Vogt C., Vogt O. Zur Kenntnis der pathologischen Veränderungen des Striatum und des Palladium und zur Pathophysiologie der dabei auftretenden Krankheitserscheinungen. Heidelberg 1919, Sitzungsberichte der Heidelberger Akademie der Wissenschaften 1919, 14:1–59
Vogt C. Quelques considérations générales à propos du Syndrome du corps strié. Journal für Psychologie und Neurologie 1911, Ergänzungsheft 4, 18:479
Vogt C. Demonstration anatomischer Präparate (Syndrom des Corpus Striatum). Neurologisches Zentralblatt 1911, 30:397
Vogt C., Vogt O. Über einen angeblichen Fasciculus corporis callosi cruxiatus. Journal für Psychologie und Neurologie 1915, 21:154–158
Vogt C., Vogt O. Erster Versuch einer pathologisch-anatomischen Einteilung striärer Motilitätsstörungen. Journal für Psychologie und Neurologie 1918, 24:1–19
Vogt C., Vogt O. Zur Lehre der Erkrankungen des striären Systems. Journal für Psychologie und Neurologie 1920, Ergänzungsheft 3, 25:627
Vogt C., Vogt O. Die Bedeutung der topistischen und pathologisch-anatomischen Erforschung des Nervensystems für die Lehre von seinen Erkrankungen. Festschrift der Kaiser-Wilhelm-Gesellschaft zur Förderung der Wissenschaften, Springer 1921
Vogt C. Die Pathoarchitektonik als besonderer Zweig der pathologischen Anatomie des ZNS. Vortrag, Stockholm, veröffentlicht in den Verhandlungen der Schwedischen Gesellschaft der Ärzte 1921
Vogt C. Einige Ergebnisse unserer Neurosenforschung. Naturwissenschaften 1921, 9:346–350
Vogt C. und Vogt O. Pathoarchitektonik und psychologische Erkrankungen. Festschrift für Ramón y Cajal 1922
Vogt C. Erkrankungen der Grosshirnrinde im Lichte der Topistik, Pathoklise und Pathoarchitektonik. Journal für Psychologie und Neurologie 1922, 28:8–171
Vogt C. Die topistisch-pathoarchitektonische Forschung in der Psychiatrie. Festschrift für Bechterew. Zeitschrift für die gesamte Neurologie und Psychiatrie 1925, 100:63–69
Vogt C. Topistik und psychiatrische Klassifikation. Zeitschrift für die gesamte Neurologie und Psychiatrie 1926, 101:798–804
Vogt C. und Vogt O. Die nosologische Stellung des Status marmoratus des Striatum. Festschrift für Kraepelin. Psychiatrisch-neurologische Wochenschrift 1925, 28
Vogt C., Vogt O. Die vergleichend-architektonische und die vergleichend-reizphysiologische Felderung der Großhirnrinde unter besonderer Berücksichtigung der menschlichen. Naturwissenschaften 1926, 14: 1193–1194
Vogt C., Vogt O. Die nosologische Stellung des Status marmoratus des Striatum. Psychiatrisch-Neurologische Wochenschrift 1926, 28:85
Vogt C., Vogt O. Die Grundlagen und die Teildisziplinen der mikroskopischen Anatomie des Zentralnervensystems. Handbuch mikroskopische Anatomie des Menschen 1928, 4. Band, 1. Teil. Springer
Vogt C., Vogt O. Zur psychiatrischen Würdigung der Antonschen Entdeckung und Wertung des Status marmoratus striati. Journal für Psychologie und Neurologie 1929, 37:387–393
Vogt C., Vogt O. Über die Neuheit und den Wert des Pathoklisenbegriffes. Festschrift für M. Bielschowsky. Journal für Psychologie und Neurologie, 1929, 38:147–154

Vogt C., Vogt O. Hirnforschung und Genetik. Journal für Psychologie und Neurologie 1929, 39:438–446
Vogt C., Vogt O. Weitere biologische Beleuchtungen des Problems der Klassification der Erkrankungen des Nervensystems. Zeitschrift für die gesamte Neurologie und Psychiatrie 1930, 128:557–575
Vogt O. Das Kaiser-Wilhelm-Institut für Hirnforschung in Berlin-Buch. In Brauer L. et al.: Forschungsinstitute, ihre Geschichte, Organisation und Ziele. Hamburg, Hartung Verlag, 1931
Vogt C. Warum stellen wir die Hirnanatomie in den Mittelpunkt unserer Forschung? Naturwissenschaften 1933, 21:408–410
Vogt C., Vogt O. Zur spezifischen Variabilität unserer Organe. Naturwissenschaften 1935, 496–499
Vogt C., Vogt O. Kaiser-Wilhelm-Institut für Hirnforschung in Berlin-Buch. 25 Jahre Kaiser-Wilhelm-Gesellschaft zur Förderung der Wissenschaft. 1936, 387–400
Vogt C., Vogt O. Sitz und Wesen der Krankheiten im Lichte der topistischen Hirnforschung und des Variierens der Tiere. I. Theil. Befunde der topistischen Hirnforschung als Beitrag zur Lehre vom Krankheitssitz. Journal für Psychologie und Neurologie 1937, 47:237
Vogt C., Vogt O. Sitz und Wesen der Krankheiten im Lichte der topistischen Hirnforschung und des Variierens der Tiere. II. Theil. Zur Einführung in das Variieren der Tiere. Journal für Psychologie und Neurologie 1938, 48:109
Vogt C., Vogt O. Das formative Sonderverhalten des einzelnen Griseum cerebrale. Forschungen und Fortschritte 1940, 16: 274–276
Vogt C., Vogt O. Thalamusstudien I–III. Journal für Psychologie und Neurologie 1941, 50:32
Vogt C., Vogt O. Morphologische Gestaltungen unter normalen und pathogenen Bedingungen: Ein hirnanatomischer Beitrag zu ihrer Kenntnis. Journal für Psychologie und Neurologie 1942, 50:161
Vogt C., Vogt O. Ageing of Nerve Cells. Nature 1946, 158:304
Vogt C., Vogt O. Eine neurohistologische Beleuchtung der Nucleolusfunktion. Biologisches Zentralblatt 1946
Vogt C., Vogt O. Wesen und orthologische Bedeutung der pathologischen Erscheinungen. Nervenarzt 1947, 18(3):97–103
Vogt C., Vogt O. Lebensgeschichte, Funktion und Tätigkeitsregulierung des nucleolus. Ärztliche Forschung 1947
Vogt C., Vogt O. Über Wesen und Ursachen des Alterns der Hirnzellen. Forschungen und Fortschritte 1947, 21/23, 4/6: 61–62
Vogt C., Vogt O. Über anatomische Substrate, Bemerkungen zu patho-anatomischen Befunden bei Schizophrenen. Ärztliche Forschung 1948, 25;2(7–8):101–108
Vogt C., Vogt O. Wieweit lassen sich schon heute bei Funktionsanomalien des Gehirns anatomische Besonderheiten nachweisen? Nervenarzt 1950, 21(8):337–339
Vogt C., Vogt O. Importance of neuroanatomy in the field of neuropathology. Neurology 1951, 1(3):205–218
Vogt C., Vogt O. Precipitation and modifying agents in chorea. Journal Nerve and Mental Disorders 1952, 116(6):601–607
Vogt C., Vogt O. Que faut-il pour approfondir nos connaissances sur les psychoses dites fonctionelles. Encephale 1953, 42(2):97–100
Vogt C., Vogt O. Gestaltung der topistischen Hirnforschung und ihre Förderung durch den Hirn-

bau und seine Anomalien. Akademie Verlag 1953
Vogt C., Vogt O. Etiologische Klassifikation von Schizophrenie und anderen funktionellen Psychosen. Psychiatr Neurol Med Psychol 1953, 5(1–2):4–8
Vogt C., Vogt O. Gestaltung der topistischen Hirnforschung und ihre Förderung durch den Hirnbau und ihre Anomalien. Journal für Hirnforschung 1954, 1:1–46
Vogt C., Vogt O. Weitere Ausführungen zum Arbeitsprogramm des Hirnforschungsinstitutes in Neustadt/Schwarzwald. Journal für Hirnforschung 1956, 2(6):403–427

Sonstige Literatur

Akkermans R. Historical profile: Cécile Vogt. Lancet Neurology 2018, 17(10):846
Allen A. T. Feminismus und Eugenik um historischen Kontext, in: Feministische Studien 9, 1991, 46–68
Angier N. Scientist at work: Marguerite Vogt; A Lifetime later, still in love with the lab. New York Times, 10. 4. 2001
Bentivoglio M. Cortical structure and mental skills: Oskar Vogt and the legacy of Lenin's brain. Brain Research Bulletin 1998, 47(4):291–296
Beyler RH. „Reine" Wissenschaft und personelle „Säuberungen". Die Kaiser-Wilhelm-/Max-Planck-Gesellschaft 1933 und 1945. Forschungsprogramm Geschichte der Kaiser-Wilhelm-Gesellschaft im Nationalsozialismus, Ergebnisse, Band 16, 2004
Bielka H. Geschichte der Medizinisch-Biologischen Institute Berlin-Buch. Springer Verlag Berlin 2002
Bielka H., Scheller U., Krause A. Museum zur Wissenschaftsgeschichte auf dem biomedizinischen Campus Berlin-Buch, undatierte Broschüre
BRAIN Initiative Cell Consensus Network (BICCN). A multimodal cell census atlas of the mammalian primary motor cortex. Nature 2021, 598: 86–102
Büchner F. Der Eid des Hippokrates: Die Grundgesetze der ärztlichen Ethik. Vortrag gehalten am 18. November 1941; abgedruckt in der Buchreihe Christliches Deutschland 1933 bis 1945, Katholische Reihe, Heft 4, Herder 1945
Czech H. Julius Tandler. Zukunft 2013, 5: 40–44
Czech H., Druml C., Weindling P. Medical Ethics in the 70 Years after the Nuremberg Code, 1947 to the Present. Wiener klinische Wochenschrift 2018, 130(S3):159–253
Czech H, Weindling P, Druml C. From scientific exploitation to individual memorialization: Evolving attitudes towards research on Nazi victims' bodies. Bioethics 2021, 35(6):508–517
Dach EF. Bibliothek der Gehirne. Die Koralle 1927, 1:767–770
Düweke B. Kleine Geschichte der Hirnforschung: von Descartes bis Eccles. CH Beck 2001
Fischer E. P. Ein unermüdliches Paar. Oskar und Cécile Vogt. In: Berlins wilde Energien. Porträts aus der Geschichte der Leibnizschen Wissenschaftsakademie. Eine Publikation der AWBB De Gruyter 2016, 370–389
Fittkau L., Werner MC. Die Konspirateure. Der zivile Widerstand hinter dem 20. Juli 1944. Wbg Theiss, Darmstadt 2019
García-Molina A., Enseñat-Cantallops A. Joined in neuroscience: romantic and professional partnerships. Neurosciences and History 2016; 4(2):72–77

Haas LF. Cécile Vogt (1875–1962). Journal for Neurology, Neurosurgery and Psychiatry 2002, 73(3):315
Hagner, M. „Mit der Tagespresse sich zu befassen, ist nicht jedermanns Geschmack". Oskar Vogt und die Öffentlichkeit des Gehirns. In: A. T. Heesen (Ed.), cut and paste um 1900: Der Zeitungsausschnitt in den Wissenschaften. Berlin 2002, Vice Versa:116–130
Hagner M. Geniale Gehirne. Zur Geschichte der Elitengehirnforschung. Wallstein Verlag 2004
Hassler R. zum 80. Geburtstag von Frau Dr. h.c. Cécile Vogt. Der Nervenarzt 1955, 26(10):444–446
Hassler R. Zum Jubiläum des Hirnforscherpaares Oskar und Cécile Vogt. Deutsche Medizinische Wochenschrift 1950, 75:556–557
Hassler R. Oskar Vogt in memoriam. Arch Psychatr Nervenkrankh 1960, 200:239
Hassler R. Die Entwicklung der Architektonik seit Brodmann und ihre Bedeutung für die moderne Hirnforschung. Deutsche Medizinische Wochenschrift 1962, 87(23):1180–1185
Hassler R. Oskar und Cécile Vogt in: Große Nervenärzte. Bd. 2. Hg. Kurt Kolle, Stuttgart 1970, 2. Aufl., 45–64
Haymaker W. Cécile and Oskar Vogt. On the occasion of her 75th and his 80th Birthday. Neurology 1951, 1:179–204
Haymaker W. Obituaries: Oskar Vogt. Archives of Neurology 1961, 4(6): 107-116
Henning E., Kazemi M. Handbuch zur Institutsgeschichte der Kaiser-Wilhelm-/Max-Planck-Gesellschaft zur Förderung der Wissenschaften, 1911–2011. Daten und Quellen. Erster Band. Max-Planck-Gesellschaft 2016
Holdorff B. Die Neurologie in Berlin 1840–1945. Aufstieg und Niedergang. Hentrich und Hentrich, Berlin 2019
Holdorff B. Salomon Henschen's short-lived project of an "Academia Neurologica Internationalis" (1929) for the revival of the International Brain Commission: documents from the Cécile and Oskar Vogt archives. Journal für the History of Neuroscience 2011; 20:93–105
Hopf A. In memoriam: Cécile Vogt. Journal für Hirnforschung 1962;5 (4):245–248
Hummerich H. Wahrheit zwischen den Zeilen. Erinnerungen an Benno Reifenberg und die Frankfurter Zeitung. Herder Verlag 1984
Jung F. Wissenschaftler und Humanist, Zum Gedenken an Oskar und Cécile Vogt. Humanitas 1965, 16:5
Karenberg A., Fangerau H., Martin M. Neurologen und Neurowissenschaftler in der NS-Zeit: Versuch einer Bewertung. Nervenarzt 2020, 91 (Supplement 1): 128–145
Kleist K. Oskar Vogt 80 Jahre, Cécile Vogt 75 Jahre. Archiv für Psychiatrie und Zeitschrift für die gesamte Psychiatrie und Neurologie 1950, 185:619–623
Kolle, K. (Hg.) Große Nervenärzte, 3 Bde. 1959-1970, Stuttgart, Georg Thieme Verlag
Kondziella D. Thirty Neurological Eponyms Associated with the Nazi Era. European Neurology 2009, 62:56–64
Kreutzberg G. W., Klatzko I., Kleihues P. Oskar and Cécile Vogt, Lenin's Brain and the Bumble-Bees of the Black Forest. Brain Pathology 1992, 2(4):363–371
Lulay B. Eugenik und Sozialismus: Biowissenschaftliche Diskurse in den sozialistischen Bewegungen Deutschlands und Großbritanniens um 1900. Franz Steiner Verlag 2021
Marazia C., Fangerau H. Imagining the brain as a book: Oskar and Cécile Vogt's "library of brains". Progress in Brain Research 2018, 243:181–203

Martin M., Karenberg A., Fangerau H. Neurologie und Neurologen in der NS-Zeit: Hirnforschung und „Euthanasie". Nervenarzt 2016, (Supplement 1): 87:30–41
Martin M., Karenberg A., Fangerau H. Neurowissenschaftler am Kaiser-Wilhelm-Institut für Hirnforschung im „Dritten Reich": Oskar Vogt – Hugo Spatz – Wilhelm Tönnis. Nervenarzt 2020, 91 (Supplement 1): 89–99
Meessen H. Cécile Vogt, geboren am 27. März 1875, gestorben am 4. Mai 1962, Deutsche Medizinische Wochenschrift 1962, 87:1674–1675
Metitieri T, Mele S. Women in Neuroscience: A Short Time Travel. In: Reference Module in Neuroscience an Biobehavioral Psychology, Elsevier 2020
Nieuwenhuys R. The myeloarchitectonic studies on the human cerebral cortex of the Vogt-Vogt school, and their significance for the interpretation of functional neuroimagning data. Brain Structure and Function 2013, 218(2):303–352
Nieuwenhuys R., Broere CA. A map of the human neocortex showing the estimated overall myelin content of the individual architectonic areas based on the studies of Adolf Hopf. Brain Structure & Function 2017, 222(1):465–480
Olry R. Korbinian Brodmann (1868–1918). Journal of Neurology 2010, 257:2112–2113
Olszewski J. Cécile and Oskar Vogt. AMA Archives of Neurology and Psychiatry 1950, 64:812–822
Patzig B. Oskar Vogt – 70 Jahre alt. Klinische Wochenschrift 1940, 19:455
Peiffer J. Die Vertreibung der deutschen Neuropathologen 1933–1939. Der Nervenarzt 1998, 69:99–109
Peiffer J. Hirnforschung in Deutschland 1849 bis 1974. Briefe zur Entwicklung von Psychiatrie und Neurowissenschaften sowie zum Einfluss des politischen Umfeldes auf Wissenschaftler. Springer Berlin, Heidelberg 2004
Rossiter M. The Matthew Matilda Effect in Science. Social Studies of Science 1993, 23:325–341
Schwarzer M. Sozialistische Eugenik. Eugenische Sozialtechnologien in Debatten und Politik der deutschen Sozialdemokratie 1890–1933. Dietz Verlag, Bonn 1995
Poirier J., Poirier P. Claire Mugnier-Popp-Vogt (1998–1978). Une neuropsychiatrie infantile injustement oubliée. Annales Médico-Psychologiques 2020, 178:318–323
Reifenberg B. Oskar Vogt – Meine Konfrontation mit der Naturwissenschaft. In: Reifenberg B. Offenbares Geheimnis. Ausgewählte Schriften. Fischer Taschenbuch Verlag 1992
Reifenberg, J. G. Reifenberg, Benno, in: Neue Deutsche Biographie 21 (2003), [Online-Version] https://www.deutsche-biographie.de/pnd11874402X.html
Richter J. Rasse – Elite – Pathos. Eine Chronik zur medizinischen Biographie Lenins und zur Elitegehirnforschung in Dokumenten. Centaurus Verlag, Herbolzheim 2000
Richter J. Pantheon of Brains: The Moscow Brain Research Institute 1925–1936. Journal of the History of the Neurosciences 2007, 16:138–149
Rogers B. O. Hippolyte Morestin (1869–1919). Part I: A brief biography. Aesthetic and Plastic Surgery 1982, 6:141–147
Rürup R., Schüring M. Schicksale und Karrieren: Gedenkbuch für die von den Nationalsozialisten aus der Kaiser-Wilhelm-Gesellschaft vertriebenen Forscherinnen und Forscher. Wallstein Verlag 2008
Sander K. Persönliches Leid und ständige Not. Leben und Überleben von Friedrich Oehlkers und seiner jüdischen Frau in Freiburg 1933–1945. Freiburger Universitätsblätter 1995, 129:73–80

Satzinger H. Das Gehirn, die Frau und ein Unterschied in den Neurowissenschaften des 20. Jahrhunderts: Cécile Vogt (1875–1962). In: Meinel, C., Renneberg, M. (Hg.) Geschlechterverhältnisse in Medizin, Naturwissenschaft und Technik, Verlag für Geschichte der Naturwissenschaften und der Technik, Bassum 1996:75–82
Satzinger H. Weiblichkeit und Wissenschaft. Das Beispiel der Hirnforscherin Cécile Vogt (1875–1962). In: Bleker J. (Hg) Der Eintritt der Frauen in die Gelehrtenrepublik. Zur Geschlechterfrage im akademischen Selbstverständnis und in der wissenschaftlichen Praxis am Anfang des 20. Jahrhunderts. Abhandlungen zur Geschichte der Medizin und der Naturwissenschaften H 84. 1998 Mathiesen Husum
Satzinger H. Die Geschichte der genetisch orientierten Hinrforschung von Cécile und Oskar Vogt in der Zeit von 1895 bis ca. 1927. Braunschweiger Veröffentlichungen zur Geschichte der Pharmazie und der Naturwissenschaften, Bd. 41. Deutscher Apothekerverlag 1998
Satzinger H., Vogt A. Elena Aleksandrovna Timoféeff-Ressovsky (1898-1973) und Nikolaj Vladimirovich Timoféeff-Ressovsky (1900-1981), in: Jahn I. und Schmitt M. (Hg) Darwin & Co. Eine Geschichte der Biologie in Portraits. C.H. Beck 2001
Satzinger H. Krankheiten als Rassen: Politische und wissenschaftliche Dimensionen eines biomedizinischen Forschungsprogramms von Cécile und Oskar Vogt zwischen Tiflis und Berlin (1919–1939). Medizin-Historisches Journal 2002, 37:301–350
Satzinger H. Zur Neurobiologie und Genetik im Zeitraum von 1902–1911 in den Arbeiten von Cécile und Oskar Vogt (1875–1962; 1870–1959). Biologisches Zentralblatt 1984, 113:185–915
Satzinger H. Vom „Artproblem" zur „Genoplastik". Zur Entwicklung genetischer Fragestellungen im Werk von Cécile und Oskar Vogt 1909–1925. Biologisches Zentralblatt 1995, 115:104–111
Schott H., Tölle R. Die Geschichte der Psychiatrie. Krankheitslehren, Irrwege, Behandlungsformen. CH Beck 2020
Schulze H. A. F. In memoriam Cécile Vogt. Psychiatrie, Neurologie und medizinische Psychologie 1962, 14 (10):357–358
Shevell MI. Neurology's witness to history: The Combined Intelligence Operative Sub Committee and Reports of Leo Alexander. Neurology 1996, 47:1096–1103
Sotke S. Feminismus, Sexualreform, Eugenik zu Beginn des 20. Jahrhunderts. Eine Netzwerkanalyse. Cuvillier Verlag 2016
Spatz H. Mack-Planck-Institut für Hirnforschung. Jubiläumsbeilage der Münchener Medizinischen Wochenschrift 1953.
Stahnisch F. W. Psychiatrie und Hirnforschung: Zu den interstitiellen Übergängen des städtischen Wissenschaftsraumes im Labor der Berliner Metropole – Oskar und Cécile Vogt, Korbinan Brodmann, Kurt Goldstein. In: Helmchen H. (Hg.) Psychiater und Zeitgeist. Zur Geschichte der Psychiatrie in Berlin. Pabst 2008
Stahnisch F. W. Flexible Antworten – offene Fragen: Zu den Förderungsstrategien der Rockefeller-Stiftung für die deutsche Hirnforschung im Nationalsozialismus. Journal für Neurologie, Neurochirurgie und Psychiatrie 2011, 12(1):56–62
Stahnisch F. W. The early eugenics movement and emerging professional psychiatry: conceptual transfers and personal relationships between Germany and North America, 1880s to 1930s. Canadian Bulletin of Medical History 2014, 31(1):17–40
Tolhurst D. Hippolyte Morestin (1869–1919). In: Pioneers in Plastic Surgery, Springer 2015

Tribelhorn M. Wie ein deutscher Hirnforscher Lenins Genialität belegte. NZZ 20.11.2017
van Gijn J. The Vogts: Cécile (1875–1962) and Oskar (1870–1959). Journal of Neurology 2003, 250:1261–1262
Vogt A. Lise Meitner und ihre Kolleginnen – Naturwissenschaftlerinnen in den Instituten der Kaiser-Wilhelm-Gesellschaft zwischen 1912 und 1945. Max-Planck-Institut für Wissenschaftsgeschichte, Berlin, Preprint 1996
Vogt A. Das Forscher-Ehepaar Timoféeff-Ressovsky im Kaiser-Wilhelm-Institut für Hirnforschung in Berlin (1925 bis 1945) und in der UdSSR, in: Acta Historica Leopoldina 46/2006
Vogt A. Vom Hintereingang zum Hauptportal? Lise Meitner und ihre Kolleginnen an der Berliner Universität und in der Kaiser-Wilhelm-Gesellschaft. Franz Steiner Verlag, Pallas&Athene 2007
Vogt A. Wissenschaftlerinnen in Kaiser-Wilhelm-Instituten: A–Z. 2., erweiterte Auflage 2008. Veröffentlichungen aus dem Archiv der Max-Planck-Gesellschaft, Band 12. Berlin: Archiv der Max-Planck-Gesellschaft
Vogt-Popp C., Bourguignon G. Sclérose latérale amyotrophique et syphilis. Société francaise d'imprimerie et de librairie, 1941
vom Brocke B., Laitko H. Die Kaiser-Wilhelm-/Max-Planck-Gesellschaft und ihre Institute. De Gruyter 1996
von Stuckrad-Barre S., Danek A. Oskar Vogt (1870–1959). Der Nervenarzt 2004, 75:1038–1041
von Zahn-Harnack, A. Die Frauenbewegung. Geschichte, Probleme, Ziele. Berlin 1928
Weikart R. From Darwin to Hitler. Evolutionary ethics, eugenics, and racism in Germany. Macmillan 2004
Weindling P., Hohendorf G., Hüntelmann A.C., Kindel J., Kinzelbach A., Loewenau A., Neuner S., Palacz M.A., Zingler M., Czech H. The problematic legacy of victim specimens from the Nazi era: Identifying the persons behind the specimens at the Max Planck Institutes für Brain Research and of Psychiatry. Journal of the History of the Neurosciences 2021, DOI: 10.1080/0964704X.2021.1959185
Wolff H.-P. Cécile und Oskar Vogt. Eine illustrierte Biographie. Klagenfurter Beiträge zur Technikdiskussion 2009, Heft 128
Wright, P. Marthe Louise Vogt. The Lancet 2003, 362:1769
Zeidman L. A. Neuroscience in Nazi Europe Part II: Resistance against the Third Reich. Can J. Neurol. Sci 2011, 38:826–838
Zullo J.M. et al. Regulation of lifespan by neural excitation and rest. Nature 2019, 574:359–364